北斗技术与应用丛书

北斗卫星导航定位技术实验教程

黄文德　张利云　康　娟　李　靖　编著

科学出版社

北　京

内 容 简 介

本书涵盖了学习北斗卫星导航定位技术所需要掌握的基本实验。全书共90多个不同类型、不同难度的典型实验，包括北斗卫星导航时间系统、坐标系统、卫星轨道、导航电文、导航信号、单点定位、测速与授时、定位精度评估、差分定位、多系统融合定位等理论知识和操作技能实验。每个实验具有原理知识全面、实验流程清晰、操作步骤详实等特点。操作技能实验部分还提供了大量的实验数据和开源代码，从而减少实验准备的时间，更好地培养读者的实践能力。本书力求理论与实践相结合、知识与技能相统一，不仅具有教学上的典型性、代表性，更具有技术上的实用性。

本书既可作为卫星导航定位及相关领域专科生、本科生和研究生的教学实验用书，也可作为从事卫星导航定位的科技工作者和工程师的培训教材。

图书在版编目(CIP)数据

北斗卫星导航定位技术实验教程/黄文德等编著. —北京：科学出版社，2020.6

(北斗技术与应用丛书)

ISBN 978-7-03-060948-9

Ⅰ. ①北… Ⅱ. ①黄… Ⅲ. ①卫星导航-全球定位系统-实验-教材 Ⅳ. ①TN967.1-33②P228.4-33

中国版本图书馆CIP数据核字(2019)第058773号

责任编辑：潘斯斯 张丽花 / 责任校对：王 瑞

责任印制：张 伟 / 封面设计：迷底书装

科学出版社 出版

北京东黄城根北街16号

邮政编码：100717

http://www.sciencep.com

北京厚诚则铭印刷科技有限公司 印刷

科学出版社发行 各地新华书店经销

*

2020年6月第 一 版 开本：787×1092 1/16

2022年12月第三次印刷 印张：16 3/4

字数：403 000

定价：108.00元

(如有印装质量问题，我社负责调换)

丛书编委会

本书作者：

黄文德　张利云　康　娟　李　靖

丛书序

北斗卫星导航系统是我国定位、导航和授时(PNT)的重要基础设施。我国着眼于国家安全和经济社会发展需要，自主研制、自主建设、独立运行北斗卫星导航系统，可实现全球用户全天候、全天时、高精度的 PNT 服务。我国于 20 世纪 90 年代开始自行研制北斗卫星导航系统；2000 年底，北斗一号系统建成，使我国成为世界上第三个拥有自主卫星导航系统的国家；到 2012 年，建成了覆盖亚太地区的北斗二号区域卫星导航系统；计划到 2020 年前后，建成覆盖全球的北斗三号全球卫星导航系统，向全球用户提供高精度 PNT 服务，并在此基础上加快构建稳健可靠的国家综合 PNT 服务体系。北斗卫星导航系统正与云计算、物联网、大数据，以及高端制造业、先进软件业等进行深度融合，服务智能社会，推动生产方式和发展模式的变革。

国家利益的拓展、经济全球化及海洋强国战略，都要求我国具有独立自主的 PNT 服务系统。国家利益到哪里，PNT 服务就应该到哪里。当前，北斗卫星导航系统已成为高铁和核电之外的第三张国家名片；优先服务国家“一带一路”倡议，全面服务经济社会发展，正在成为北斗卫星导航系统走向世界的主旋律。

2015 年 10 月，习近平主席在党的十八届五中全会上提出“创新、协调、绿色、开放、共享”五大发展理念。随即，孙家栋院士倡导的北斗领域资源开放共享平台——北斗开放实验室正式挂牌成立。北斗开放实验室秉承“融合、开放、合作、共赢”的发展理念，以“推动北斗应用”为核心使命，以推动数据、仪器、专家和研究成果等资源的开放共享为主要途径，以吸引国际导航领域人才研究北斗、应用北斗、推广北斗为目标，让发展中的北斗系统不仅服务中国，而且惠及“一带一路”沿线国家和地区，并以更精准、更优质、更可靠的服务造福全人类，成为名副其实的“世界的北斗”。

当前，北斗开放实验室携手区域优势单位已在国内先后建成并开通了 10 余家分实验室，聚集园区、企业、高校等成员单位近 100 家，覆盖了华东、华南、华中、华北、西南、西北、东北等区域，涵盖无线电检测认证、高精度应用、导航信息安全、测试计量检定、智慧城市应用、车载应用等领域，有力推动了北斗卫星导航系统的研究与产业化，拓展了北斗卫星导航系统的应用，支撑了国家“一带一路”倡议的推进。

为了更好地汇聚资源，创新北斗发展和应用模式，总结北斗卫星导航系统建设成果，北斗开放实验室先后组织出版了《卫星导航信号模拟源理论与技术》《卫星导航终端测试评估技术与应用》《卫星导航系统建模与仿真》《BDSim 在卫星导航中的应用》等北斗系列著作，并在行业内引起了良好反响。为进一步加强发挥各分实验室特色优势，北斗开放实验室组织北斗领域资深专家组成编委会，集中编著出版北斗系统在高铁、电力、海洋渔业、智慧城市、车载导航和导航安全等领域的应用系列丛书。通过该丛书的撰写、编辑、出版和发行，旨在进一步梳理北斗应用特色和潜能，推动北斗产业应用、促进国家综合 PNT 体系建设、普及北斗科学知识以及提升北斗的国际影响力和市场竞争力等。

杨元喜

前　言

北斗卫星导航系统是我国改革开放四十多年来取得的重大成就之一。我国将于 2020 年完成北斗三号卫星的发射组网，并全面建成北斗全球卫星导航系统。经过了北斗一号、北斗二号历时 20 年多年的发展积累和锐意创新，我国北斗三号卫星导航系统技术更加成熟、服务更加稳定可靠、导航定位性能稳步提升，综合水平跃居世界前列。2020 年北斗三号开通全球服务后，意味着北斗卫星导航系统将从大规模建设阶段转入大规模产业化应用阶段。当前，我国北斗卫星导航系统已经广泛应用于高精度测量、地理数据采集、地面车辆监控调度、导航服务、时间同步、机械控制、无人驾驶及大众消费应用等方面，为我国国民经济建设和国防军队建设做出了重大贡献。随着我国卫星导航的市场规模不断扩大，市场对北斗卫星导航人才的需求也越来越迫切。

卫星导航定位技术是一门工程实践性很强的技术。卫星导航涉及的基本概念(如时间系统、空间坐标系统等)往往比较抽象，有些核心技术(信号处理、精密定位等)也比较复杂，初学者单靠理论教学难以理解和熟练掌握。本书将抽象的概念、复杂的技术与实际卫星导航系统结合起来，分解成易于操作和动手实践的教学实验，并与理论教学同步实施，以期达到事半功倍的效果。本书力求将理论学习与动手实践结合起来，其目的是使读者在掌握相关理论知识的基础上，熟练应用卫星导航技术解决问题和提升操作技能。作者正是抱着这样的理念编写本书，并将作者参与北斗卫星导航系统建设十余年的经验融入本书，希望能为北斗人才的培养贡献绵薄之力。

本书包含卫星导航定位原理与方法、卫星导航定位接收机、卫星导航高精度数据处理、卫星导航应用四部分实验，共设计了 90 多个不同类型、不同难度的实验。在这些实验中，有些需要借助硬件设备开展，如卫星星历采集实验、伪距与载波相位采集实验等；有些需要在硬件设备采集数据的基础上根据实验原理自主编写算法来实现，如接收机定位解算实验、接收机测速实验等；有些需要借助成熟的工具软件，如实时差分定位解算实验、后处理基线解算实验等。从实验对象的角度看，涉及数据层、信号层、设备层等多个层面。每个实验包含实验目的、实验任务、实验设备、实验准备、实验原理、实验步骤、注意事项和报告要求等内容。作者希望给读者呈现尽可能翔实的实验流程和操作步骤，部分实验还提供了大量的原始数据和开源代码，同时本书也注重给读者留有独立思考和发挥主观能动性的空间。

全书共 18 章。绪论部分介绍了实验教学在卫星导航原理教学中的地位和作用，以及开展实验前应具备的实验条件和实验环境。第一部分(第 1～5 章)为卫星导航定位原理与方法实验，包括卫星导航系统原理、卫星导航时间系统转换、卫星导航坐标系统转换、卫星轨道与钟差计算、导航信号传播误差修正等实验内容。第二部分(第6～12章)为卫星导航定位接收机实验，包括导航信号捕获跟踪、接收机定位、接收机定位精度评估、接收机测速、接收机授时、NMEA0183语句功能、接收机数据文件输出与读取等实验内容。第三部分(第13～16章)为卫星导航高精度数据处理实验，包含多系统融合定位、实时差分定位、精密单点定位、后处理基线解算等实验内容。第四部分(第17章)为卫星导航应用实验，主要介绍基于安卓系统的导航定位应用实验。本书与作者所编写的《北斗卫星导航定位原理与方法》一书相配套，同时也可作为当前卫星导航系统原理类图书的实验教材。

黄文德负责本书的主要编写与组织工作。张利云参与了第1～4章、第6章、第9～12章等部分章节的编写。康娟参与了第5章、第7章、第8章等部分章节的编写。李靖参与了第17章的编写。历届研究生杨玉婷、周一帆、孙乐园、吕慧珠、冷如松、张敏、彭海军、刘友红、谢友方、李阳林、谢玲、周杨淼、杨飞、肖振国、林魁、黄方鸿、宋诗谦、王晓慧、张冠显、彭利、王红建、金星、周帮、高贺、李灏霖、刘伟、刘婕、李兰、王呈倬等参与了本书相关算法的研究和验证工作，并编写了部分代码。

在本书编写过程中，得到了国防科技大学第六十三研究所杨俊教授、国防科技大学智能科学学院王跃科教授、胡助理副教授、陈建云研究员、周永彬研究员、郭熙业博士、胡梅博士，以及长沙北斗安全技术产业研究院明德祥博士、乔纯捷博士、杨建伟博士、宋莉女士、夏娟娟女士、边琳琳女士等的大力支持和帮助。本书相关的研究工作得到了中国第二代卫星导航系统重大专项项目(GFZX0301040107HT)、中国博士后科学基金面上项目(2015M580365)、湖南省军民融合产业发展专项项目等的资助。在此一并表示衷心感谢！

本书力求展示我国北斗卫星导航系统建设的最新成果以及卫星导航的新技术和新应用，但卫星导航定位技术与方法的发展非常迅速，限于作者水平，书中疏漏与不妥之处在所难免，恳切希望广大读者批评指正。

作　者

2019年10月于长沙

目　录

第二部分　卫星导航定位接收机实验

第三部分　卫星导航高精度数据处理实验

第四部分　卫星导航应用实验

第0章 绪 论

卫星导航定位技术是一门工程实践性很强的技术，涉及的基本概念比较抽象，核心技术比较复杂。将抽象的概念、复杂的技术分解成易于操作和动手实践的教学实验，并与理论教学同步实施，可获得事半功倍的效果。本章主要介绍卫星导航系统实验的必要性和重要性，说明开展卫星导航系统实验应具备的实验条件、实验能力等内容，是开展本书所有实验的基础说明。

0.1 实验教学在卫星导航原理教学中的地位和作用

卫星导航系统是国家重大基础设施，也是体现大国地位和国家综合国力的重要标志。伴随着我国北斗卫星导航系统(BeiDou Navigation Satellite System, BDS)建设的热潮，以北斗卫星导航系统为代表的卫星导航产品、应用和服务也正处于飞速发展之中。卫星导航原理教学旨在通过对卫星导航系统的组成、运行机理、定位原理等内容的详细讲解，使学生对卫星导航系统有一个宏观上的认识。一方面卫星导航系统的建设和维护技术难度大、保密性高导致该方面参与人员有限；另一方面，卫星导航系统的主要作用和先进性最终在接收机终端，即用户段得以体现，使得卫星导航原理教学的最终目的着眼于对学生实际接收机设计、算法优化、操作等能力的培养和提高。

无论课程本身的特点，还是课程在专业培养计划中的地位和作用，都决定了卫星导航定位原理课程必须把实践性教学环节作为课程教学和课程建设的重要组成部分来对待。从课程特点看，本课程的工程实践性很强，有关的基本原理、基本概念和基本技术单靠课堂教学是很难理解和应用的，必须靠与实际卫星导航系统结合的实践和动手操作实验，才能较好地理解和应用；从课程在专业培养计划中的地位和作用看，本课程具有较强的工具性和实用性，主要是培养学生设置、操作卫星导航接收机的能力，以及主动利用计算机软件编码实现专业领域算法的能力。这些能力的培养，仅靠课堂教学是不行的，还必须进行大量的实践和具体实验。由此可见，实验操作在卫星导航原理教学中具有十分重要的地位和作用，它和课堂教学是相辅相成、相得益彰的，在一定意义上可以说是课堂教学的延伸和深化，通过与课程教学的密切配合，共同达到课程教学的基本目的和要求。

0.2 本实验教程的内涵与指导思想

本实验教程涵盖了卫星导航定位原理与方法实验、卫星导航定位接收机实验、卫星导航高精度处理实验、卫星导航应用实验四大部分。

卫星导航定位原理与方法实验着重强调基本定位原理与方法，包括基础概念的识别、时间系统转换、坐标系统转换、卫星轨道与钟差计算、导航信号传播误差修正等实验，是整个卫星导航系统的基础。

卫星导航定位接收机实验着重强调与接收机定位相关的实验，在前一部分的基础上展开，包括根据各个导航系统进行定位、测速、授时实验，定位精度评估实验，以及接收机可交换格式(receiver independent exchange format，RINEX)文件的读取等。

卫星导航高精度处理实验着重强调高精度数据处理，是对前两个部分的进一步加深，包括多系统融合定位实验、RTK解算实验、精密单点定位实验、后处理基线解算实验等，对学生的要求更高，需要掌握一定的基础知识。

卫星导航应用实验着重强调应用，与目前主流的手机开发环境和APP结合起来，展示卫星导航的拓展应用，锻炼学生的思维发散和动手能力，需要结合一定的软件开发知识。

本教程的指导思想是培养卫星导航定位技术相关的人才，使其具备扎实的基础知识、出色的动手能力、独立的思维能力，为卫星导航市场输送优秀的、可直接上手工作的专业人才。教程中的实验设计由浅入深、由易到难，实验原理翔实，实验过程清晰，用户可自主学习并完成实验。

0.3 实验总目的和要求

实验教学是对课堂教学的补充和拓展，同时也是培养学生独立思考能力、实际动手能力的一种有效方式。通过实验教学可以加深学生对理论知识的理解、深化对课堂内容的认识，养成开展科学实验的技能和严谨的研究态度。

为了达到上述目的，要求学生在每个实验开展之前认真学习原理知识、准备好实验方案；在实验过程中秉承科学严谨的实验态度认真做好每个步骤；实验结束后对结果进行分析并撰写实验报告。

通过本实验课程的学习和实践，学生应达到如下要求。

(1)对卫星导航系统的组成、工作原理有一个整体认识。

(2)能够完成基本时间转换、坐标转换、轨道计算。

(3)能够完成北斗/GPS单系统及融合系统定位解算。

(4)能够完成高精度数据处理，包括精密单点定位、RTK等。

(5)能够进行简单的卫星导航定位应用开发。

0.4 如何做好卫星导航实验

本课程实验主要是学生根据卫星导航定位原理课程中学习掌握的知识点内容，采用C++、MATLAB 编码实现算法开发；然后利用采集到的真实卫星数据作为输入获得实验结果；最后与相同输入条件下工具软件的输出结果进行比对，验证自主开发算法的正确性。为了能够高效地完成实验，并达到预期的实验目的，学生在开展实验时应做到以下几点。

1) 认真做好实验准备

实验准备工作一般包括以下内容。

(1) 提前从指定网站下载实验辅助数据。根据不同的应用场景，使用需求涉及多种时间基准、空间基准，为方便卫星导航系统的应用各基准(时间基准间、空间基准间)需相互转换，在相互转换过程中，涉及跳秒、UT1-UTC、极移参数等辅助数据，这些数据与时刻信息有很强的关联性，需要根据计算时刻从 IERS 的官网上获取对应数据。在实验开展前，应根据是否有辅助数据需求提前从 IERS 官网上下载数据。

(2) 做好实验原理的学习。卫星导航系统是一个多学科交叉的复杂系统，如果没有充分认识、掌握知识点而直接开展实验，可能导致理解片面、步骤缺失、算法错误等问题。实验程序的依据是实验原理中的功能与实现步骤，内容包括主程序和各种子程序。如果子程序模块在以前的实验中已实现或者成功使用过，则可直接引用，充分利用已完成的实验成果。

2) 按系统正确配置参数

卫星导航接收机根据设计和固件的不同，可以接收 GPS、GLONASS、Galileo 和北斗四大卫星导航系统的单一系统或组合系统的卫星信号。由于四大卫星导航系统采用的时间系统、坐标系统不同，在开展实验的时候，如果使用的是单一的卫星导航系统，需要根据使用的卫星导航系统设置地心引力常数、旋转速率等参数，并将计算中的时间、坐标转换到对应的卫星导航系统；如果使用的是组合卫星导航系统(即接收多个卫星导航系统的可见星信息)，则将其中的一个系统作为基准，所有的计算均转换到该基准下进行。

3) 实验过程中分析参数的含义及影响

卫星导航系统涉及三维动态空间中的概念和参数，某个结果可能是多个因素在空间或时间上共同作用形成的，在实验过程中可改变单个因素的值，对比实验结果的变化。如开普勒轨道 6 参数对卫星位置的影响，充分利用三维可视化工具(如 STK)，改变单个参数的值，查看卫星轨道面在空间的变化、卫星轨道在轨道面的变化，以及卫星在卫星轨道上的变化，充分理解单个参数的含义。

4) 按照编码规范编写代码，按照参数的特点定义好结构体

本课程实验所有的实验建议使用 C++编写，也可选用其他工具进行算法编写。根据卫星导航系统中参数的特点，在开发算法前可先将某一类参数定义为结构体，这样一方面保证了数据的完整性，另一方面增强了算法的可读性。如单个时刻的格里高利历采用年、月、日、时、分、秒 6 个参数表示，可将这 6 个参数形成一个结构体，命名为 EpochTime。

5) 实验完成后做好数据比对与分析

实验完成后应从多个维度、多个层面分析实验结果，采用不同的卫星导航系统数据，甚至采用同一个卫星导航系统不同时刻的数据都可能导致实验结果的不同。分析采用不同卫星导航系统数据的实验结果，判断该点处卫星导航系统的应用性能；分析采用同一个卫星导航系统不同时刻数据的实验结果，评估卫星位置变化对该点应用性能的影响。

0.5 开设本课程实验所需的实验条件

1. 设备要求

本课程实验主要基于湖南纳毫维信息科技有限公司研制的北斗/GPS 教学与实验平台开展，为配合北斗/GPS 教学与实验平台的使用，需在室外开阔无遮挡的地方架设卫星导航信号接收天线，能够同时接收北斗、GPS 卫星的信号。设备要求如图 0.1 所示。

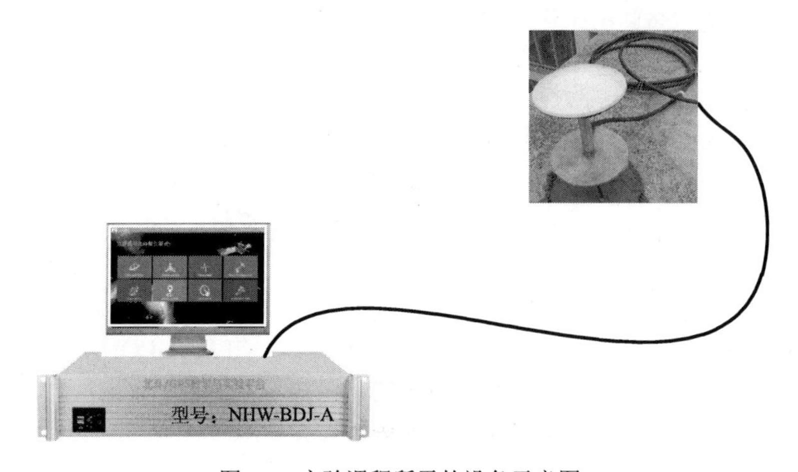

图 0.1 实验课程所需的设备示意图

2. 能力要求

(1) 具备一定的数学逻辑能力。卫星导航系统是一个多学科交叉系统，涉及航空航天动力学、信号与系统、传感器等多种学科，主要为地球表面、近地表和地球外空任意地点用户提供全天候、实时、高精度的三维位置、速度以及精密的时间信息。在认识和学习卫星导航系统的过程中，需具备空间想象能力，能够理解空间卫星、地球、接收机的空间相对关系，掌握并应用根据不同需求建立的空间直角坐标系等。

(2) 具备基本的 C++编码能力。本实验教程所开展的实验是在充分学习、掌握北斗/GPS 卫星导航系统相关知识点的情况下，主要利用 Microsoft Visual Studio 平台建立工程并编写代码实现知识点相关算法；然后根据北斗/GPS 教学与实验平台接收的实际卫星导航系统的真实数据进行计算，获得实验结果。虽然北斗/GPS 教学与实验平台针对每个实验提供了丰富的开源代码，但实验者应优先尝试根据原理知识自主地编写代码，这样除了能够加强自己的编码能力外，还能够在实践的过程中加深对卫星导航系统原理的认识。

0.6 卫星导航教学实验平台简介

北斗/GPS 教学与实验平台主要针对大中专院校学生系统学习全球卫星导航理论知识、开发导航定位算法、设计接收机而研制建设，也可用于企业员工培训及卫星导航科普。该平台主要包括教学与实验包、信号接收设备、配套教材三部分，如图 0.2 所示。

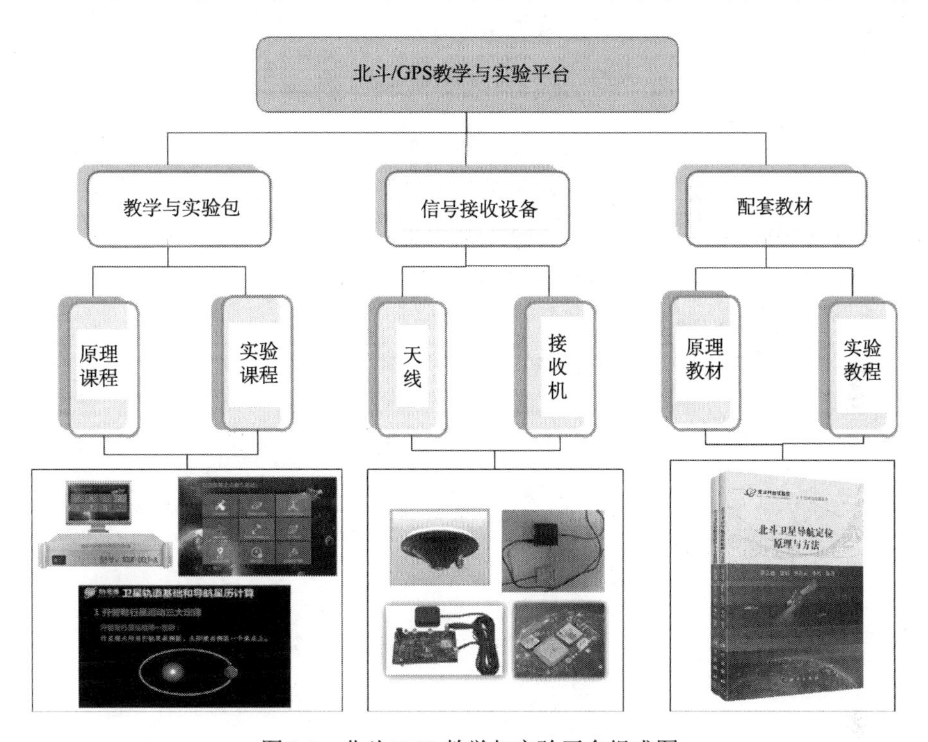

图 0.2　北斗/GPS 教学与实验平台组成图

教学与实验包是北斗/GPS 教学与实验平台的核心，包括授课课件、动画视频、开源代码和工具软件四部分。

授课课件为涵盖九大主题的 12 学时理论教学课件和 24 学时实验指导教程，基于此，教师可直接授课，学生可自主开展实验。

动画视频为知识点的演示动画和教学视频，把较难理解或想象的空间概念、原理过程以三维动画的形式进行直观展示，加强认识和理解。

开源代码主要为 C++算法形式的开源代码，为学生开展实验提供辅助算法支撑和关键算法参考。

工具软件主要内嵌在实验课程中，当实验者根据实验采集数据完成实验获得实验结果后，可利用工具软件进行结果验证，以此判断自主编写的算法的正确性。

配套教材主要是围绕北斗/GPS 教学与实验平台而编写的《北斗卫星导航定位原理与方法》和《北斗卫星导航定位技术实验教程》。

《北斗卫星导航定位原理与方法》一方面对北斗/GPS 教学与实验平台中的原理课程

内容进行展开，另一方面对原理课程进行补充与完善。该教材主要围绕北斗卫星导航系统，从卫星导航系统最基础的时空系统出发，条理清晰、简单明了地讲述了卫星导航系统常用的时间系统、空间坐标系统，然后在此基础上详细介绍了卫星导航基本原理及主要应用。

《北斗卫星导航定位技术实验教程》主要是对北斗/GPS 教学与实验平台中的实验进行扩展，增加了实验原理、实验报告等内容，同时增加了很多认知实验，如跳秒数据、RINEX 格式文件、RTCM 协议的认识及操作等。

北斗/GPS 教学与实验平台是北斗建设者十余年的项目经验积累，主要具有以下特色。

(1) 理论基础深厚：北斗教学科研一线专家倾心打造。

(2) 设备配套齐全：2 本教材+36 学时课件/实验+易操作的平台。

(3) 可以直接授课：理论教学课件+配套的动画视频。

(4) 实验操作简便：向导式的实验操作步骤，简单细致。

(5) 教学资源丰富：提供支撑实验的 5 万余行开源代码。

(6) 实验结果可验证：提供工具软件完成实验结果验证。

第一部分　卫星导航定位原理与方法实验

该部分为卫星导航定位的基础实验。旨在通过实验让用户对卫星导航系统的基本原理、主要观测量、ICD 文件有一个整体认识，掌握卫星导航系统涉及的时间系统、坐标系统及相互间的转换，掌握作为时空基准的卫星的轨道、钟差的计算方法，掌握伪距、载波相位观测量中包含的主要误差因素的修正模型，为接收机定位实验及高精度数据处理实验的开展提供基础算法支持。

第 1 章 卫星导航系统原理实验

卫星导航系统是一种具有全能性(陆地、海洋、航空及航天)、全天候、连续性和实时性的无线电导航定位系统，它能够提供高精度的导航、定位和授时服务。世界各主要航天大国或地区联盟都在积极建设本国或本地区的卫星导航系统。通过本章实验使用户对四大全球卫星导航系统的星座构型及频点、各类观测量有一个基本认识，并能够利用 ICD 获得需要的信息。

1.1 卫星导航系统及导航信号频点实验

1. 实验目的

(1) 了解当前可用的卫星导航系统。
(2) 认识四大全球卫星导航系统的星座构型及特点。
(3) 认识四大全球卫星导航系统使用的导航信号频点。

2. 实验任务

(1) 学习四大全球卫星导航系统的星座构型。
(2) 学习四大全球卫星导航系统使用的频点及其相互关系。

3. 实验设备

北斗/GPS 教学与实验平台。

4. 实验准备

无。

5. 实验原理

卫星导航系统的应用几乎涉及国民经济和社会发展的各个领域，已成为全球发展最快的信息产业之一。目前，美国 GPS、俄罗斯 GLONASS、欧盟 Galileo 和中国北斗组成了全球卫星导航系统(GNSS)。另外，许多国家正在大力发展自主的区域卫星导航系统，例如，印度的区域卫星导航系统 IRNSS 以及日本的准天顶定位系统 QZSS。

GNSS 由空间段、地面段和用户段组成，如图 1.1 所示。空间段，即空间中的卫星星座，一般包含一系列分布在不同轨道上的卫星，为用户的定位、导航、授时提供时间基准和空间基准。地面段负责维护卫星和维持其正常功能，包括将卫星保持在正确的轨道位置(称为位置保持)和监测卫星子系统的健康状况，主要由主控站、注入站及监测站组成。用户段是卫星导航系统定位、导航、授时功能的最终体现，包括海、陆、空、天的所有用户。其主要任务是跟踪可见卫星，对接收到的卫星无线电信号进行相关数据处理，得到定位所需的测量值和导航信息，最后完成对用户的定位运算、授时解算和所需要的导航任务。

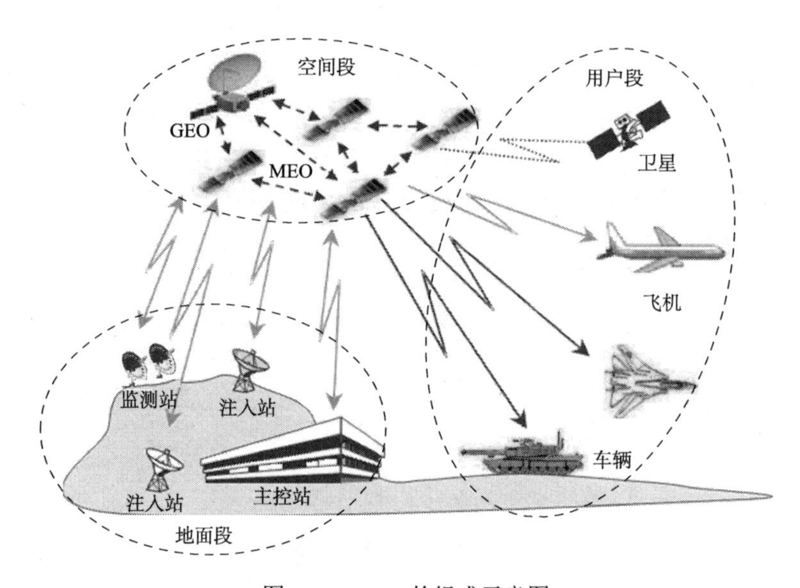

图 1.1　GNSS 的组成示意图

GPS 卫星星座由 24 颗卫星组成，其中包括 3 颗备用卫星。工作卫星分布在 6 个等间隔的轨道面内，每个轨道面分布 4 颗卫星。卫星轨道倾角为 55°，各轨道平面的升交点赤经相差 60°，在相邻轨道上，卫星的升交点角距相差约 30°。轨道为近圆形，最大偏心率是 0.01，长半轴为 26560km，轨道平均高度为 20200km，卫星运行周期为 11h58min(12 恒星时)。这样的布局，同一观测站上每天出现的卫星分布图相同，只是每天提前约 4min；每颗卫星每天约有 5h 在地平线以上(用户可见)。美国 GPS 星座如图 1.2 所示。

俄罗斯的全球卫星导航系统(GLObal NAvigation Satellite System，GLONASS)是与 GPS 几乎同步发展起来的卫星导航系统。GLONASS 是由苏联国防部独立研制和控制的第二代军用卫星导航系统，该系统是全世界第二个全球卫星导航系统。与 GPS 星座构型不同的是，GLONASS 星座采用 3 个轨道面、每个轨道面 8 颗卫星的均匀对称星座(Walker 星座)构型。由于俄罗斯整体处于高纬度地区，为了具有更好的信号覆盖特性，采用的轨道倾角为 64.8°。俄罗斯 GLONASS 星座如图 1.3 所示。

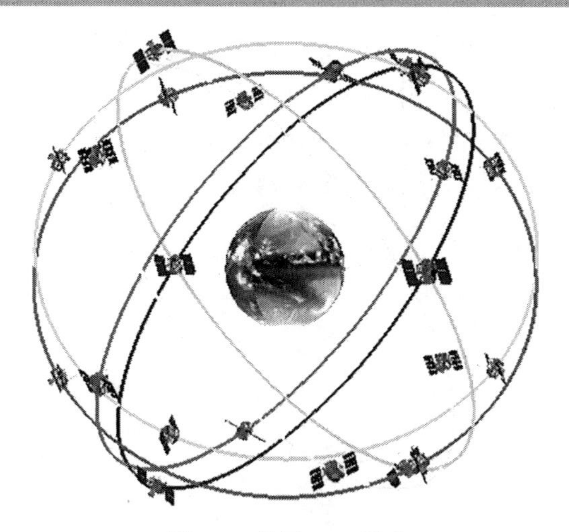

图 1.2　美国 GPS 星座

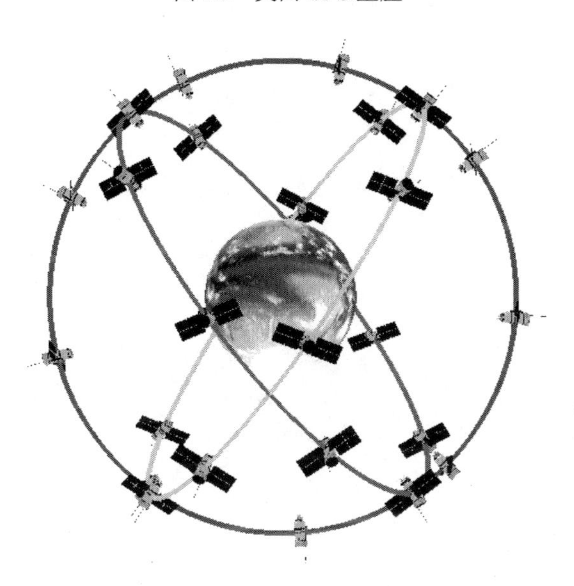

图 1.3　俄罗斯 GLONASS 星座

为了打破 GPS 的垄断局面，欧洲于 1999 年开始了全球卫星导航系统（GNSS）计划，2002 年 3 月 24 日，欧盟首脑会议冲破美国政府的再三干扰，终于批准了 Galileo（伽利略）卫星导航定位系统的实施计划。Galileo 系统的卫星星座由 30 颗卫星（27 颗运行，3 颗备份）组成，平均分布在 3 个地球中圆轨道（MEO）面上，平均轨道长半轴为 29601.297km（距地面高度约 23300km），轨道倾角为 56°。欧盟 Galileo 星座如图 1.4 所示。

北斗卫星导航系统是中国着眼于国家安全和经济社会发展需要，自主建设、独立运行的卫星导航系统，是为全球用户提供全天候、全天时、高精度的定位、导航和授时服务的国家重要空间基础设施。北斗卫星导航系统空间段采用混合星座，即由多个轨道类型的卫星组成导航星座，包括地球静止轨道（GEO）卫星、倾斜地球同步轨道（IGSO）卫星和地球中圆轨道（MEO）卫星，北斗三号卫星导航系统基本空间星座由 3 颗 GEO 卫星、3

颗IGSO卫星和24颗MEO卫星组成，并根据星座运行情况部署在轨备份卫星。其中，GEO卫星轨道高度为35786km，分别定点于东经80°、110.5°和140°；IGSO卫星轨道高度为35786km，轨道倾角为55°；MEO卫星轨道高度为21528km，轨道倾角为55°。北斗三号卫星导航系统的星座示意图如图1.5所示。

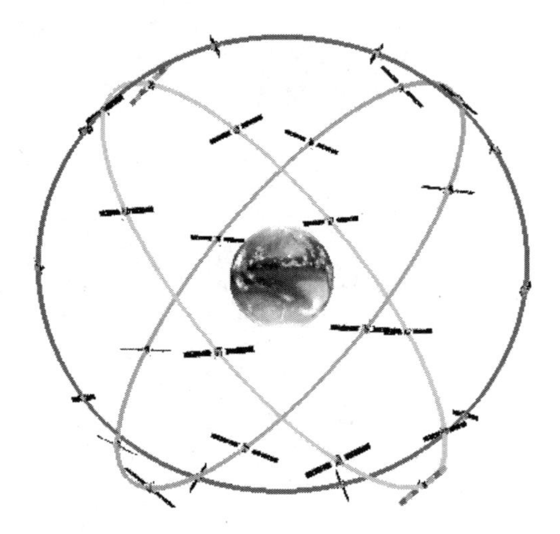

图1.4 欧盟Galileo星座

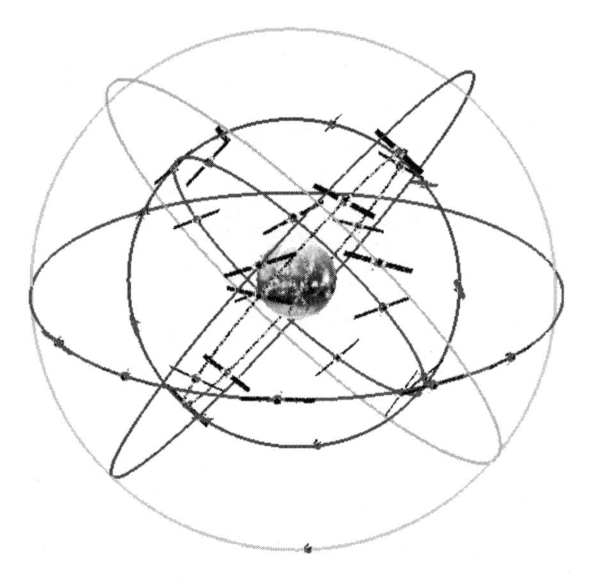

图1.5 北斗三号卫星导航系统星座示意图

GPS、Galileo、北斗卫星导航系统采用码分多址(CDMA)机制，每颗卫星发射的载波频率相同，卫星之间通过调制不同的伪随机噪声码进行区分，采用的频点编号及对应的频率如表1.1所示。GLONASS信号采用频分多址(FDMA)机制进行区分。每颗卫星采用不同射电频率。第j颗GLONASS卫星的射电频率为

$$\begin{cases} f_{j1} = f_1 + (j-1)\Delta f_1 \\ f_{j2} = f_2 + (j-1)\Delta f_2 \end{cases} \tag{1.1}$$

其中，$f_1 = 1602.5625\,\text{MHz}$，$\Delta f_1 = 0.5625\,\text{MHz}$，$f_2 = 1246.4375\,\text{MHz}$，$\Delta f_2 = 0.4375\,\text{MHz}$，$j = 1,2,3,\cdots,24$。

表 1.1　各卫星导航系统的信号及频点

系统	信号	中心频点/MHz	带宽/MHz
GPS	L1	1575.42	C/A:2.046 P:20.46
	L2	1227.6	20.46
	L1C	1575.42	4.092
	L2C	1227.6	2.046
	L5	1176.45	20.46
Galileo	E1	1575.42	24.552
	E6	1278.75	40.92
	E5	1191.795	51.15
	E5a	1176.45	20.46
	E5b	1207.14	20.46
BDS	B1I	1561.098	4.092
	B2I	1207.14	20.46
	B3I	1268.52	20.46
	B1C	1575.42	32.736
	B2a	1176.45	20.46

6. 实验步骤

本实验主要认识四大全球卫星导航系统的建设方、星座构型特点及使用的信号频点，对全球卫星导航系统的组成、应用有一个全面的了解，不涉及实验操作内容。

7. 注意事项

无。

8. 报告要求

根据表 1.1 制图(如图 1.6 所示类型)，比较四大全球卫星导航系统使用的信号的中心频点及带宽，分析其异同点。

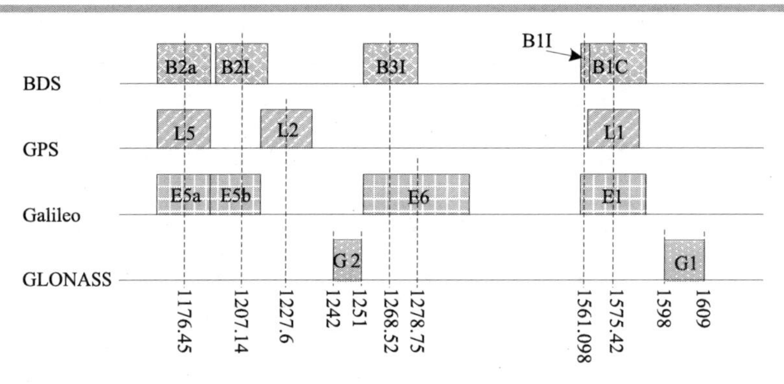

图 1.6　全球卫星导航系统的频点图

1.2　卫星星历采集实验

1. 实验目的

(1) 认识卫星导航系统的组成及作用。
(2) 了解卫星导航定位的基本流程和要素。
(3) 认识卫星导航接收机，了解其基本功能。
(4) 能够利用卫星导航接收机采集卫星星历数据。

2. 实验任务

利用卫星导航接收机采集卫星星历，并存储为标准格式(RINEX 格式)。

3. 实验设备

连接外置天线的北斗/GPS 教学与实验平台。

4. 实验准备

在空旷无遮挡的地方放置卫星导航信号接收天线。

5. 实验原理

GNSS 接收机是用于接收卫星导航信号，以便用户进行导航、定位、授时的工具。GNSS 接收机的主要任务在于感应、测量卫星相对于接收机本身的伪距以及卫星信号的多普勒频移，并从中解调出导航电文。GNSS 接收机通过码相关运算得到码相位和伪距，又从导航电文中获取用来计算卫星位置和速度的星历参数，根据这两方面的信息，接收机就可以根据不同的算法实现定位，并且进行定位精度的提高等后续工作。

从硬件组成的角度看，导航信号接收机可分为天线单元和接收单元两大部分。对于大多数非袖珍式的信号接收机而言，这两个单元被分别封装成两个独立的部件，以便天线单元能够放置在运动载体外部或地面空旷无遮挡的点位上，接收单元能够置于运动载体内部或测站附近的适当地方，进而用天线电缆将两者连接成一个整机，仅由一个电源对该机供电。

从信号处理的角度，GNSS 接收机的内部结构沿其工作流程的先后顺序，通常分为射频(RF)前端处理、基带数字信号处理(DSP)和定位导航运算三大功能模块。射频前端处理将天线接收到的信号放大到某一电平之上，同时将高频信号变换到中频，使得该信号可以被数字处理器所用。基带数字信号处理和定位导航运算是接收机的核心部分，基带数字信号处理对 N 路接收通道的信号进行捕获、跟踪、解调等处理，从而提取相关的导航电文。定位导航运算通过导航处理器来实现，计算量较大，根据导航电文实现用户的定位解算。

6. 实验步骤

本实验通过设置北斗/GPS 教学与实验平台采集可见卫星的播发信号，获得卫星星历文件。具体实验步骤如下。

(1) 连接外置天线和北斗/GPS 教学与实验平台。

(2) 双击图标启动北斗/GPS 教学与实验平台，弹出图 1.7 所示的北斗/GPS 教学与实验平台主界面，单击右上角的“接收机”按钮。

图 1.7　北斗/GPS 教学与实验平台主界面

(3) 如图 1.8 所示，在左上角的接收机配置框中进行接收机参数设置，刷新可用的串口，选择好端口；选择需要的波特率，默认为 9600；勾选“发送命令”复选框，然后单击“采集数据”按钮。

(4) 查看存储的 RINEX 格式的卫星星历文件。

7. 注意事项

无。

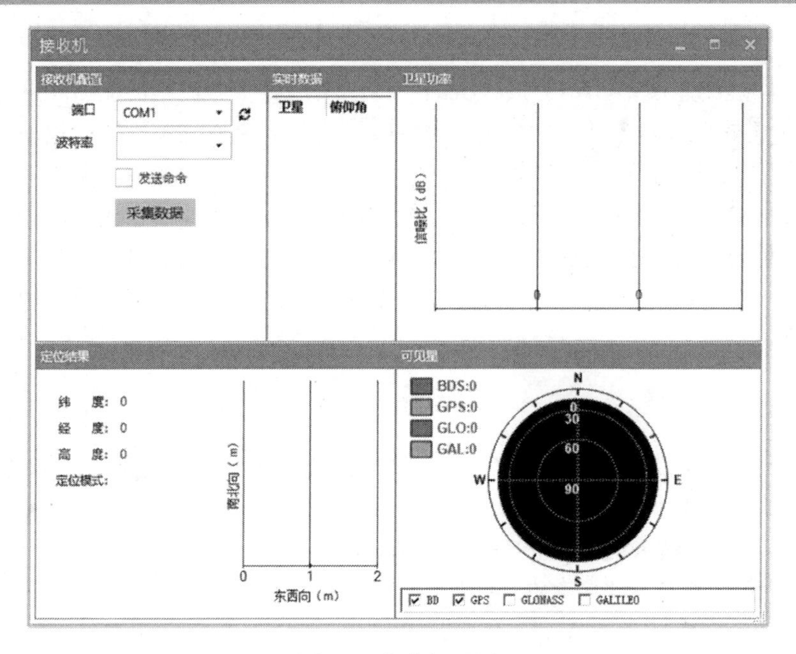

图 1.8　接收机设置

8. 报告要求

设置接收机参数，采集可见卫星的播发信号，获取 RINEX 格式的卫星星历文件(文件格式如图 1.9 所示)。

```
     3.02           N: GNSS NAV DATA    M: Mixed            RINEX VERSION / TYPE
nahaowei            1.0                 20190927 013703 UTC PGM / RUN BY / DATE
log:                                                        COMMENT
GPSA   1.2107E-008-7.4506E-009-1.1921E-007 5.9605E-008      IONOSPHERIC CORR
GPSB   9.8304E+004-8.1920E+004-1.9661E+005 4.5875E+005      IONOSPHERIC CORR
CMP    1.0245E-008 2.9802E-008 1.4663E-005 1.3113E-006      IONOSPHERIC CORR
CMP    4.0960E+004 4.5056E+004 1.4090E+007 2.1627E+006      IONOSPHERIC CORR
    18                                                      LEAP SECONDS
                                                            END OF HEADER
G10 2018 11  7 10  0  0  .166978687048E-03 -.409272615798E-11  .000000000000E+00
      .530000000000E+02 -.235937500000E+02  .501306595718E-08 -.649323349004E+00
     -.138767063618E-05  .395236280747E-02  .458210706711E-05  .515365299606E+04
      .295200000000E+06  .949949026108E-07  .169233752113E+01  .204890966415E-07
      .961355501047E+00  .293156250000E+03 -.282084584003E+01 -.835249077191E-08
     -.354300472323E-09  .100000000000E+01  .202600000000E+04  .000000000000E+00
      .240000000000E+01  .000000000000E+00  .186264514923E-08  .530000000000E+02
      .292926000000E+06  .400000000000E+01
G20 2018 11  7 10  0  0  .518369954079E-03  .568434188608E-12  .000000000000E+00
      .740000000000E+02 -.150937500000E+02  .583667169223E-08  .113902928194E+01
     -.108592212200E-05  .444994831923E-02  .347942113876E-05  .515366192245E+04
      .295200000000E+06  .502914190292E-07  .158064984663E+01 -.745058059692E-07
      .928806834819E+00  .294437500000E+03  .215476953354E+01 -.880322383247E-08
     -.239295681911E-09  .100000000000E+01  .202600000000E+04  .000000000000E+00
      .240000000000E+01  .000000000000E+00 -.838190317154E-08  .740000000000E+02
      .292926000000E+06  .400000000000E+01
```

图 1.9　采集的卫星星历文件

1.3　伪距与载波相位采集实验

1. 实验目的

(1) 认识卫星导航系统的组成及作用。
(2) 了解卫星导航定位的基本流程和要素。
(3) 认识卫星导航接收机，了解其基本功能。
(4) 能够利用卫星导航接收机采集伪距与载波相位数据。

2. 实验任务

利用卫星导航接收机采集可见卫星的伪距与载波相位观测数据，并存储为标准格式(RINEX 格式)。

3. 实验设备

连接外置天线的北斗/GPS 教学与实验平台。

4. 实验准备

在空旷无遮挡的地方放置卫星导航信号接收天线。

5. 实验原理

导航卫星发射的导航信号传递到接收机天线后，接收机首先需要对信号进行捕获，然后跟踪卫星信号以保证连续测距，同时从导航信号中解调出导航电文，才能够实现连续定位。因此，GNSS 接收机必须具备码的捕获、码的锁定与测距、电文解调与定位计算等功能。

在接收机内对导航信号进行处理的第一步是进行信号捕获。接收机通过捕获信号，就对信号的载波频率和伪码相位有了粗略的估计值，由于卫星与接收机之间的相对运动以及卫星时钟与接收机晶体振荡器的频率偏移等原因，接收到的卫星信号的载波频率和码相位会随着时间的推移而变化，并且这些变化通常又是不可预测的，因而信号跟踪环路一般需要以闭路反馈的形式周期性地连续运行，以达到对卫星信号的持续锁定。信号跟踪环路实际上是由载波跟踪环路与码跟踪环路两部分组成的，它们分别用来跟踪接收信号中的载波和伪码。

接收机生成与卫星一致的三份测距码(伪码)信号，如图 1.10 所示。通过移动码片，使得接收机的复制码与卫星发射的伪码相关峰达到最大值。由移动的码片数，结合每个码片对应的传播时间，可以计算得到从卫星发射信号到接收机接收信号的传播时延，进而获得伪距观测量。

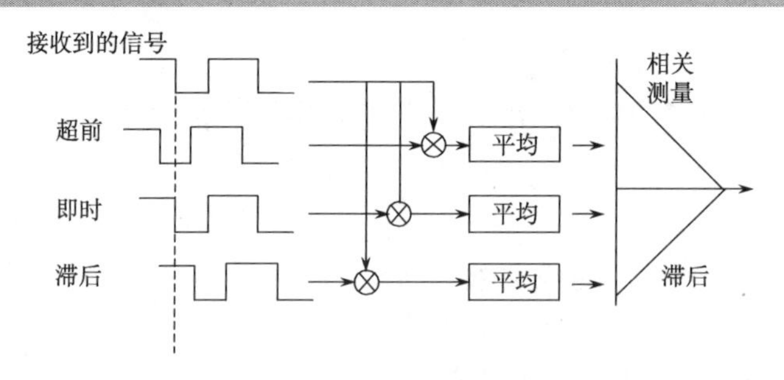

图 1.10　接收机码相关原理图

6. 实验步骤

本实验通过设置北斗/GPS 教学与实验平台采集可见卫星的播发信号，获得可见卫星的伪距与载波相位观测值文件。具体实验步骤如下。

(1) 连接外置天线和北斗/GPS 教学与实验平台。

(2) 双击图标启动北斗/GPS 教学与实验平台，弹出如图 1.11 所示的北斗/GPS 教学与实验平台主界面，单击右上角的“接收机”按钮。

图 1.11　北斗/GPS 教学与实验平台主界面

(3) 如图 1.12 所示，在左上角的接收机配置框中进行接收机参数设置，刷新可用的串口，选择好端口；选择需要的波特率，默认为 9600；勾选“发送命令”复选框，然后单击“采集数据”按钮。

(4) 查看存储的 RINEX 格式的可见卫星的伪距与载波相位观测值文件。

7. 注意事项

无。

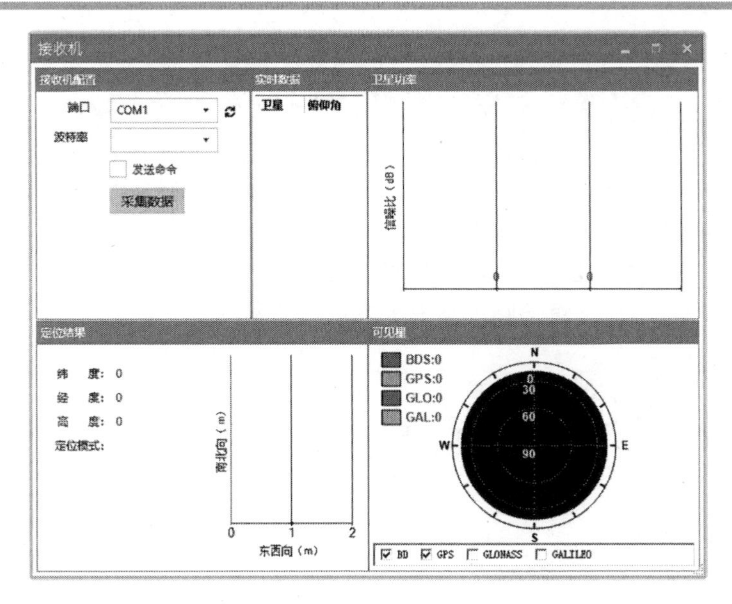

图 1.12　接收机设置

8. 报告要求

设置接收机参数，采集可见卫星的播发信号，获取 RINEX 格式的可见卫星的伪距与载波相位观测值文件(文件格式如图 1.13 所示)。

```
     3.02           OBSERVATION DATA    M: Mixed            RINEX VERSION / TYPE
nahaowei            1.0                 20190927 013659 UTC PGM / RUN BY / DATE
log:                                                        COMMENT
                                                            MARKER NAME
                                                            MARKER NUMBER
                                                            MARKER TYPE
                                                            OBSERVER / AGENCY
                                                            REC # / TYPE / VERS
                                                            ANT # / TYPE
  -2195915.8839  5177485.0054  2998877.3569                 APPROX POSITION XYZ
         0.0000        0.0000        0.0000                 ANTENNA: DELTA H/E/N
G    4 C1C L1C D1C S1C                                      SYS / # / OBS TYPES
C    4 C1I L1I D1I S1I                                      SYS / # / OBS TYPES
     1.000                                                  INTERVAL
  2018    11     7     9    22    3.0050000     GPS         TIME OF FIRST OBS
  2018    11     7     9    42   41.9890000     GPS         TIME OF LAST OBS
                                                            END OF HEADER
> 2018 11  7  9 22  3.0050000  0 23
G10  21550112.230   113246601.054         88.567          46.000
G12  23544568.533   123727560.122       -937.009          42.000
G14  24384273.831   128140241.515       1344.516          37.000
G20  21968451.919   115444987.777      -2153.295          42.000
G25  22867868.668   120171472.504       1231.367          41.000
G31  23869605.276   125435630.478       2265.171          42.000
G32  23195897.513   121895272.728       1017.109          43.000
C 1  38933793.910   202738449.173       -249.021          36.000
C 4  40182383.984   209240185.2522      -267.847          35.000
G24  25680596.219   134952444.567      -3534.996          33.000
C24  26400642.056   137475063.667      -3164.500          35.000
C25  23111770.690   120349021.281      -1020.099          44.000
C 3  38189417.389   198862286.807       -252.031          38.000
C16  37728446.486   196461885.907        105.405          41.000
C23  24388101.376   126995215.456       1814.861          41.000
C 9  38363179.433   199767105.060        123.963          38.000
C 6  37989532.212   197821435.715        111.721          39.000
C 2  38922031.416   202677197.756       -299.519          35.000
```

图 1.13　采集的伪距与载波相位观测值数据

1.4 卫星信噪比与仰角关系实验

1. 实验目的

(1) 了解天线增益的定义与影响因素。
(2) 认识接收机信号接收功率的影响因素。
(3) 认识接收机端的卫星信噪比与卫星仰角的关系。

2. 实验任务

分析接收机接收到的卫星信号的信噪比与卫星仰角的关系。

3. 实验设备

北斗/GPS 教学与实验平台。

4. 实验准备

掌握卫星仰角的计算方法。

5. 实验原理

卫星通过其发射天线向外发射信号，为了提高信号发射功率，卫星天线在设计上通常使其信号发射具有一定的指向功能，即原本散发到天线四周各个方向上的信号功率被集中起来朝向地球发射，而天线的这种指向性称为天线增益。若卫星的发射角为 2α，即发射信号集中于一个角度为 2α 的范围内，信号集中在以 a 为半径的球冠内，如图 1.14 所示，故和全向性天线形成的球面相比，该天线增益等于球面积与接收面积的比值。

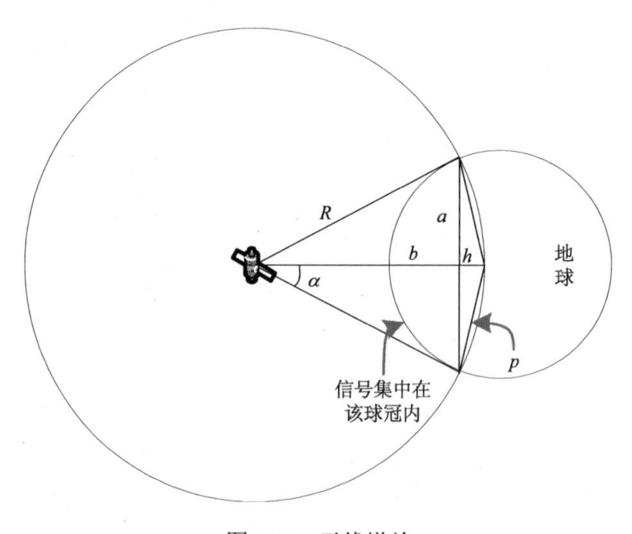

图 1.14 天线增益

卫星发射天线增益的表达式为

$$G_{\mathrm{T}}(\alpha)=\frac{2}{1-\cos\alpha} \tag{1.2}$$

由式(1.2)可知，天线增益与卫星发射角有关。

同样，用来接收信号的接收天线通常也呈一定的指向性，接收天线与发射天线原理相同，只是能量传递方向相反。

链路预算就是分析信号从发射到接收过程中，各种因素对信号的影响；主要影响因素包括发射功率 P_{T}、发射增益 G_{T}、接收增益 G_{R}、自由空间传播损耗、大气损耗、线性极化损耗。

链路预算与卫星高度角有关，表 1.2 给出了天顶方向和高度角为 5°时的链路预算值，从表中可以看出，同等条件下天顶方向与高度角为 5°时的接收功率相同。

表 1.2　链路预算

链路预算	天顶方向	高度角为 5°
SV 发射功率 P_{T}	27W	27W
SV 发射增益 G_{T}（10.2～12.3dB）	10.5	17.0
辐射向地球的有效功率	283W	460W
自由空间传播损耗(1/(4πR^2))	$1.95\times10^{-16}\mathrm{m}^{-2}$	$1.20\times10^{-16}\mathrm{m}^{-2}$
大气损耗(–0.5dB)	0.9	0.9
接收功率密度	$4.92\times10^{-14}\mathrm{W/m}^2$	$4.92\times10^{-14}\mathrm{W/m}^2$
接收天线增益(3dBi)	2	2
接收天线的有效面积（$\lambda^2/4\pi$）	$2.87\times10^{-3}\mathrm{m}^2$	$2.87\times10^{-3}\mathrm{m}^2$
线性极化损耗(–3dB)	1/2	1/2
有效接收功率	$1.41\times10^{-16}\mathrm{W}$	$1.41\times10^{-16}\mathrm{W}$
dBm=10log10(以 mW 为单位的功率值)	–128.5dBm	–128.5dBm

进一步分析信号接收功率与高度角之间的关系，如图 1.15 所示，从图中可以看出高度角为 40°时，接收功率最强。

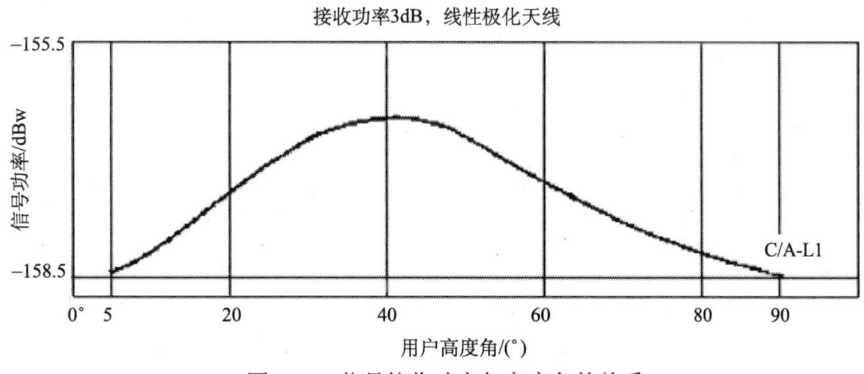

图 1.15　信号接收功率与高度角的关系

接收机对卫星信号接收功率的强弱并不能完整地用来描述信号的清晰程度或者质量好坏，我们需要知道信号相对于噪声的强弱。信号的质量通常用信噪比(Signal-Noise Ratio, SNR 或 S/N)来衡量，它定义为信号功率 P_R 与噪声功率 N 之间的比率，公式如下：

$$SNR=\frac{P_R}{N} \tag{1.3}$$

信噪比没有单位，其值通常表示成分贝的形式($10\lg(P_R/N)$)。显然，信噪比越高，信号的质量越好。

6. 实验步骤

本实验利用北斗/GPS 教学与实验平台接收实时卫星信号，主要实验步骤如下。

(1)设置接收机参数，启动数据采集。

(2)记录某个时刻的可见卫星的信噪比及仰角，信噪比示意图如图 1.16 所示。其中，横坐标为卫星编号，G 表示 GPS 卫星，C 表示北斗卫星。

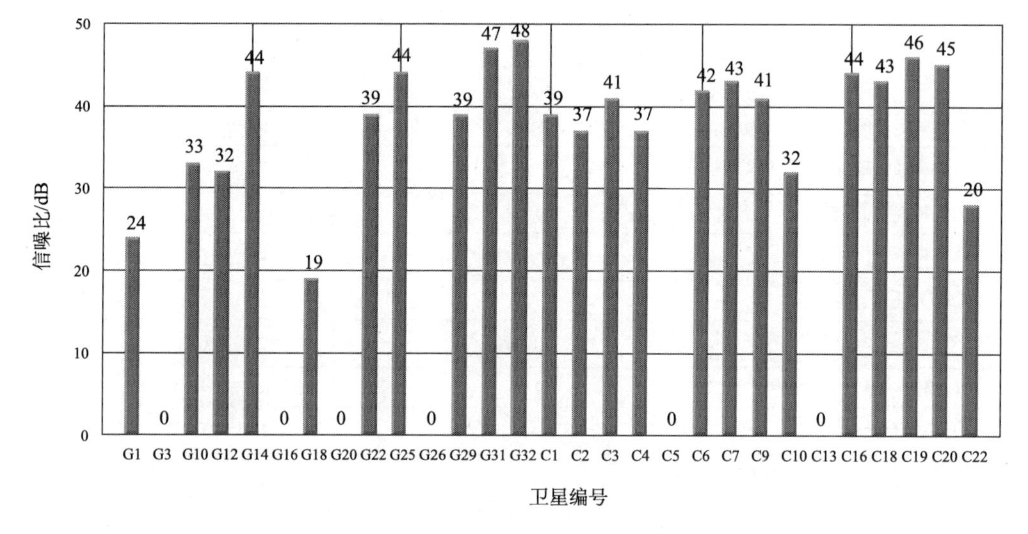

图 1.16　可见卫星的信噪比

7. 注意事项

无。

8. 报告要求

利用北斗/GPS 教学与实验平台采集一段时间的可见卫星信号，记录可见卫星的信噪比、仰角，作卫星的信噪比与仰角的关系图。

1.5 卫星导航接口控制文件实验

1. 实验目的

(1)了解卫星导航接口控制文件(ICD)的作用。
(2)能够根据ICD获得该卫星导航系统的特点。
(3)认识导航电文的帧结构及编排结构。
(4)认识导航电文包含的内容及算法。

2. 实验任务

(1)根据ICD获得卫星导航系统的空间星座组成、信号结构、信号特性等内容。
(2)根据ICD认识导航电文的结构编排方式,掌握电文的编码及解码规则。
(3)根据ICD认识导航电文包含的内容,掌握相关算法原理。

3. 实验设备

北斗/GPS教学与实验平台。

4. 实验准备

(1)《北斗卫星导航系统空间信号接口控制文件-公开服务信号(2.1版)》。
(2)《北斗卫星导航系统空间信号接口控制文件-公开服务信号B1C(1.0版)》。
(3)《北斗卫星导航系统空间信号接口控制文件-公开服务信号B2a(1.0版)》。
(4)《北斗卫星导航系统空间信号接口控制文件-公开服务信号B3I(1.0版)》。
(5)《GLONASS INTERFACE CONTROL DOCUMENT version 5.0》。
(6)《Galileo Open Service Signal In Space Interface Control Document Drafe 0》。
(7)《Navstar GPS Space Segment/Navigation User Interfaces》。

5. 实验原理

为方便用户使用全球卫星导航系统的公开服务信号,美国、俄罗斯、欧盟、中国分别公布了相应的公开服务信号接口控制文件(ICD),以中国卫星导航系统管理办公室公布的公开服务信号(2.1版)为例,以下简称北斗ICD,说明ICD文件包含的内容。

北斗ICD定义了北斗卫星导航系统空间星座和用户终端之间公开服务信号B1I和B2I的相关内容。北斗ICD中说明了北斗系统的空间星座由35颗卫星组成,使用的坐标系统为2000中国大地坐标系、时间系统为北斗时;同时对播发的信号的结构、组成、具体内容及编排方法、电文算法进行了详细说明。用户根据北斗ICD即可对接收到的相应卫星信号进行捕获、跟踪、解码,获得电文数据后即可开展定位解算。

6. 实验步骤

本实验主要认识、学习卫星导航系统中ICD的作用、ICD中包含的内容及电文算法,具体的电文算法在后续章节进行具体实验操作，本实验不涉及实验操作内容。

7. 注意事项

无。

8. 报告要求

无。

第2章

卫星导航时间系统转换实验

在卫星导航系统中，时间系统与坐标系统是描述卫星运动、处理观测数据和表达观测站或用户位置的数学与物理基础。了解卫星导航定位中常用的时间系统及时间表示方式，对用户来说是极为重要的。本章主要开展卫星导航时与UTC时间的转换、不同时间表示方式间的转换实验，并掌握UTC跳秒的获取及应用。

2.1 时间表示方式转换实验

2.1.1 格里高利历与儒略日的转换实验

1. 实验目的

(1) 掌握时间系统的不同表示方式。
(2) 掌握格里高利历时间表示方式。
(3) 掌握儒略日时间表示方式。
(4) 掌握时间的两种表示方式：格里高利历与儒略日之间的转换。

2. 实验任务

实现某一时刻格里高利历与儒略日两种表示方式之间的相互转换。

3. 实验设备

北斗/GPS 教学与实验平台。

4. 实验准备

学习并掌握时间系统的特点和不同表示方式。

5. 实验原理

时间标示法指的是表示时间的方法，是建立在时间系统之上的时间表达方法。格里高利历在标示时间时采用年、月、日、时、分、秒的方法，如“2000 年 1 月 1 日 22 时 13 分 45 秒”。

儒略日是一种连续数值标示时间的方法，特别适合用于科学计算。儒略日是从–4712

年1月1日12时(即公元前4713年1月1日12时)开始计算的天数，例如，2006年1月1日0时0分0秒的儒略日为2453736.5。由于儒略日的计时起点距今较为久远，采用约简儒略日对其进行改进，从儒略日中减去2400000.5即为约简儒略日。

(1)根据格里高利历计算(约简)儒略日MJD，公式如下：

$$
\begin{aligned}
\mathrm{JD} = D - 32075 &+ \left[1461 \times \left(Y + 4800 + \left[\frac{M-14}{12}\right]\right) \div 4\right] \\
&+ \left[367 \times \left(M - 2 - \left[\frac{M-14}{12}\right] \times 12\right) \div 12\right] \\
&- \left[3 \times \left[\left(Y + 4900 + \left[\frac{M-14}{12}\right]\right) \div 100\right] \div 4\right] \\
&- 0.5 + \frac{h}{24} + \frac{m}{1440} + \frac{s}{86400}
\end{aligned} \tag{2.1}
$$

$$
\mathrm{MJD} = \mathrm{JD} - 2400000.5 \tag{2.2}
$$

其中，[ ]表示取实数的整数部分。

(2)根据儒略日计算格里高利历，公式如下：

$$
\begin{aligned}
J &= [\mathrm{JD} + 0.5] \\
N &= \left[\frac{4(J + 68569)}{146097}\right] \\
L_1 &= J + 68569 - \left[\frac{N \times 146097 + 3}{4}\right] \\
Y_1 &= \left[\frac{4000(L_1 + 1)}{1461001}\right] \\
L_2 &= L_1 - \left[\frac{1461 \times Y_1}{4}\right] + 31 \\
M_1 &= \left[\frac{80 \times L_2}{2447}\right] \\
L_3 &= \left[\frac{M_1}{11}\right]
\end{aligned} \tag{2.3}
$$

$$
Y = [100(N - 49) + Y_1 + L_3] \tag{2.4}
$$

$$
M = M_1 + 2 - 12L_3 \tag{2.5}
$$

$$
D = L_2 - \left[\frac{2447 \times M_1}{80}\right] \tag{2.6}
$$

$$
T = (\mathrm{JD} + 0.5 - J) \times 24
$$

$$
h = [T] \tag{2.7}
$$

$$
T_1 = (T - h) \times 60
$$

$$
m = [T_1] \tag{2.8}
$$

$$
s = (T_1 - m) \times 60 \tag{2.9}
$$

其中，Y、M、D、h、m、s 分别对应格里高利历的年、月、日、时、分、秒。

6. 实验步骤

(1) 已知格里高利历时，将年、月、日、时、分、秒的值代入式(2.1)即可计算得到儒略日。

(2) 已知儒略日时，计算格里高利历的流程如图2.1所示。

① 输入儒略日；

② 根据儒略日及式(2.3)计算中间变量；

③ 根据式(2.4)计算年；

④ 根据式(2.5)计算月；

⑤ 根据式(2.6)计算日；

⑥ 根据式(2.7)计算时；

⑦ 根据式(2.8)计算分；

⑧ 根据式(2.9)计算秒。

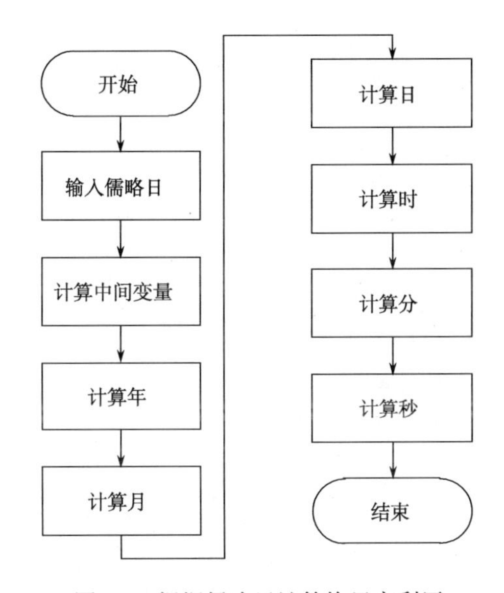

图2.1　根据儒略日计算格里高利历

7. 注意事项

在根据格里高利历计算儒略日前，需要对输入的数据进行条件判断，如月必须为1～12之间的整数，时必须各0～23之间的整数等。

8. 报告要求

完成一组时间系统(如 UTC)的格里高利历与约简儒略日的转换(如 2015-10-01 12:05:25(UTC)转为MJD，57297.5(MJD)转为格里高利历)。

2.1.2 周+周内秒与儒略日的转换实验

1. 实验目的

(1)掌握时间系统的不同表示方式。
(2)掌握儒略日时间表示方式。
(3)掌握周+周内秒时间表示方式。
(4)掌握时间的两种表示方式：周+周内秒与儒略日之间的转换。

2. 实验任务

实现某一时刻周+周内秒与儒略日两种表示方式之间的相互转换。

3. 实验设备

北斗/GPS 教学与实验平台。

4. 实验准备

学习并掌握北斗、GPS 时间系统的定义。

5. 实验原理

在卫星导航系统的发展和应用中，各卫星系统定义了自己的时间系统模型。

1)北斗时间系统 BDT

BDT 以 2006 年 1 月 1 日 UTC 0 时 0 分 0 秒为起始历元，秒长采用国际单位制(SI)秒为基本单位，不闰秒，采用周+周内秒计数。BDT 通过 NTSC 提供的 UTC 与国际 UTC 建立联系，BDT 与国际 UTC 的偏差保持在 50ns(模 1s)以内。

(1)北斗周(WN)+周内秒(SOW)转为儒略日。

$$\mathrm{JD}=2453736.5+\mathrm{WN}\times 7+\frac{\mathrm{SOW}}{86400} \tag{2.10}$$

(2)儒略日转为北斗周(WN)+周内秒(SOW)。

$$\begin{aligned}\mathrm{WN}&=\left[\frac{\mathrm{JD}-2453736.5}{7}\right]\\ \mathrm{SOW}&=\left(\frac{\mathrm{JD}-2453736.5}{7}-\mathrm{WN}\right)\times 604800\end{aligned} \tag{2.11}$$

2)GPS 时间系统 GPST

GPS 时(GPST)以美国海军天文台华盛顿的协调世界时 UTC(USNO)提供的 1980 年 1 月 6 日 UTC 0 时 0 分 0 秒为时间起算原点，采用原子时 TAI 秒长作为基本单位，启动后不跳秒。

(1)GPS 周(WN)+周内秒(SOW)转为儒略日。

$$JD = 2444244.5 + WN \times 7 + \frac{SOW}{86400} \tag{2.12}$$

(2)儒略日转为GPS周(WN)+周内秒(SOW)。

$$\begin{aligned} WN &= \left\lfloor \frac{JD - 2444244.5}{7} \right\rfloor \\ SOW &= \left(\frac{JD - 2444244.5}{7} - WN \right) \times 604800 \end{aligned} \tag{2.13}$$

6. 实验步骤

无。

7. 注意事项

在时间表示方式转换前，需对输入的数据进行条件判断，如北斗儒略日转为周+周内秒时，儒略日必须大于等于北斗卫星导航系统使用的时间系统的起点(2453736.5)。

8. 报告要求

(1)完成一组北斗时间系统中周+周内秒与儒略日的转换(如466周26600秒(北斗)转为JD，2456777(JD)转为北斗周+周内秒)。

(2)完成一组GPS时间系统中周+周内秒与儒略日的转换(如466周26600秒(GPS)转为JD，2456777(JD)转为GPS周+周内秒)。

2.1.3　年+年积日+天内秒与儒略日的转换实验

1. 实验目的

(1)掌握时间系统的不同表示方式。
(2)掌握年+年积日+天内秒时间表示方式。
(3)掌握儒略日时间表示方式。
(4)掌握时间的两种表示方式：年+年积日+天内秒与儒略日之间的转换。

2. 实验任务

实现年+年积日+天内秒与儒略日之间的相互转换。

3. 实验设备

北斗/GPS教学与实验平台。

4. 实验准备

学习并掌握格里高利历时间表示方式及其与儒略日的相互转换。

5. 实验原理

时间标示法指的是表示时间的方法，是建立在时间系统之上的时间表达方法。

(1)年+年积日+天内秒转为儒略日的实现如图 2.2 所示。

① 计算当年 1 月 1 日 0 时 0 分 0 秒的儒略日 JD1；

② 年积日加 JD1 减 1 得儒略日 JD2；

③ JD2 加天内秒/86400 即可得到儒略日。

(2)儒略日转为年+年积日+天内秒的实现如图 2.3 所示。

① 先将儒略日转换成格里高利历；

② 计算出当年 1 月 1 日 0 时 0 分 0 秒的儒略日；

③ 两个儒略日求差加 1，得出年积日；

⑤ 根据格里高利历的时分秒计算出天内秒。

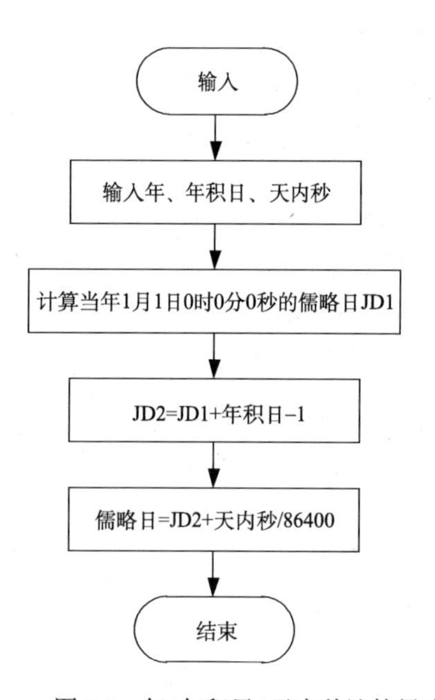

图 2.2　年+年积日+天内秒计算儒略日

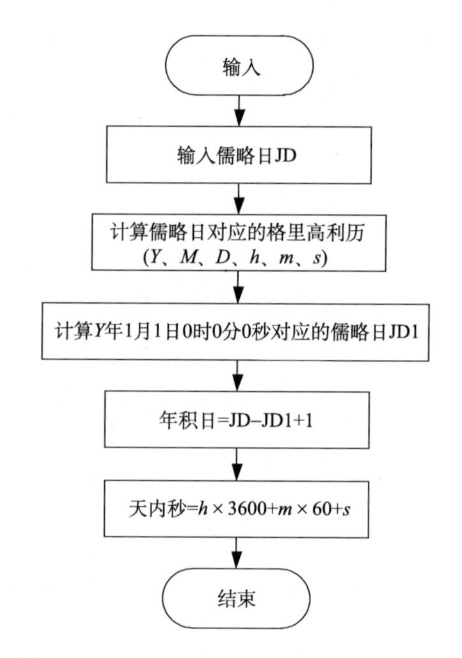

图 2.3　儒略日计算年+年积日+天内秒

6. 实验步骤

无。

7. 注意事项

(1)年积日：闰年不大于 366，平年不大于 365，年积日从 1 开始。

(2)天内秒：[0，86400)。

8. 报告要求

完成一组某一时刻儒略日与年+年积日+天内秒的转换(如 2015-10-01 12:05:25 转为年+年积日+天内秒，2015-305-24500 转为儒略日)。

2.2　UTC 跳秒(闰秒)实验

2.2.1　UTC 跳秒基础实验

1. 实验目的

(1) 了解跳秒的由来。
(2) 了解跳秒表。
(3) 掌握跳秒文件的获取方式。

2. 实验任务

根据时刻信息下载所需的跳秒文件。

3. 实验设备

北斗/GPS 教学与实验平台。

4. 实验准备

(1) 阅读世界时的定义和特点。
(2) 阅读原子时的定义和特点。
(3) 了解 IERS 发布的数据。

5. 实验原理

跳秒，又称闰秒，是指为保持协调世界时接近于世界时时刻，由国际计量局统一规定在年底或年中(也可能在季末)对协调世界时增加或减少 1s 的调整。跳秒的成因原理如下。

科学上有两种时间计量系统：基于地球自转的天文测量而得出的“世界时”和以原子振荡周期确定的“原子时”。世界时由于地球自转的不均匀性和长期变慢性会带来时间的差异，原子时则是相对恒定不变的。1972 年，协调世界时(UTC)成功建立，严格地以精确的国际原子时秒长为基础，当 UTC 与世界时的差距超过 0.9s 时，就把 UTC 向前拨 1s(负闰秒，最后一分钟为 59s)或向后拨 1s(正闰秒，最后一分钟为 61s)。闰秒一般加在公历年末或公历六月末。

协调世界时和世界时相对于原子时的逐年变化情况如图 2.4 所示。

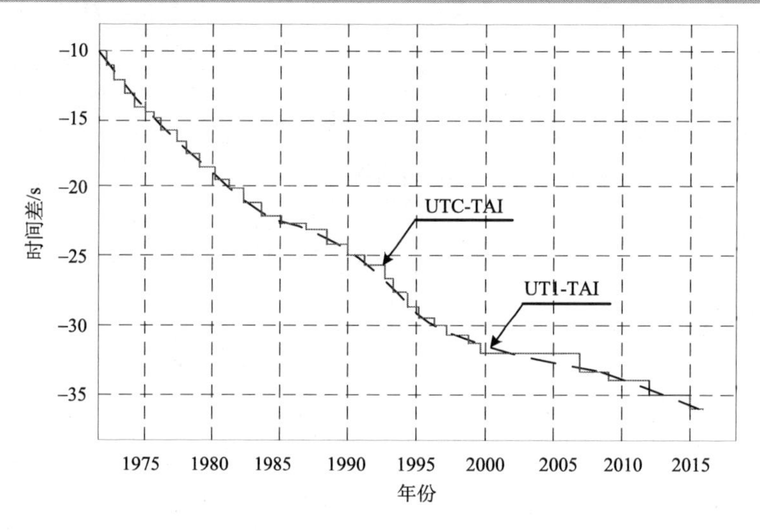

图 2.4　时间系统差异

IERS 的 BULLETIN C 公布 UTC 的跳秒和 UTC-TAI 信息，BULLETIN C 每 6 个月公布一次。下载地址为 http://www.iers.org，登录网站后选择 BULLETIN C 即可根据时间选择需要的跳秒信息。

IERS BULLETIN C 下载界面如图 2.5 所示。

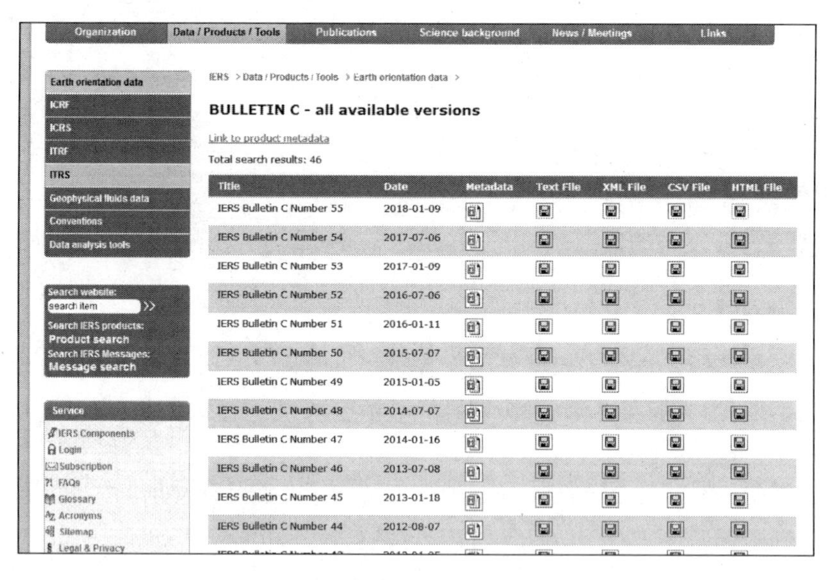

图 2.5　IERS BULLETIN C 下载界面

6. 实验步骤

无。

7. 注意事项

无。

8. 报告要求

下载一个时刻的跳秒文件(如下载 2016-01-11 所需的跳秒文件)。

2.2.2　UTC 跳秒查询及应用实验

1. 实验目的

(1) 能够根据不同的时刻查询所需的跳秒。
(2) 了解跳秒的应用，能够实现 UTC 与 TAI 之间的转换。

2. 实验任务

(1) 根据不同的时刻(UTC 或 TAI) 查询需要的跳秒。
(2) 实现 UTC 与 TAI 两个时间系统之间的转换。

3. 实验设备

北斗/GPS 教学与实验平台。

4. 实验准备

(1) 掌握跳秒文件的获取方式。
(2) 阅读原子时 TAI 的资料。
(3) 阅读协调世界时 UTC 的资料。
(4) 掌握格里高利历与儒略日之间的转换。

5. 实验原理

人们在日常生活中使用的时间属于 UTC。卫星导航多系统融合应用涉及原子时和协调世界时之间的转换，获取正确的跳秒信息是成功转换的重要保障。IERS 提供的跳秒信息是以 UTC 时刻为基准的，当其他时间系统转换为 UTC 时，需选择正确的跳秒。

如果输入的时刻为 UTC，则直接根据 UTC 选择对应能够使用的跳秒，TAI 与 UTC 之间的关系如下：

$$\mathrm{TAI}=\mathrm{UTC}+\mathrm{LeapSec}$$

如果输入的时刻为原子时 TAI，跳秒查询流程如图 2.6 所示。

输出的 LeapSec 即 TAI 转为 UTC 需要的跳秒。

6. 实验步骤

无。

7. 注意事项

无。

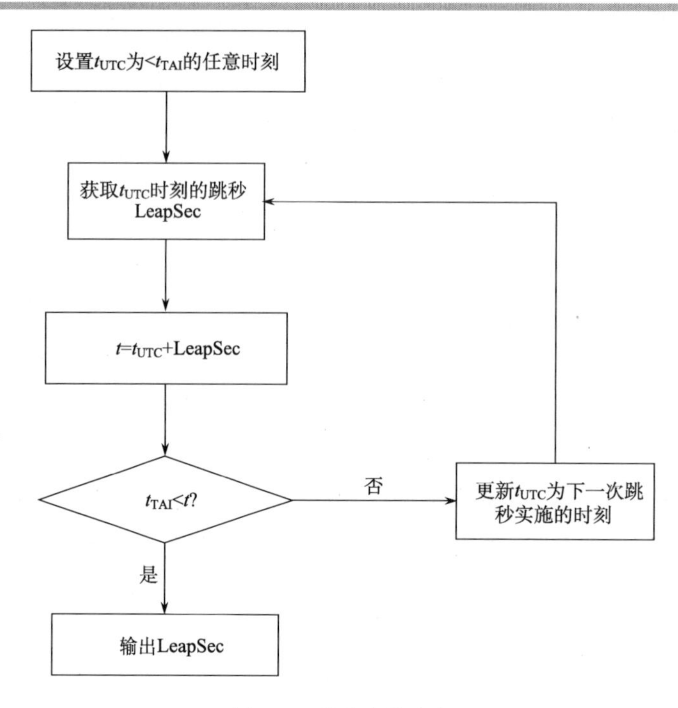

图 2.6 跳秒查询流程

8. 报告要求

(1)根据给定的 UTC 时刻，查询对应的跳秒信息；根据 UTC 时刻计算 TAI。例如，计算 2019-05-01 12:20:20(UTC)对应的 TAI。

(2)根据原子时，查询其转换为 UTC 需要的跳秒信息；根据原子时计算 UTC。例如，计算 2019-05-01 12:20:20(TAI)对应的 UTC。

2.3 卫星导航时与 UTC 的转换实验

2.3.1 北斗周+周内秒与 UTC 的转换实验

1. 实验目的

(1)掌握 BDT(北斗时间系统)的特性及其表示方式。
(2)掌握 UTC(协调世界时)系统的特性及其表示方式。
(3)掌握 BDT 周+周内秒与 UTC 之间的转换关系。

2. 实验任务

实现 BDT(周+周内秒)与 UTC(格里高利历)两个时间系统间的相互转换。

3. 实验设备

北斗/GPS 教学与实验平台。

4. 实验准备

(1) 学习并掌握 BDT 的特点和表示方式。

(2) 学习并掌握 UTC 的特点和表示方式。

(3) 掌握单个时间系统不同标示法之间的转换(UTC 格里高利历与儒略日、北斗周+周内秒与儒略日之间的相互转换)。

(4) 从 IERS 网站下载跳秒文件。

5. 实验原理

协调世界时(UTC)保留了原子时均匀高稳定的秒长，又兼顾了地球自转对季节的影响。为保证 UTC 与不是严格均匀的世界时 UT1 之间的差距不超过 0.9s，UTC 是非均匀的时间系统，存在跳秒。

北斗时间系统(BDT)采用国际单位制秒为基本单位连续累积，起始历元为 2006 年 1 月 1 日 UTC 0 时 0 分 0 秒，采用周+周内秒计数。BDT 与 UTC 的偏差保持在 50ns 以内(模 1s)。

BDT 与 UTC 之间的关系式为

$$\mathrm{BDT}=\mathrm{UTC}+\mathrm{LeapSec}-33\mathrm{s} \tag{2.14}$$

其中，LeapSec 为跳秒，由国际地球自转服务机构(IERS)提供。

6. 实验步骤

(1) 已知北斗周+周内秒计算 UTC 的流程图如图 2.7 所示。

① 输入 BDT 的周+周内秒；

② 根据 2.1.2 节实验计算儒略日形式的 BDT；

③ 查询所需跳秒；

④ 根据式(2.14)计算儒略日形式的 UTC；

⑤ 根据 2.1.1 节实验计算格里高利历形式的 UTC。

(2) 已知 UTC(格里高利历形式)计算北斗周+周内秒的流程图如图 2.8 所示。

① 输入格里高利历形式的 UTC；

② 根据 2.1.1 节实验计算儒略日形式的 UTC；

③ 查询跳秒；

④ 根据式(2.14)计算儒略日形式的 BDT；

⑤ 根据 2.1.2 节实验计算 BDT 的周+周内秒。

7. 注意事项

(1) 转换过程中需要用到跳秒数据，可登录网站 http://www.iers.org，选择 BULLETIN

C，根据时间选择需要的跳秒信息。

(2)采用不同标示法表示的两个时间系统间进行转换时，统一到儒略日标示法进行转换。

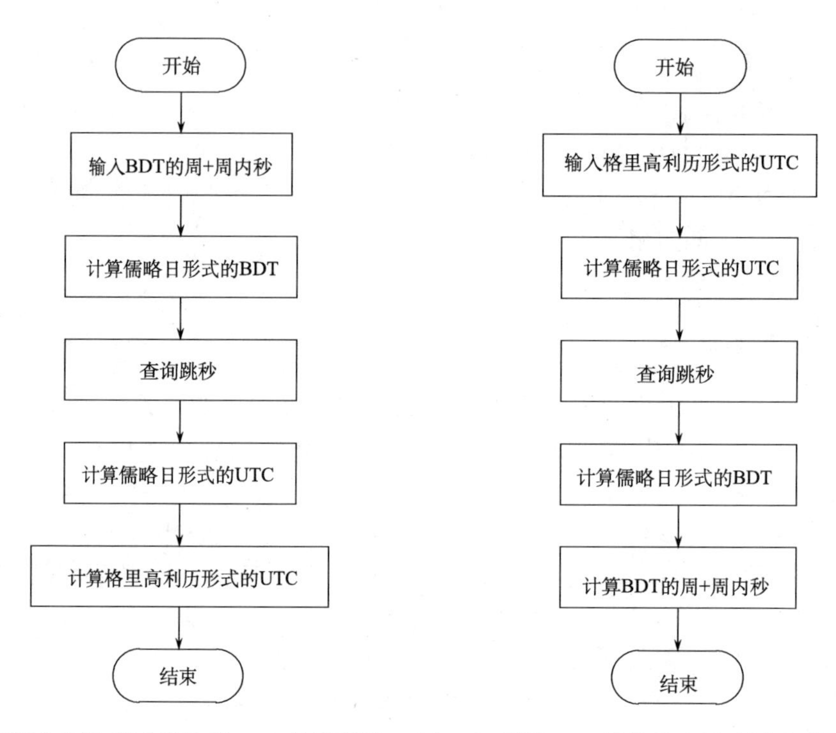

图 2.7　根据北斗周+周内秒计算 UTC 的流程图　　图 2.8　根据 UTC 计算北斗周+周内秒的流程图

8. 报告要求

完成一组 BDT 周+周内秒与 UTC 的转换(如 456 周 259000 秒(BDT)转为 UTC 格里高利历，2019-05-01 12:20:20(UTC)转为 BDT 周+周内秒)。

2.3.2　GPST 周+周内秒与 UTC 的转换实验

1. 实验目的

(1)掌握 GPST(GPS 时间)系统的特性及其表示方式。
(2)掌握 UTC(协调世界时)系统的特性及其表示方式。
(3)掌握 GPST 周+周内秒与 UTC 之间的转换关系。

2. 实验任务

实现 GPST 与 UTC 两个时间系统间的相互转换。

3. 实验设备

北斗/GPS 教学与实验平台。

4. 实验准备

(1) 学习并掌握 GPST 的特点和表示方式。
(2) 学习并掌握 UTC 的特点和表示方式。
(3) 掌握格里高利历与儒略日、GPST 周+周内秒与儒略日之间的相互转换。
(4) 从 IERS 网站下载跳秒文件。

5. 实验原理

协调世界时(UTC)保留了原子时均匀高稳定的秒长，又兼顾了地球自转对季节的影响。为保证 UTC 与不是严格均匀的世界时 UT1 之间的差距不超过 0.9s，UTC 是非均匀的时间系统，存在跳秒。

GPS 时间系统(GPST)采用国际单位制秒为基本单位连续累积，起始历元为 1980 年 1 月 6 日 UTC 0 时 0 分 0 秒，采用周+周内秒计数。

GPST 与 UTC 之间的关系式为

$$\mathrm{GPST}=\mathrm{UTC}+\mathrm{LeapSec}-19\mathrm{s} \tag{2.15}$$

其中，LeapSec 为跳秒，由国际地球自转服务机构(IERS)提供。

6. 实验步骤

(1) 已知 GPST 周+周内秒计算 UTC 的流程图如图 2.9 所示。
① 输入 GPST 的周+周内秒；
② 根据 2.1.2 节实验计算儒略日形式的 GPST；
③ 查询所需跳秒；
④ 根据式(2.15)计算儒略日形式的 UTC；
⑤ 根据 2.1.1 节实验计算格里高利历形式的 UTC。
(2) 已知 UTC(格里高利历形式)计算 GPST 周+周内秒的流程图如图 2.10 所示。
① 输入格里高利历形式的 UTC；
② 根据 2.1.1 节实验计算儒略日形式的 UTC；
③ 查询跳秒；
④ 根据式(2.15)计算儒略日形式的 GPST；
⑤ 根据 2.1.2 节实验计算 GPST 的周+周内秒。

7. 注意事项

转换过程中需要用到跳秒数据，可登录网站 http://www.iers.org，选择 BULLETIN C，根据时间选择需要的跳秒信息。

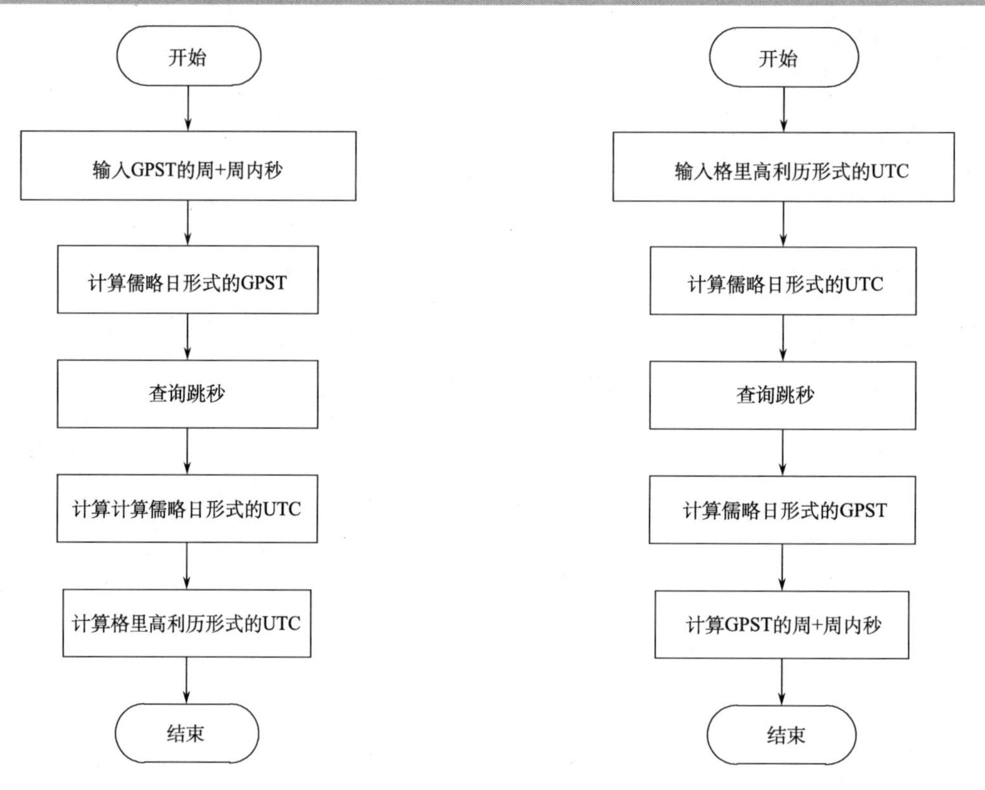

图 2.9　根据 GPST 周+周内秒计算 UTC 的流程图　　图 2.10　根据 UTC 计算 GPST 周+周内秒的流程图

8. 报告要求

完成一组 GPST 周+周内秒与 UTC 的转换(如 456 周 259000 秒(GPST)转为 UTC 格里高利历，2019-05-01 12:20:20(UTC)转为 GPST 周+周内秒)。

2.3.3　GPST 累积秒与周+周内秒的转换实验

1. 实验目的

(1) 掌握 GPST 累积秒的表示方式及特点。
(2) 掌握 GPST 周+周内秒的表示方式及特点。
(3) 掌握 GPST 周+周内秒与累积秒之间的转换关系。

2. 实验任务

(1) 实现 GPST 周+周内秒与累积秒之间的转换。
(2) 实现 GPST 与 UTC 之间的转换。

3. 实验设备

北斗/GPS 教学与实验平台。

4. 实验准备

(1) 学习并掌握 GPST 周+周内秒、累积秒两种标示法的特点和表示方式。
(2) 学习并掌握 UTC 的特点和表示方式。
(3) 从 IERS 网站下载跳秒文件。

5. 实验原理

GPST 累积秒标示法包括两部分：秒的整数部分(time)+秒的小数部分(sec)，以某一时刻为起点，当前时刻采用与起点时刻之间时间差的整数秒+小数秒表示。以 1970-01-01 00:00:00 为起点，GPST 格里高利历与累积秒之间的转换关系如下。

1) 格里高利历转为累积秒

每个月份开始之前累积天数如表 2.1 所示。

表 2.1　月份及对应的累积天数

月份	1	2	3	4	5	6	7	8	9	10	11	12
天数	1	32	60	91	121	152	182	213	244	274	305	335

从起点至当前时刻的累积天数计算如下：

$$\text{days}=\begin{cases}(Y-1970)\times 365+(Y-1969)/4+\text{doy}+D-2+1, & Y\%4=0\ \&\ M>3\\(Y-1970)\times 365+(Y-1969)/4+\text{doy}+D-2, & \text{其他}\end{cases}\tag{2.16}$$

days 为本月份之前累积的天数。

$$\begin{aligned}&\text{time}=\text{days}\times 86400.0+h\times 3600+m\times 60+[s]\\&\text{sec}=s-[s]\end{aligned}\tag{2.17}$$

其中，[ ]表示取整数部分。

2) 累积秒转为格里高利历

从 1970 年开始，4 年为一个周期，1970～1973 年每月的天数如表 2.2 所示(i 表示年份，范围为 1～4；j 表示月份，范围为 1～12)。

表 2.2　不同年份的月份包含的天数

年份(i)	月份(j)											
	1	2	3	4	5	6	7	8	9	10	11	12
1970	31	28	31	30	31	30	31	31	30	31	30	31
1971	31	28	31	30	31	30	31	31	30	31	30	31
1972	31	29	31	30	31	30	31	31	30	31	30	31
1973	31	28	31	30	31	30	31	31	30	31	30	31

从起点至当前时刻的累积天数、当日起点至当前时刻累积的秒数计算如下：

$$\begin{aligned} &\text{days} = \left[\text{time}/86400\right] \\ &\text{secs} = \left[\text{time} - \text{days} \times 86400\right] \end{aligned} \tag{2.18}$$

根据 day=days%1641 (其中，%表示求余运算) 与表 2.2 中的天数关系进行判断，直至 $\text{mday}(12i+j) < \text{day} \leqslant \text{mday}(12i+j+1)$，$\text{mday}(i,j)$ 表示第 i 年第 j 月包含的天数。

$$\begin{aligned} &Y = 1970 + \text{days}/1461 + i - 1 \\ &M = j + 1 \\ &D = \text{days} - \text{mday}(12i+j) \\ &h = \left[\text{secs}/3600\right] \\ &m = \left[\text{secs}\%3600/60\right] \\ &s = \text{secs}\%60 + \text{sec} \end{aligned} \tag{2.19}$$

GPST 的周+周内秒与累积秒之间的转换关系如下。

(1) 周+周内秒转为累积秒。首先计算 GPST 起点时刻的累积秒 t_0(time 是它的整数部分，sec 是它的小数部分)，然后根据 GPST 的周+周内秒计算累积秒：

$$\begin{aligned} &\text{time} = t_0.\text{time} + 86400 \times 7 \times \text{WN} + \left[\text{SOW}\right] \\ &\text{sec} = t_0.\text{sec} + \text{SOW} - \left[\text{SOW}\right] \end{aligned} \tag{2.20}$$

(2) 累积秒转为周+周内秒。首先计算 GPST 起点时刻的累积秒 t_0，然后根据累积秒计算周+周内秒：

$$\begin{aligned} &\text{WN} = \left[\frac{\text{time} - t_0.\text{time}}{86400 \times 7}\right] \\ &\text{SOW} = (\text{time} - t_0.\text{time} - \text{WN} \times 86400 \times 7) + \text{sec} + t_0.\text{sec} \end{aligned} \tag{2.21}$$

6. 实验步骤

(1) 已知 GPST 周+周内秒计算累积秒的流程图如图 2.11 所示。

① GPST 的起点时刻为 1980 年 1 月 6 日 UTC 0 时 0 分 0 秒，根据式(2.16)和式(2.17)计算该时刻对应的累积秒；

② 输入 GPST 的周+周内秒；

③ 根据式(2.20)计算对应的累积秒。

(2) 已知累积秒计算 GPST 周+周内秒的流程图如图 2.12 所示。

① 计算 GPST 起点时刻对应的累积秒；

② 输入累积秒；

③ 根据式(2.21)计算 GPST 的周+周内秒。

7. 注意事项

(1) 上述计算公式以 1970-01-01 00:00:00 为起点，输入的时间不能早于起点时刻。

(2) 累积秒标示法中秒的小数部分不能超过 1，否则需–1，然后秒的整数部分+1。

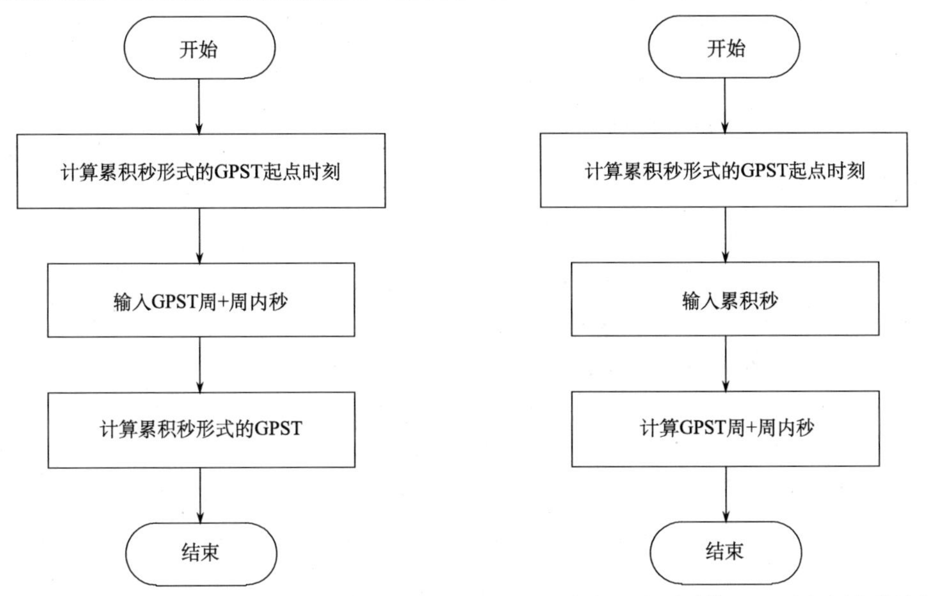

图 2.11 根据 GPST 周+周内秒计算累积秒的流程图　图 2.12 根据累积秒计算 GPST 周+周内秒的流程图

8. 报告要求

(1) 根据 GPST 的周+周内秒计算对应的累积秒，计算 456 周 259000 秒(GPST)对应的累 积秒。

(2) 以累积秒为中间量计算 GPST 的周+周内秒对应的 UTC(格里高利历标示)，计算 456 周 259000 秒(GPST)对应的 UTC。

2.4 UTC 与本地时间转换实验

2.4.1 UTC 与本地时间的转换实验

1. 实验目的

(1) 掌握 UTC(协调世界时)系统的特性。
(2) 了解本地时间的特点。
(3) 掌握 UTC 与本地时间的转换关系。

2. 实验任务

实现 UTC 与本地时间的相互转换。

3. 实验设备

北斗/GPS 教学与实验平台。

4. 实验准备

掌握格里高利历的时间表示方式。

5. 实验原理

1884 年，在华盛顿召开的国际子午线会议决定将全球分为 24 个标准时区，从格林尼治零子午线起，向东西各 7.5°为 0 时区，然后向东每隔 15°为一个时区。在同一个时区，统一采用该时区中央子午线的本地时间。

格林尼治零子午线处的地方民用时为 UTC(或协调世界时)。UTC 和本地时间之间的转换关系如下：

$$\text{地方时}=\text{UTC}+\left\lceil\frac{\lambda-7.5}{15}\right\rceil(\text{h}) \tag{2.22}$$

其中，λ 为本地的经度，取值范围为[–180,180]，向东为正，向西为负；$\lceil\ \rceil$为向上取整。

6. 实验步骤

无。

7. 注意事项

(1) 负数的向上取整时为该数+1。
(2) 地方时与 UTC 相差整数个小时。

8. 报告要求

(1) 完成一组东经地区本地时间与 UTC 的转换(如东经 105.2°的本地时间 2015-10-01 12:05:25 转为 UTC，2015-10-01 12:05:25(UTC)转为东经 105.2°的本地时间)。

(2) 完成一组西经地区本地时间与 UTC 的转换(如西经 105.2°的本地时间 2015-10-01 12:05:25 转为 UTC，2015-10-01 12:05:25(UTC)转为西经 105.2°的本地时间)。

2.4.2 UTC 与北京时间的转换实验

1. 实验目的

(1) 掌握 UTC(协调世界时)系统的特性。
(2) 了解本地时间的特点。
(3) 掌握 UTC 与北京时间之间的转换关系。

2. 实验任务

实现 UTC 与北京时间的相互转换。

3. 实验设备

北斗/GPS 教学与实验平台。

4. 实验准备

掌握格里高利历的时间表示方式。

5. 实验原理

格林尼治零子午线处的地方民用时为 UTC(或协调世界时)。北京时间并不是北京(东经 116.4°)的地方时，而是东经 120°的地方时。UTC 和北京时间之间的转换关系如下：

$$北京时间=UTC+8(h) \tag{2.23}$$

6. 实验步骤

无。

7. 注意事项

无。

8. 报告要求

完成一组北京时间与 UTC 的转换(如北京时间 2015-10-01 12:05:25 转为 UTC，2015-10-01 12:05:25(UTC)转为北京时间)。

第 3 章
卫星导航坐标系统转换实验

卫星导航的核心服务内容就是为用户提供时空位置信息，具体表现为用户在某一时刻所处的位置、速度或经度、纬度、高度等信息。本章主要开展地心地固直角坐标系、大地坐标系、站心坐标系、地心惯性坐标系间的转换实验，使用户掌握卫星导航系统中常用的坐标系类型及相互间的转换。

3.1 地心地固直角坐标系与大地坐标系转换实验

3.1.1 地心地固直角坐标与大地经纬高坐标转换实验

1. 实验目的

(1) 掌握地心地固直角坐标系的定义及表示方式。
(2) 掌握大地经纬高坐标系的定义及表示方式。
(3) 掌握地心地固直角坐标与大地经纬高坐标之间的转换关系。

2. 实验任务

实现地心地固直角坐标与大地经纬高坐标的相互转换。

3. 实验设备

北斗/GPS 教学与实验平台。

4. 实验准备

(1) 学习并掌握地心地固直角坐标系的定义及表示方式。
(2) 学习并掌握大地经纬高坐标系的定义及表示方式。

5. 实验原理

地心地固直角坐标系是固定在地球上随地球一起在空间做公转和自转的坐标系统，原点定义为地球质心，Z 轴指向天球北极，X 轴指向春分点，Y 轴与 X 轴和 Z 轴构成右手坐标系统，用 $(x、y、z)$ 表示。地心地固直角坐标系形式如图 3.1 所示。

大地经纬高坐标系用经度 L、纬度 B、大地高 H 表示，如图 3.2 所示。O 是参考椭球的中心，Z 轴为椭球旋转轴，XOZ 平面为起始子午面，XOY 平面为赤道面。过空间中任意一

点 K 作椭球的法线与椭球面相交于点 P，该法线在赤道平面上的投影为 ON。点 K 的法线与赤道面交角以 B 表示，称为该点的大地纬度，由赤道面起算，向北为正，称为北纬，向南为负，称为南纬。过点 P 的子午面与起始子午面的夹角以 L 表示，称为该点的大地经度，由起始子午面起算，向东为正，称为东经(0°～180°)，向西为负，称为西经(0°～180°)。点 K 到点 P 的距离称为大地高，用 H 表示。用大地经纬高坐标形式表示点 K 的坐标为 $K(B,L,H)$。

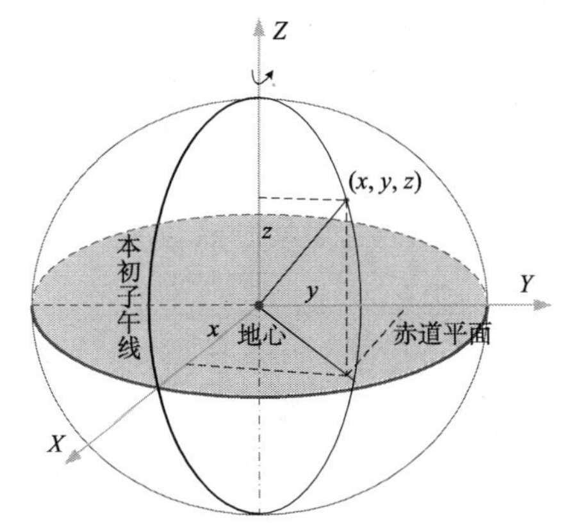

图 3.1　地心地固直角坐标系形式示意图

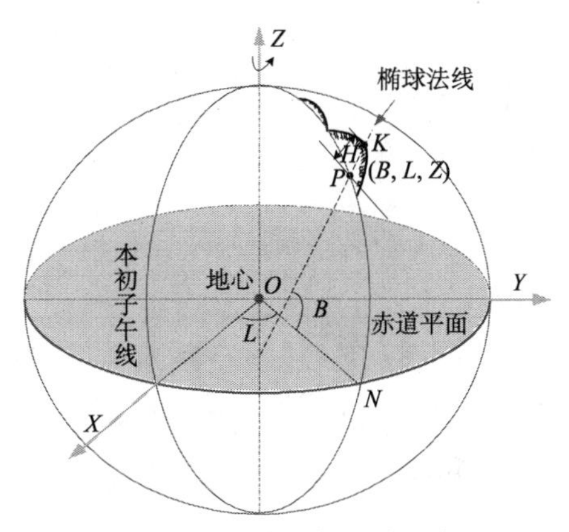

图 3.2　大地经纬高坐标形式示意图

1) 地心地固直角坐标→大地经纬高坐标

已知地心地固直角坐标系的直角坐标位置 (x,y,z) 和速度 (v_x,v_y,v_z)，可得到大地坐标系的坐标 (B,L,H) 和速度 (v_B,v_L,v_H)：

$$L=\arctan\left(\frac{y}{x}\right) \tag{3.1}$$

$$N=\frac{a}{\sqrt{1-e^2\sin^2 B}} \tag{3.2}$$

$$B=\arctan\left(\frac{z+e^2N\sin B}{\sqrt{x^2+y^2}}\right) \tag{3.3}$$

其中，N、B 为互相包含的关系，采用迭代法来逐次逼近 N、B 的值，B 的初值设为 0，一般迭代三四次即可。

$$v_L=\frac{v_y x-v_x y}{x^2+y^2}$$

$$v_N=\frac{ae^2 v_B\cos B\sin B}{\left(\sqrt{1-e^2\sin^2 B}\right)^3} \tag{3.4}$$

$$v_B=\cos^2 B((v_z+e^2v_N\sin B+e^2v_B N\cos B)\sqrt{x^2+y^2}-k(z+e^2N\sin B))/(x^2+y^2)$$

其中，v_N、v_B 为互相包含的关系，采用迭代法来计算，v_B 的初值设为 1。

$$k=\frac{xv_x+yv_y}{\sqrt{x^2+y^2}} \tag{3.5}$$

$$H=\frac{\sqrt{x^2+y^2}}{\cos B}-N$$
$$v_H=\frac{k\cos B+v_B\sin B\sqrt{(x^2+y^2)}}{\cos B\cos B}-v_N \tag{3.6}$$

2) 大地经纬高坐标→地心地固直角坐标

已知目标大地经度、纬度、大地高为 L、B、H，对应的速度分别为 v_L、v_B、v_H，计算目标在地心地固直角坐标系的坐标 (x,y,z) 和速度 (v_x,v_y,v_z)，公式如下：

$$\begin{bmatrix} x \\ y \\ z \end{bmatrix}=\begin{bmatrix} (N+H)\cos B\cos L \\ (N+H)\cos B\sin L \\ [N(1-e^2)+H]\sin B \end{bmatrix} \tag{3.7}$$

$$\begin{bmatrix} v_x \\ v_y \\ v_z \end{bmatrix}=\begin{bmatrix} (v_N+v_H)\cos B\cos L-(N+H)v_B\sin B\cos L-(N+H)v_L\cos B\sin L \\ (v_N+v_H)\cos B\sin L-(N+H)v_B\sin B\sin L+(N+H)n_L\cos B\cos L \\ \left[v_N(1-e^2)+v_H\right]\sin B-\left[N(1-e^2)+H\right]v_B\cos B \end{bmatrix} \tag{3.8}$$

其中，N 为参考椭球卯酉圈曲率半径，公式如下：

$$N=\frac{a}{\sqrt{1-e^2\sin^2 B}} \tag{3.9}$$

其中，a 为参考椭球长半轴；e^2 为参考椭球第一偏心率平方，v_N 为 N 的速度，公式如下：

$$v_N=\frac{ae^2v_B\cos B\sin B}{\left(\sqrt{1-e^2\sin^2 B}\right)^3} \tag{3.11}$$

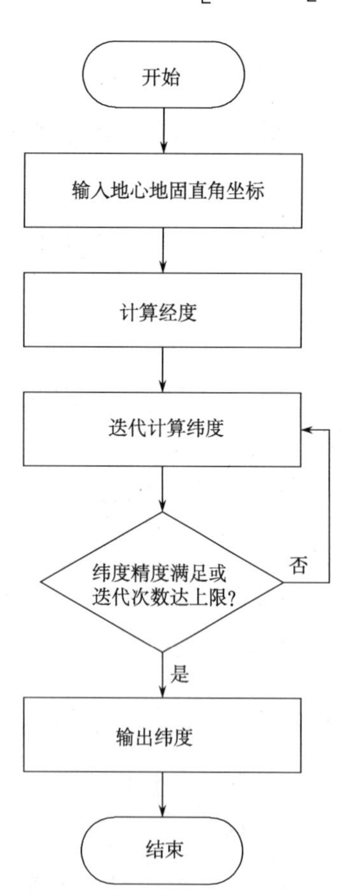

图 3.3　地心地固直角坐标计算大地经纬高坐标的流程图

6. 实验步骤

已知地心地固直角坐标计算大地经纬高坐标的流程图如图 3.3 所示。

(1) 输入地心地固直角坐标 x、y、z。

(2) 根据式(3.1)计算经度。

(3) 根据式(3.2)和式(3.3)迭代计算纬度，如果纬度精度满足要求或者迭代计算的次数达到迭代上限，则跳出迭代，输出计算的纬度。

(4) 根据式(3.6)计算大地高。

7. 注意事项

(1) 经度 L 的取值范围为–180°～180°(或者 0°～360°)。

(2)纬度 B 的取值范围为–90°～90°。

(3)经度、纬度参与计算时需转为弧度。

(4)北斗卫星导航系统和 GPS 使用的参考椭球不一样，导致实验原理计算公式中参考椭球的长半轴、第一偏心率不同，具体数值如表 3.1 所示。

表 3.1 CGCS2000 和 WGS84 使用的参数值

参数	CGCS2000	WGS84
长半轴	6378137.00	6378137.00
第一偏心率	1/298.257222101	1/298.257223563

8. 报告要求

实现某个位置点地心地固直角坐标表示方式和大地经纬高坐标表示方式的相互转换。

示例如下。

(1)根据坐标点的地心地固直角坐标计算其大地经纬高，地心地固直角坐标(CGCS2000)如下：(–2195922.235，5177499.073，2998883.118)。

(2)根据坐标点的大地经纬高计算其地心地固直角坐标(CGCS2000)，大地经纬高如下：(28.228°，112.983°，144.9)。

3.1.2 地心地固直角坐标与地心经纬高坐标转换实验

1. 实验目的

(1)掌握地心地固直角坐标系的定义及表示方式。

(2)掌握地心经纬高坐标系的定义及表示方式。

(3)掌握地心地固直角坐标与地心经纬高坐标之间的转换关系。

2. 实验任务

实现地心地固直角坐标与地心经纬高坐标的相互转换。

3. 实验设备

北斗/GPS 教学与实验平台。

4. 实验准备

(1)学习并掌握地心地固直角坐标的定义及表示方式。

(2)学习并掌握地心经纬高坐标的定义及表示方式。

(3)学习地心地固直角坐标与地心经纬高坐标之间的相互转换关系。

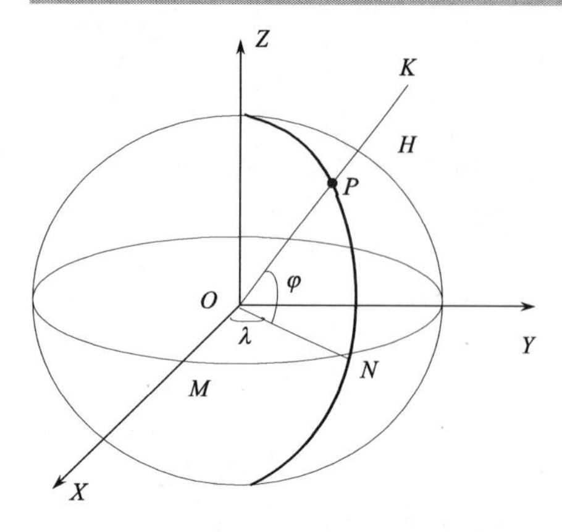

图 3.4　地心经纬高坐标示意图

5. 实验原理

地心经纬高坐标如图 3.4 所示，定义如下：原点位于地球质心，经度为含自转轴和春分点的地球子午面与过该点的子午面之间的夹角，纬度为原点至该点的连线与地球赤道面之间的夹角。

1) 地心地固直角坐标→地心经纬高坐标

设某点在地心地固直角坐标系中的坐标为 (x,y,z)，地心经纬高坐标为 (φ, λ, h)，由地心地固直角坐标转换为地心经纬高坐标的公式如下：

$$\begin{cases} h = \sqrt{x^2 + y^2 + z^2} \\ \lambda = \arctan \dfrac{y}{x} \\ \varphi = \arctan \dfrac{z}{\sqrt{x^2 + y^2}} \end{cases} \tag{3.12}$$

2) 地心经纬高坐标→地心地固直角坐标

设某点在地心地固直角坐标系中的坐标为 (x,y,z)，地心经纬高坐标为 (φ, λ, h)，由地心经纬高坐标转换为地心地固直角坐标的公式如下：

$$\begin{bmatrix} x \\ y \\ z \end{bmatrix} = h \begin{bmatrix} \cos\varphi\cos\lambda \\ \cos\varphi\sin\lambda \\ \sin\varphi \end{bmatrix} \tag{3.13}$$

6. 实验步骤

无。

7. 注意事项

(1) 经度的取值范围为–180°～180°(或者 0°～360°)。

(2) 纬度的取值范围为–90°～90°。

(3) 经度、纬度参与计算时需转为弧度。

8. 报告要求

实现一组地心地固直角坐标表示方式和地心经纬高坐标表示方式的相互转换。

示例如下。

(1) 根据坐标点的地心地固直角坐标计算其地心经纬高，地心地固直角坐标(CGCS2000)如下：(–2195922.235，5177499.073，2998883.118)。

(2) 根据坐标点的地心经纬高计算其地心地固直角坐标(CGCS2000)，地心经纬高如下：(28.068°，112.983°，6373528.934)。

3.2　不同地心地固直角坐标系转换实验

本节以 CGCS2000 与 WGS84 的转换实验为例来介绍地心地固直角坐标系转换实验。

1. 实验目的

(1) 掌握 CGCS2000 坐标系统定义。
(2) 掌握 WGS84 坐标系统定义。
(3) 掌握 CGCS2000 与 WGS84 坐标系统间转换的原理。

2. 实验任务

实现 CGCS2000 与 WGS84 坐标的相互转换。

3. 实验设备

北斗/GPS 教学与实验平台。

4. 实验准备

(1) 学习并掌握地心地固直角坐标系的定义及表示方式。
(2) 了解北斗与 GPS 所用的地心地固直角坐标系。
(3) 学习 CGCS2000 与 WGS84 坐标系统之间的转换关系。

5. 实验原理

设某点在 WGS84 坐标系中的位置为 (x, y, z)，速度为 (v_x, v_y, v_z)，对应在 CGCS2000 坐标系中的位置为 (x_1, y_1, z_1)，速度为 (v_{x1}, v_{y1}, v_{z1})，WGS84 转换为 CGCS2000 的公式如下：

$$\begin{bmatrix} x_1 \\ y_1 \\ z_1 \end{bmatrix} = \begin{bmatrix} x \\ y \\ z \end{bmatrix} + \begin{bmatrix} t_x \\ t_y \\ t_z \end{bmatrix} + \begin{bmatrix} d & -r_z & r_y \\ r_z & d & -r_x \\ -r_y & r_x & d \end{bmatrix} \cdot \begin{bmatrix} x \\ y \\ z \end{bmatrix} \tag{3.14}$$

$$\begin{bmatrix} v_{x1} \\ v_{y1} \\ v_{z1} \end{bmatrix} = \begin{bmatrix} v_x \\ v_y \\ v_z \end{bmatrix} + \begin{bmatrix} d & -r_z & r_y \\ r_z & d & -r_x \\ -r_y & r_x & d \end{bmatrix} \cdot \begin{bmatrix} v_x \\ v_y \\ v_z \end{bmatrix} \tag{3.15}$$

CGCS2000 转换为 WGS84 的公式如下：

$$\begin{bmatrix} x \\ y \\ z \end{bmatrix} = \begin{bmatrix} x_1 \\ y_1 \\ z_1 \end{bmatrix} + \begin{bmatrix} -t_x \\ -t_y \\ -t_z \end{bmatrix} + \begin{bmatrix} -d & r_z & -r_y \\ -r_z & -d & r_x \\ r_y & -r_x & -d \end{bmatrix} \cdot \begin{bmatrix} x_1 \\ y_1 \\ z_1 \end{bmatrix} \tag{3.16}$$

$$\begin{bmatrix} v_x \\ v_y \\ v_z \end{bmatrix} = \begin{bmatrix} v_{x1} \\ v_{y1} \\ v_{z1} \end{bmatrix} + \begin{bmatrix} -t_x \\ -t_y \\ -t_z \end{bmatrix} + \begin{bmatrix} -d & r_z & -r_y \\ -r_z & -d & r_x \\ r_y & -r_x & -d \end{bmatrix} \cdot \begin{bmatrix} v_{x1} \\ v_{y1} \\ v_{z1} \end{bmatrix} \tag{3.17}$$

其中，$t_x = -1.9\text{mm}, t_y = -1.7\text{mm}$，$t_z = -10.5\text{mm}$，$d = 1.34\text{ppb}$，$r_x = r_y = r_z = 0$。

6. 实验步骤

无。

7. 注意事项

(1) 公式中 t_x、t_y、t_z 的单位为 mm，运算时需先变换为 m。
(2) 公式中 d 的单位为 ppb(part per billion，十亿分之一)，需乘以 10^{-9}。

8. 报告要求

实现一组 CGCS2000 和 WGS84 两个坐标系统间大地坐标表示方法的相互转换，示例如下。

(1) 计算 CGCS2000 坐标系中的坐标点(–2195922.2398，5177499.078，2998883.112)在 WGS84 坐标系中的坐标。

(2) 计算 WGS84 坐标系中的坐标点(–2195922.235，5177499.073，2998883.118)在 CGCS2000 坐标系中的坐标。

3.3 地心地固直角坐标系与站心坐标系转换实验

3.3.1 坐标旋转矩阵计算实验

1. 实验目的

(1) 了解坐标旋转的作用。
(2) 掌握直角坐标系绕三个轴旋转的旋转矩阵。
(3) 能够根据绕轴旋转角计算旋转矩阵。

2. 实验任务

根据绕轴旋转角计算旋转矩阵。

3. 实验设备

北斗/GPS 教学与实验平台。

4. 实验准备

(1) 阅读地心地固直角坐标系的定义。
(2) 学习并掌握矩阵相乘算法。

5. 实验原理

一个直角坐标系可以通过一系列的坐标平移和坐标旋转变换为另一个直角坐标系，该实验主要针对坐标旋转，即此时两个直角坐标系的原点重合。

如图 3.5(a)所示，直角坐标系(X,Y,Z)绕 X 轴旋转 θ 后变为另一个直角坐标系(X',Y',Z')，其中，X 轴和 X' 轴重合。若点 P 在(X,Y,Z)中的坐标为(x,y,z)，则其在(X',Y',Z')中的坐标(x',y',z')如下：

$$\begin{bmatrix} x' \\ y' \\ z' \end{bmatrix} = R_X(\theta) \begin{bmatrix} x \\ y \\ z \end{bmatrix} = \begin{bmatrix} 1 & 0 & 0 \\ 0 & \cos\theta & \sin\theta \\ 0 & -\sin\theta & \cos\theta \end{bmatrix} \begin{bmatrix} x \\ y \\ z \end{bmatrix} \tag{3.18}$$

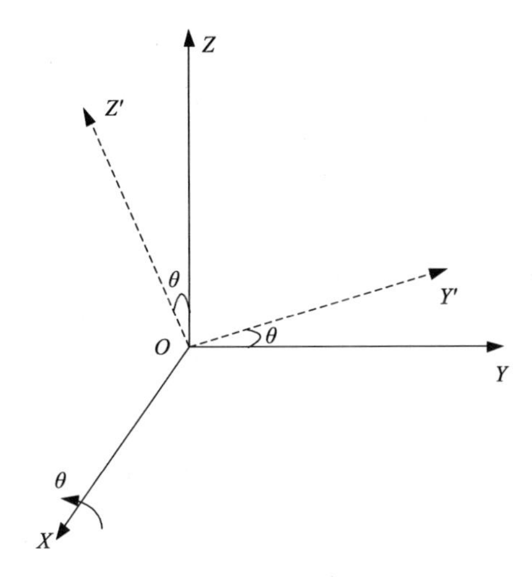

(a) 绕X轴旋转

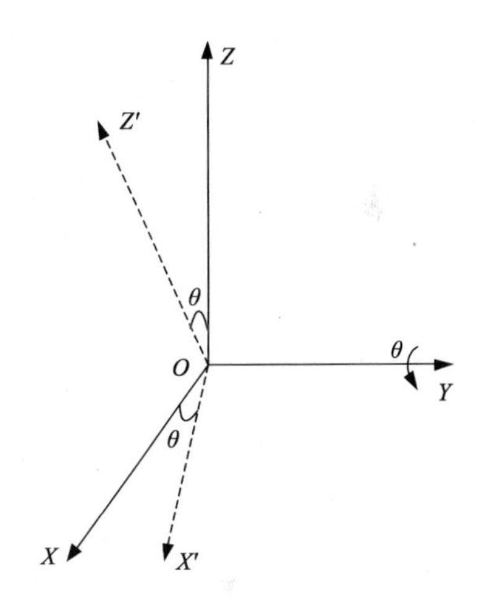

(b) 绕Y轴旋转

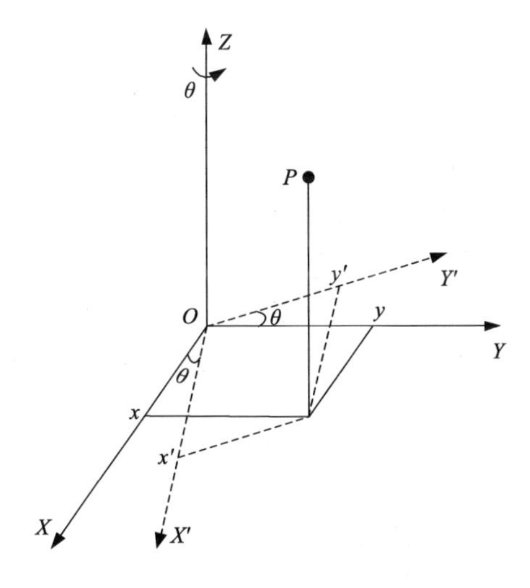

(c) 绕Z轴旋转

图 3.5　绕坐标轴旋转示意图

如图 3.5(b)所示，直角坐标系(X,Y,Z)绕 Y 轴旋转 θ 后变为另一个直角坐标系(X',Y',Z')，坐标变换如下：

$$\begin{bmatrix} x' \\ y' \\ z' \end{bmatrix} = R_Y(\theta) \begin{bmatrix} x \\ y \\ z \end{bmatrix} = \begin{bmatrix} \cos\theta & 0 & -\sin\theta \\ 0 & 1 & 0 \\ \sin\theta & 0 & \cos\theta \end{bmatrix} \begin{bmatrix} x \\ y \\ z \end{bmatrix} \tag{3.19}$$

如图 3.5(c)所示，直角坐标系(X,Y,Z)绕 Z 轴旋转 θ 后变为另一个直角坐标系(X',Y',Z')，坐标变换如下：

$$\begin{bmatrix} x' \\ y' \\ z' \end{bmatrix} = R_Z(\theta) \begin{bmatrix} x \\ y \\ z \end{bmatrix} = \begin{bmatrix} \cos\theta & \sin\theta & 0 \\ -\sin\theta & \cos\theta & 0 \\ 0 & 0 & 1 \end{bmatrix} \begin{bmatrix} x \\ y \\ z \end{bmatrix} \tag{3.20}$$

6. 实验步骤

无。

7. 注意事项

无。

8. 报告要求

点 P 在(X,Y,Z)中的坐标为(–2195922.235，5177499.073，2998883.118)，将(X,Y,Z)直角坐标系绕 X 轴旋转 15°，绕 Z 轴旋转 50°，绕 Y 轴旋转 5°获得地心地固直角坐标系(X',Y',Z')，求点 P 在(X',Y',Z')中的坐标(x',y',z')。

3.3.2 地心地固直角坐标与东北天坐标转换实验

1. 实验目的

(1)掌握地心地固直角坐标系的定义及表示方式。
(2)认识东北天坐标系(ENU)，并掌握其定义及表示方式。
(3)掌握地心地固直角坐标与东北天坐标之间的转换关系。

2. 实验任务

实现地心地固直角坐标与东北天坐标之间的相互转换。

3. 实验设备

北斗/GPS 教学与实验平台。

4. 实验准备

(1)学习地心地固直角坐标表示方式与东北天坐标(站心坐标)表示方式之间的相互转换关系。

(2) 学习并掌握绕坐标轴旋转的坐标变换公式。

(3) 学习并掌握矩阵相乘算法。

5. 实验原理

设参考站的位置为(ref_x, ref_y, ref_z)，先把参考站的位置转换成大地坐标系的表示形式(B,L,H)，则可得到地心地固直角坐标系到东北天坐标系的转换矩阵：

$$\begin{aligned}\mathrm{FH} &= R_X(90^\circ - B)R_Z(L+90^\circ)\\ &= \begin{bmatrix} -\sin L & \cos L & 0 \\ -\sin B\cos L & -\sin B\sin L & \cos B \\ \cos B\cos L & \cos B\sin L & \sin B \end{bmatrix}\end{aligned} \tag{3.21}$$

已知待转换点的地心地固直角坐标(x, y, z)和速度(v_x, v_y, v_z)，利用转换矩阵 FH 可得到 ENU 坐标(e,n,u)和速度(v_e,v_n,v_u)：

$$\begin{bmatrix} e \\ n \\ u \end{bmatrix} = \mathrm{FH}\begin{bmatrix} x - \mathrm{ref\_}x \\ y - \mathrm{ref\_}y \\ z - \mathrm{ref\_}z \end{bmatrix} \tag{3.22}$$

$$\begin{bmatrix} v_e \\ v_n \\ v_u \end{bmatrix} = \mathrm{FH}\begin{bmatrix} v_x - \mathrm{ref\_}v_x \\ v_y - \mathrm{ref\_}v_y \\ v_z - \mathrm{ref\_}v_z \end{bmatrix} \tag{3.23}$$

假如是东北天坐标系转地心地固直角坐标系，对 FH 求逆即可得到站心坐标系到地心地固直角坐标系的转换矩阵，转换过程与上述类似。

6. 实验步骤

根据地心地固直角坐标计算东北天坐标的流程如图 3.6 所示。

(1) 输入参考站的地心地固直角坐标。

(2) 计算参考站的大地经纬高。

(3) 根据式(3.21)和参考站的大地经纬高计算地心地固直角坐标系至东北天坐标系的转换矩阵。

(4) 计算待转换点和参考点之间的偏移量。

(5) 根据式(3.22)计算待转换点在东北天坐标系中的坐标。

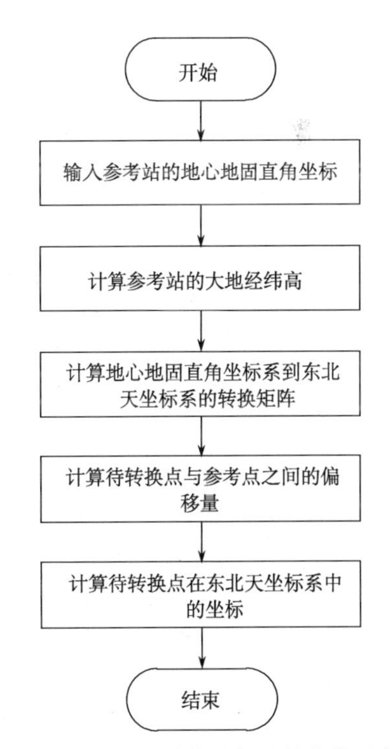

图 3.6　地心地固直角坐标计算东北天坐标

7. 注意事项

(1) 经度、纬度参与计算时需要转为弧度。

(2) 北斗卫星导航系统和 GPS 使用的参考椭

球不一样，导致地心地固直角坐标系坐标转 BLH 坐标计算公式中参考椭球的长半轴、第一偏心率不同，具体数值如表 3.1 所示。

8. 报告要求

将地心地固直角坐标系中的某位置点转为以某参考点为原点的 ENU 坐标系中的坐标。

示例如下。

参考点的地心地固直角坐标系坐标为(–2148734.3969, 4426648.2099,4044675.8564)，待转换点的地心地固直角坐标系坐标为(–2195920.510, 5177500.664, 2998883.123)，计算待转换点在以参考点为原点的 ENU 坐标系中的坐标。

使用北斗/GPS 教学与实验平台，利用上述数据计算得到待转换点在以参考点为原点的 ENU 坐标系中的坐标如图 3.7 所示。

图 3.7　北斗/GPS 教学与实验平台计算截图

3.4　地心惯性坐标系与地心地固直角坐标系转换实验

3.4.1　岁差和章动旋转矩阵计算实验

1. 实验目的

(1) 认识岁差和章动形成的原因。
(2) 能够计算岁差旋转矩阵和章动旋转矩阵。

2. 实验任务

根据输入的 UTC 时刻计算岁差旋转矩阵和章动旋转矩阵。

3. 实验设备

北斗/GPS 教学与实验平台。

4. 实验准备

(1) 学习并掌握绕坐标轴旋转的坐标变换公式。
(2) 学习 IAU 1980 年章动模型。
(3) 从 IERS 网站下载所需的极移文件。
(4) 掌握 UTC 与 TAI 之间的转换。
(5) 掌握时间的表示方式格里高利历与儒略日之间的转换。

5. 实验原理

岁差矩阵为

$$\mathrm{PR} = R_Z(-Z_A) \cdot R_Y(\theta_A) \cdot R_Z(-\zeta_A) \tag{3.24}$$

其中，ζ_A、θ_A、Z_A为赤道岁差角，根据 IERS 规范，其计算式分别为

$$\begin{cases} \zeta_A = 2306''.2181T + 0''.30188T^2 + 0''.017998T^3 \\ \theta_A = 2004''.3109T + 0''.42665T^2 + 0''.041833T^3 \\ Z_A = 2306''.2181T + 1''.09468T^2 + 0''.018203T^3 \end{cases} \tag{3.25}$$

其中

$$T = \frac{\mathrm{JD}(\mathrm{TDB}) - 2451545.0}{36525.0} \tag{3.26}$$

其中，TDB 为太阳系质心力学时，TDB=TAI+0.0003725(儒略日表示方式)。

章动矩阵为

$$\mathrm{NR} = R_X(-\varepsilon_S - \Delta\varepsilon) \cdot R_Z(-\Delta\psi) R_X(\varepsilon_S) \tag{3.27}$$

其中，ε_S为平黄赤交角，可以表示成

$$\varepsilon_S = 84381''.448 - 46''.8150T - 0''.00059T^2 + 0''.001813T^3 \tag{3.28}$$

其中，$\Delta\psi$、$\Delta\varepsilon$分别为黄经章动和交角章动，根据 IAU 1980 年章动模型计算(参考《北斗卫星导航定位原理与方法》)。

6. 实验步骤

根据输入的 UTC 时刻计算岁差矩阵的流程如图 3.8 所示。

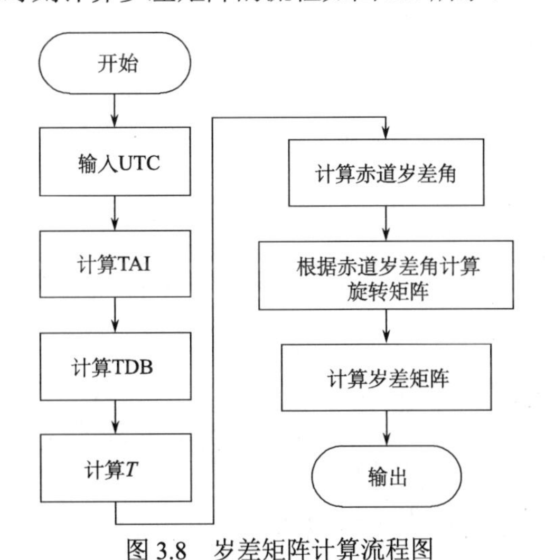

图 3.8　岁差矩阵计算流程图

(1)输入 UTC 时刻。

(2)根据 UTC 和跳秒计算 TAI。

(3)根据 TDB 和 TAI 之间的关系计算 TDB。

(4)根据式(3.26)计算 T。
(5)根据式(3.25)计算赤道岁差角。
(6)根据赤道岁差角和 3.3.1 节的实验原理计算旋转矩阵。
(7)根据式(3.24)计算岁差矩阵。
章动矩阵的计算流程与岁差矩阵的计算流程类似，不再赘述。

7. 注意事项

式中 " 表示角秒，如 $2306''.2181=\dfrac{2306.2181}{3600}(°)$。

8. 报告要求

计算某个时刻的岁差旋转矩阵 PR 和章动旋转矩阵 NR(例如，JD(TDB)= 2457297.0007891669，该时刻的黄经章动为 -2.922829×10^{-6}rad，交角章动为 -4.252466×10^{-5}rad)。

3.4.2 格林尼治恒星时及地球自转矩阵计算实验

1. 实验目的

(1)认识地球自转矩阵。
(2)能够计算格林尼治恒星时。
(3)能够计算地球自转矩阵。

2. 实验任务

根据输入的 UTC 时刻计算格林尼治恒星时及地球自转矩阵。

3. 实验设备

北斗/GPS 教学与实验平台。

4. 实验准备

(1)学习并掌握绕坐标轴旋转的坐标变换公式。
(2)学习 IAU 1980 年章动模型。
(3)掌握 UTC 与 TAI 之间的转换。
(4)掌握时间的表示方式格里高利历与儒略日之间的转换。
(5)学习 UT1 与 UTC 之间的转换。
(6)从 IERS 网站下载极移文件(BULLETIN A)。

5. 实验原理

自转矩阵为

$$\mathrm{ER} = R_Z(\theta_g) \tag{3.29}$$

θ_g 为格林尼治真恒星时，可表示成 $\theta_g = \overline{\theta}_g + \Delta\psi\cos\varepsilon_S$

$$\overline{\theta}_g = 2\pi\left[\frac{67310.54841}{86400.0} + \left(\frac{876600}{24} + \frac{8640184.812866}{86400.0}\right)T_U + \frac{0.093104}{86400.0}T_U^2 - \frac{6.2\times10^{-6}}{86400.0}T_U^3\right] \tag{3.30}$$

$$T_U = \frac{\mathrm{JD}(\mathrm{UT1}) - 2451545.0}{36525.0}$$

ε_S 为平黄赤交角，可以表示成

$$\varepsilon_S = 84381''.448 - 46''.8150T - 0''.00059T^2 + 0''.001813T^3 \tag{3.31}$$

$$T = \frac{\mathrm{JD}(\mathrm{TDB}) - 2451545.0}{36525.0}$$

$\Delta\psi$ 为黄经章动，根据 IAU 1980 年章动模型计算。

6. 实验步骤

根据 UTC 时刻计算地球自转矩阵的流程图如图 3.9 所示。

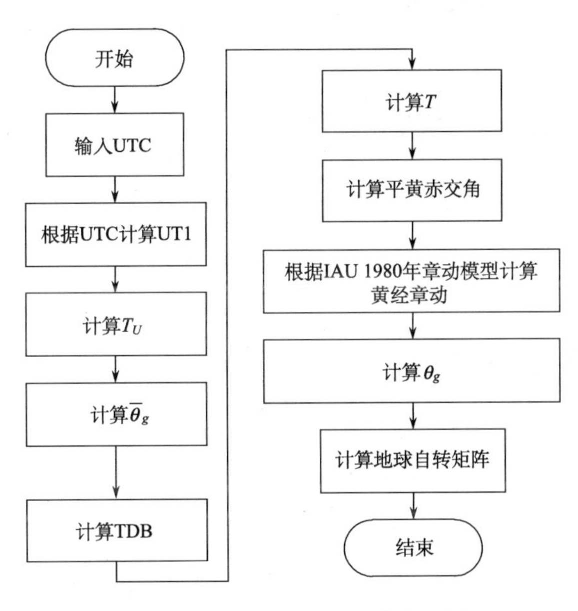

图 3.9 地球自转矩阵计算流程图

(1) 输入 UTC 时刻。

(2) 根据 UTC 计算 UT1。

(3) 计算 T_U。

(4) 根据式(3.30)计算 $\overline{\theta}_g$。

(5) 计算 TDB。

(6)计算 T。
(7)根据式(3.31)计算平黄赤交角。
(8)计算格林尼治真恒星时 θ_g 。
(9)根据式(3.29)计算地球自转矩阵。

7. 注意事项

式中"表示角秒，如 $2306''.2181=\frac{2306.2181}{3600}(°)$ 。

8. 报告要求

计算某个时刻的格林尼治恒星时、地球自转矩阵 ER(例如，JD(UT1)= 2457297.000003，JD(TDB)= 2457297.0007891669 ，该时刻的黄经章动为 -2.922829×10^{-6}rad)。

3.4.3 极移旋转矩阵计算实验

1. 实验目的

(1)认识地球的极移现象。
(2)能够计算极移旋转矩阵。

2. 实验任务

根据输入的 UTC 时刻计算极移旋转矩阵。

3. 实验设备

北斗/GPS 教学与实验平台。

4. 实验准备

(1)阅读坐标旋转计算相关资料。
(2)从 IERS 网站下载极移文件(BULLETIN A)。

5. 实验原理

极移矩阵为

$$\mathrm{EP}=R_Y(-x_p)R_X(-y_p) \tag{3.32}$$

其中， x_p 、 y_p 为极移量，由 IERS 提供。

6. 实验步骤

无。

7. 注意事项

(1)极移量的单位为秒，在计算过程中需先变为度。

(2) 需根据输入时刻选取合适的极移量参数。

8. 报告要求

计算某个时刻的极移矩阵 EP(例如，MJD(UTC)=57296，查找该时刻的极移量，并计算极移矩阵 EP)。

3.4.4　地心惯性坐标和地心地固直角坐标转换实验

1. 实验目的

(1) 了解坐标系之间的转换矩阵。
(2) 认识地心惯性坐标系和地心地固直角坐标系。
(3) 掌握地心惯性坐标系(J2000)和地心地固直角坐标系(WGS84)两个坐标系的特点及之间的转换。

2. 实验任务

计算地心惯性坐标系和地心地固直角坐标系坐标系之间的转换矩阵，并完成坐标转换。

3. 实验设备

北斗/GPS 教学与实验平台。

4. 实验准备

阅读岁差旋转矩阵、章动旋转矩阵、地球自转矩阵、极移旋转矩阵的相关知识，掌握各旋转矩阵的计算。

5. 实验原理

在空间静止或做匀速直线运动的坐标系统称为惯性坐标系。这种理想的坐标系在实际应用中是难以建立的。通常根据统一的约定建立近似的惯性坐标系，称为协议惯性坐标系。国际大地测量协会(IAG)和国际天文学联合会(IAU)决定，从 1984 年 1 月 1 日起采用以 J2000 历元(2000 年 1 月 1 日 11:58:56 UTC)的平赤道和平春分点为依据的协议天球坐标系。该协议天球坐标系的 X 轴指向 J2000 历元的平春分点，Z 轴与 J2000 历元的平赤道面垂直，称为 J2000 协议惯性坐标系，如图 3.10 所示。

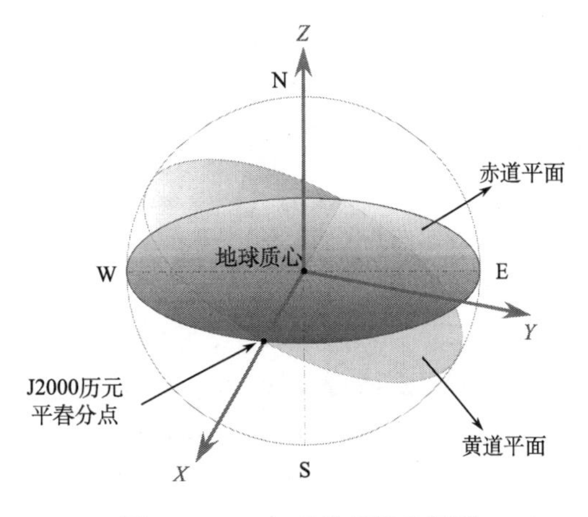

图 3.10　J2000 协议惯性坐标系

J2000 协议惯性坐标系定义：原点定义为地球质心；X 轴方向从地球质心指向 J2000

历元的平春分点；Z 轴取与平赤道面垂直而指向北极的方向；Y 轴取向根据右手坐标系选择。

假设以 $\boldsymbol{r}$ 表示某点在地心惯性坐标系坐标系中的坐标，R 表示该点在地心地固直角坐标系坐标系中的坐标，则有

$$R = M \cdot r = \mathrm{EP} \cdot \mathrm{ER} \cdot \mathrm{NR} \cdot \mathrm{PR} \cdot r \tag{3.33}$$

其中，PR、NR、ER、EP 分别为岁差矩阵、章动矩阵、自转矩阵、极移矩阵。

若要将地心地固直角坐标系中的坐标变换为地心惯性坐标系中的坐标，则有

$$r = M^{-1} \bullet R \tag{3.34}$$

6. 实验步骤

已知地心地固直角坐标系坐标计算地心惯性坐标系坐标的转换流程如图 3.11 所示。

(1) 输入地心地固直角坐标系坐标及对应的时刻。

(2) 根据转换时刻获取极移参数。

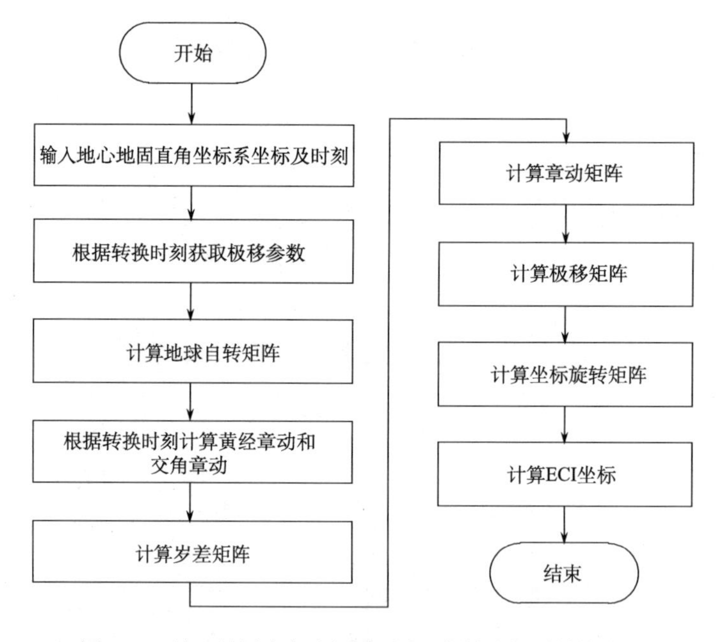

图 3.11　地心地固直角坐标系到地心惯性坐标系转换流程

(3) 计算地球自转矩阵。

(4) 根据转换时刻采用 IAU 1980 年章动模型计算黄经章动和交角章动。

(5) 计算岁差矩阵。

(6) 计算章动矩阵。

(7) 计算极移矩阵。

(8) 计算坐标转换矩阵。

(9) 计算地心地固直角坐标系坐标对应的地心惯性坐标系坐标。

7. 注意事项

无。

8. 报告要求

根据时刻信息计算地心惯性坐标系和地心地固直角坐标系的转换矩阵，并实现某坐标点在两个坐标系的坐标转换。示例如下。

利用北斗/GPS 教学与实验平台接收真实卫星信号，输出北斗/GPS 教学与实验平台在地心地固直角坐标系中的位置，如历元 2019-03-22 01:52:19.000，坐标(–2195921.457, 5177499.042, 2998881.199)，根据实验步骤编写代码，计算输出该点在地心惯性坐标系中的坐标。然后与北斗/GPS 教学与实验平台计算给出的结果(图 3.12)进行比较，判断编写算法的正确性。

图 3.12　北斗/GPS 教学与实验平台界面截图

第 4 章

卫星轨道与钟差计算实验

卫星星历是描述卫星轨道运动的一组参数，根据卫星星历可计算卫星的实时位置。通过本章实验，读者能够根据星历、历书计算卫星位置，能够根据历书、导航电文计算卫星钟差。同时，认识北斗星座、GPS 星座，并了解它们的设计特点。

4.1 卫星星座构型组成实验

1. 实验目的

(1) 认识均匀对称星座和混合非对称星座的特点。
(2) 掌握 Walker 星座的特点及设计方法。

2. 实验任务

根据种子卫星及 Walker 星座的参数设计一个 Walker 星座。

3. 实验设备

北斗/GPS 教学与实验平台。

4. 实验准备

(1) 阅读卫星星座构型的分类及特点。
(2) 掌握 Walker 星座的特点及表示参数。
(3) 掌握卫星轨道的六根数表示方法及各参数的含义。

5. 实验原理

目前针对卫星导航领域，常用的星座类型主要有均匀对称星座(Walker 星座)和混合非均匀对称星座。Walker 星座的特点为所有卫星采用倾角和高度都相同的圆轨道；轨道平面沿赤道均匀分布；卫星在轨道平面内均匀分布；不同轨道面之间卫星的相位存在一定关系。混合非对称星座是由两个或两个以上子星座构成的复合星座，其子星座可以是不同参数或不同类型的基本星座构型。

Walker 星座是一类均匀对称的星座，可以用 $T/P/F$ 来标记一个 Walker 星座，称为 Walker 星座的描述符，如图 4.1 所示，其中：

(1) T 为卫星总个数。

(2) P 为轨道面数，每个轨道面包含 T/P 颗均匀分布的卫星。

(3) F 为整数，满足 $0 \leqslant F \leqslant P-1$，$F$ 代表相邻轨道面的相位参数。即当一颗卫星的相位是零时，其东面相邻轨道面内的一颗卫星的相位是 $2\pi F/T$。

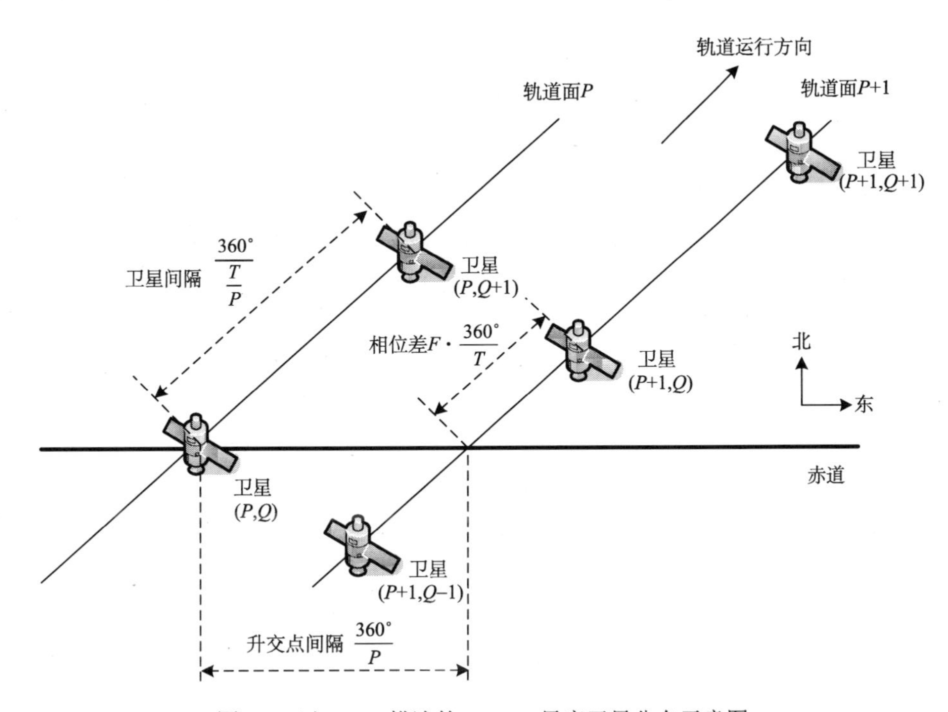

图 4.1 以 $T/P/F$ 描述的 Walker 星座卫星分布示意图

在 Walker 星座中，T 颗卫星均匀分布在 P 个轨道面上，轨道平面的升交点沿赤道等间隔排列，即各轨道平面升交点赤经之差为 $\Delta\Omega=\dfrac{2\pi}{P}$。每个轨道平面内的各卫星以 $\dfrac{2\pi}{T/P}$ 角度等间隔分布。为了保证各轨道面上的卫星均匀分布在不同的位置，还定义了各轨道面相邻两个卫星的相对位置关系 $\Delta\omega_f=\dfrac{2\pi}{T}F$。

根据 Walker 星座的 $T/P/F$ 参数以及种子卫星的六根数，可以确定 Walker 星座中所有卫星的六根数。星座中所有卫星的六根数除升交点赤经 Ω_0 和真近点角 v_0 外，其他参数均与种子卫星等值。星座中第 j 个轨道面上第 k 颗卫星相对基准卫星的升交点赤经和真近点角为

$$\Omega_j=\Omega_0+(j-1)\frac{2\pi}{P} \tag{4.1}$$

$$v_{jk}=v_0+(j-1)\frac{2\pi}{T}F+(k-1)\frac{2\pi}{T/P} \tag{4.2}$$

其中，$j=1,2,\cdots,P$; $k=1,2,\cdots,T/P$。

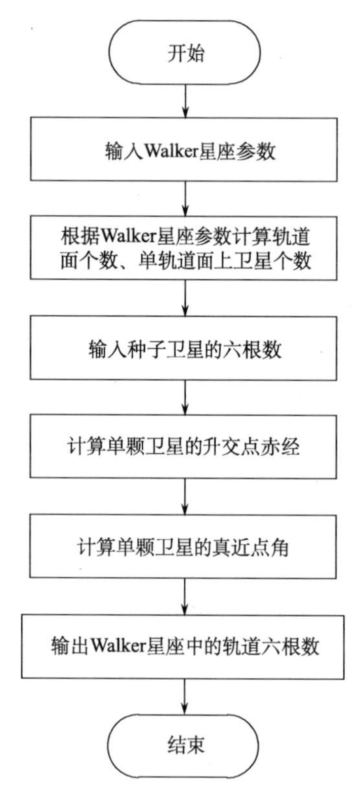

图 4.2　Walker 星座设计流程

6. 实验步骤

根据星座参数及种子卫星的六根数设计 Walker 星座的流程如图 4.2 所示。

(1) 输入 Walker 星座参数。

(2) 根据 Walker 星座参数计算星座内的轨道面个数、单个轨道面上的卫星个数。

(3) 输入种子卫星的六根数。

(4) 根据式(4.1)计算星座内单颗卫星的升交点赤经。

(5) 根据式(4.2)计算星座内单颗卫星的真近点角。

(6) 输出 Walker 星座中所有卫星的轨道六根数。

7. 注意事项

(1) 总卫星数是轨道面个数的整数倍。

(2) F 的取值范围为[0，$P-1$]的整数。

(3) 升交点赤经的取值范围为[0，2π]。

(4) 真近点角的取值范围为[0，2π]。

(5) 运算过程中角度的单位需统一为弧度。

8. 报告要求

以下面的卫星为种子卫星，设计(24/4/1)的 Walker 星座，输出当前计算时刻星座中所有卫星的轨道六根数，种子卫星参数示例如表 4.1 所示。

表 4.1　种子卫星参数示例

参数	数值	参数	数值
轨道长半径	26561762m	升交点赤经	309.842°
偏心率	0.002000000	近地点角距	0°
轨道倾角	55°	真近点角	0°

4.2　卫星轨道及星座设计实验

4.2.1　北斗星座设计实验

1. 实验目的

(1) 了解北斗卫星星座的构型。

(2) 掌握北斗星座的设计方法。

2. 实验任务

根据北斗卫星的星座构型设计完整的北斗卫星星座。

3. 实验设备

北斗/GPS 教学与实验平台。

4. 实验准备

(1) 阅读了解北斗卫星导航系统空间星座部分组成。
(2) 学习掌握北斗卫星星座各参数的含义及设置方法。
(3) 掌握根据 *T*/*P*/*F* 参数设计 Walker 星座的方法。

5. 实验原理

北斗三号卫星导航系统基本空间星座部分由 3 颗地球静止轨道(GEO)卫星和 27 颗非地球静止轨道(Non-GEO)卫星组成。GEO 卫星轨道高度为 35786km，分别定点于东经 80°、110.5°和 140°。Non-GEO 卫星由 24 颗中圆地球轨道(MEO)卫星和 3 颗倾斜地球同步轨道(IGSO)卫星组成。其中，MEO 卫星轨道高度为 21528km，轨道倾角为 55°，均匀分布在 3 个轨道面上；IGSO 卫星轨道高度为 35786km，均匀分布在 3 个倾斜同步轨道面上，轨道倾角为 55°，3 颗 IGSO 卫星星下点轨迹重合，交叉点经度为东经 118°，相位差为 120°。

可将北斗三号卫星星座分解为 24 颗 MEO 卫星组成的 Walker 星座+3 颗 IGSO 卫星+3 颗 GEO 卫星组成的混合星座，进行星座设计时可按如下步骤操作。

(1) 设计种子卫星及 Walker 星座生成参数。
(2) 生成 Walker 星座。
(3) 设置 3 颗 IGSO 卫星参数，生成 3 颗 IGSO 卫星。
(4) 设置 3 颗 GEO 卫星参数，生成 3 颗 GEO 卫星。

北斗三号卫星导航系统基本空间星座构型如图 4.3 所示。

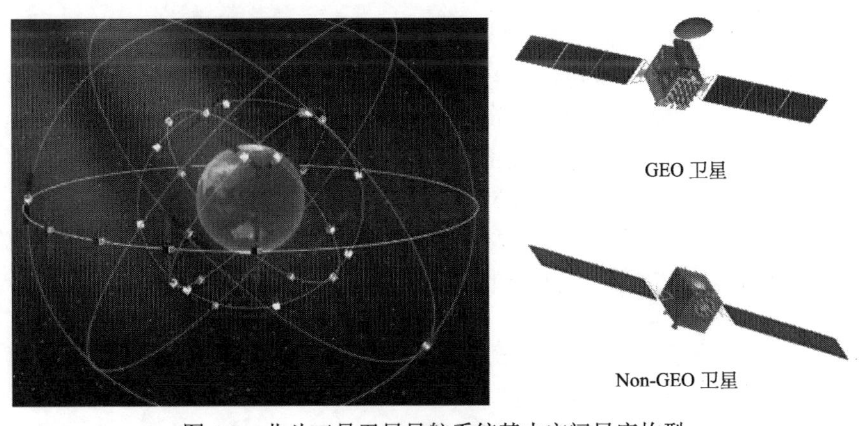

图 4.3　北斗三号卫星导航系统基本空间星座构型

6. 实验步骤

无。

7. 注意事项

同 Walker 星座设计注意事项。

8. 报告要求

根据北斗卫星星座中 MEO、IGSO、GEO 的轨道特点，写出设计一个北斗卫星星座的详细完整步骤，包括设置的卫星个数、单颗卫星的轨道根数等参数信息。

4.2.2 GPS 星座设计实验

1. 实验目的

(1)了解 GPS 卫星星座的构型。
(2)掌握 GPS 星座的设计方法。

2. 实验任务

根据 GPS 卫星的星座构型设计完整的 GPS 卫星星座。

3. 实验设备

北斗/GPS 教学与实验平台。

4. 实验准备

(1)阅读了解 GPS 卫星导航系统空间星座部分组成。
(2)学习掌握 GPS 卫星星座各参数的含义及设置方法。

5. 实验原理

GPS 卫星星座由 21 颗工作卫星和 3 颗在轨备用卫星组成，记作(21+3)GPS 星座。24 颗卫星距地平均高度为 20200km，运行周期为 11h 58min(恒星时 12h)，24 颗卫星分布在 6 个轨道上，每个很接近于正圆的椭圆形轨道上非均匀地分布着 4 颗卫星，每个轨道面与地球赤道面的夹角约为 55°，相邻两个轨道面的升交点赤经相差 60°，而在相邻轨道上邻近卫星的升交点角距又相差约 30°。

GPS 星座为非 Walker 星座，可根据 GPS 卫星星座特点逐一设置各卫星相关的轨道参数以生成 GPS 星座。GPS 星座示意图如图 1.2 所示。

6. 实验步骤

无。

7. 注意事项

无。

8. 报告要求

根据 GPS 卫星星座中卫星的特点，写出设计一个 GPS 卫星星座的详细完整步骤，包括设置的卫星个数、单颗卫星的轨道根数等参数信息。

4.3　根据开普勒轨道参数设计卫星轨道实验

1. 实验目的

(1) 认识无摄椭圆轨道。
(2) 掌握开普勒轨道参数的含义及特点。
(3) 能够根据开普勒轨道参数设计卫星的轨道。

2. 实验任务

(1) 对比每个开普勒轨道参数变化对卫星轨道及位置的影响。
(2) 根据某时刻的轨道六根数计算卫星在轨道平面直角坐标系中的坐标。

3. 实验设备

北斗/GPS 教学与实验平台。

4. 实验准备

熟悉利用 STK 软件添加设置卫星，便于查看三维空间图。

5. 实验原理

卫星的无摄椭圆轨道运动可用开普勒轨道参数来描述，开普勒轨道参数共包含六个：轨道升交点赤经 Ω、轨道倾角 i、近地点角距 ω、长半轴 a、偏心率 e 和卫星真近点角 v。卫星轨道根数示意图如图 4.4 所示。

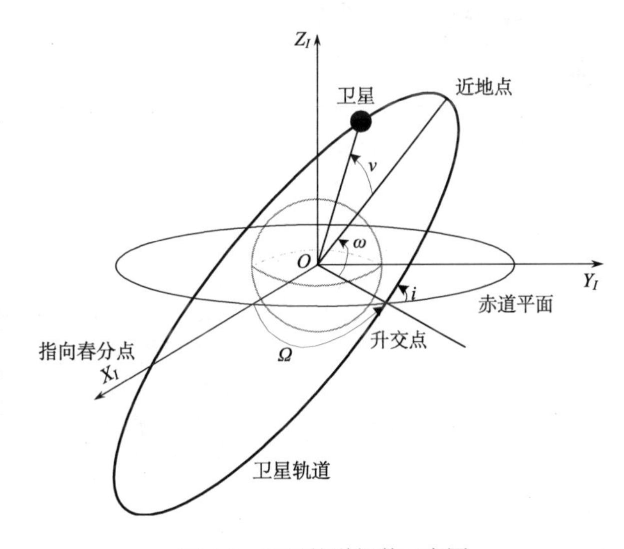

图 4.4　卫星轨道根数示意图

1) 卫星轨道大小和形状参数：a、e

卫星长半轴为

$$a=\frac{r_N+r_F}{2} \tag{4.3}$$

卫星轨道的偏心率为

$$e = \frac{r_F - a}{a} = \frac{a - r_N}{a} = \frac{r_F - r_N}{r_F + r_N} \tag{4.4}$$

根数 a、e 决定了卫星轨道的大小和形状，如图 4.5 所示。

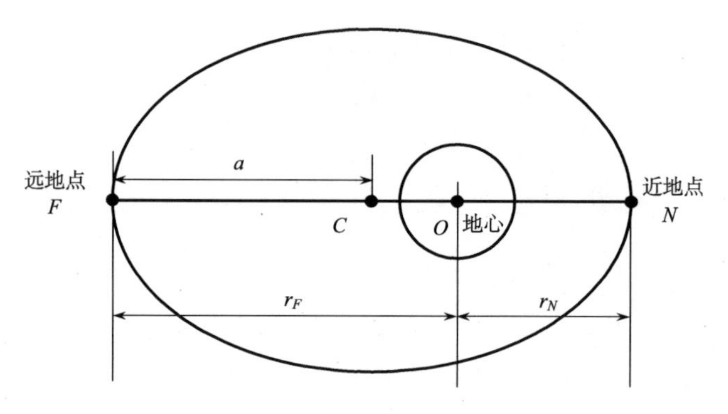

图 4.5　椭圆轨道形状参数

2) 卫星轨道平面的定向参数：Ω、i、ω

轨道的升交点赤经 Ω 是地球赤道平面上的春分点和升交点对地心 O 的夹角，它指定了卫星轨道升交点在地球赤道平面内的方位。

地心和升交点位于卫星轨道平面上，但是同时通过地心和升交点的平面有无数个，而卫星运行的轨道平面只是其中一个。卫星轨道平面与赤道面之间的夹角称为轨道倾角 i，它与升交点赤经一起充分决定了卫星轨道平面相对于赤道面的方位。

尽管 Ω 和 i 两个参数完全决定了卫星运行的轨道平面，但是在这一平面内，以地心为焦点的椭圆又存在无数个。近地点角距(近地点幅角) ω (0°～360°) 是卫星轨道平面上的升交点与近地点之间的地心夹角，它进一步确定了卫星椭圆轨道在轨道平面中的方位，即椭圆长轴和短轴的位置。

3) 卫星的位置参数(v)

以上五个参数已经完全确定了卫星的椭圆运行轨道，卫星在某一时刻必定位于此轨道上的某一点处。真近点角 v (0°～360°) 是卫星在运行轨道上的当前位置与近地点之间的地心夹角。至此，则可以确定某一时刻的卫星相对于地心 O 的空间位置。

对于一颗在无摄状态下运行的卫星，它的 6 个开普勒轨道参数在地心直角坐标系统中只有真近点角 v 是关于时间的函数，其余 5 个参数均为常数。

若已知任何时刻 t 时的卫星轨道六根数 $(\Omega, i, \omega, a, e, v)$，则可计算出卫星的地心距：

$$r = \frac{a\left(1 - e^2\right)}{1 - e\cos v} \tag{4.5}$$

则在轨道平面坐标系(X 轴指向近地点)中卫星位置如下：

$$\begin{pmatrix} x' \\ y' \\ z' \end{pmatrix} = \begin{pmatrix} r\cos v \\ r\sin v \\ 0 \end{pmatrix} \tag{4.6}$$

6. 实验步骤

无。

7. 注意事项

参与计算时卫星轨道长半轴的单位为 m，真近点角的单位为 rad。

8. 报告要求

(1) 根据一组开普勒轨道参数计算卫星在轨道平面直角坐标系（X 轴指向近地点）中的位置（可采用 4.1 节中设计的单颗卫星的轨道根数）。

(2) 改变每个开普勒轨道的参数值，查看其变化对轨道或卫星位置的影响（使用 STK 工具进行可视化查看）。

4.4　根据历书计算卫星位置实验

4.4.1　北斗三号卫星导航系统中等精度历书计算卫星位置实验

1. 实验目的

(1) 认识北斗三号卫星导航系统的中等精度历书参数。

(2) 能够根据中等精度历书参数确定卫星的实时位置。

2. 实验任务

(1) 根据北斗三号卫星导航系统不同类型卫星的中等精度历书参数计算卫星在 CGCS2000 坐标系中的坐标。

(2) 对比北斗三号卫星导航系统中等精度历书参数与开普勒轨道根数的异同点。

3. 实验设备

北斗/GPS 教学与实验平台。

4. 实验准备

(1) 《北斗卫星导航系统空间信号接口控制文件–公开服务信号 B1C（1.0 版）》。

(2) 《北斗卫星导航系统空间信号接口控制文件–公开服务信号 B2a（1.0 版）》。

(3) 《北斗卫星导航系统空间信号接口控制文件–公开服务信号 B3I（1.0 版）》。

5. 实验原理

北斗三号卫星导航系统中等精度历书包括 14 个参数，定义如表 4.2 所示。

表 4.2　北斗三号卫星导航系统中等精度历书

序号	参数	定义	单位
1	$\mathrm{PRN_a}$	本组历书数据对应的卫星编号	—
2	SatType	卫星轨道类型	—
3	$\mathrm{WN_a}$	历书参考时刻周计数	周
4	t_{oa}	历书参考时刻	s
5	e	偏心率	—
6	δ_i	参考时刻轨道倾角相对于参考值的偏差	π
7	$\sqrt{A}$	长半轴的平方根	$\mathrm{m}^{1/2}$
8	Ω_0	周历元零时刻计算的升交点经度	π
9	$\dot{\Omega}$	升交点赤经变化率	π/s
10	ω	近地点幅角	π
11	M_0	参考时刻的平近点角	π
12	a_{f0}	卫星钟偏差系数	s
13	a_{f1}	卫星钟漂移系数	s/s
14	Health	卫星健康信息	—

用户接收机根据中等精度历书可以计算卫星在北斗坐标系(BeiDou Coordinate System，BDCS)中的位置，算法如表 4.3 所示。

表 4.3　中等精度历书参数用户算法

公式	说明
$\mu=3.986004418\times10^{14}(\mathrm{m^3/s^2})$	BDCS 的地心引力常数
$\dot{\Omega}_e=7.2921150\times10^{-5}(\mathrm{rad/s})$	BDCS 的地球自转角速度
π=3.1415926535898	圆周率
$A=\left(\sqrt{A}\right)^2$	计算长半轴
$n_0=\sqrt{\dfrac{\mu}{A^3}}$	计算参考时刻的卫星平均运动角速率
$t_k=t-t_{\mathrm{oa}}$	计算与参考时刻的时间差
$M_k=M_0+n_0t_k$	计算平近点角
$E_k=M_k-e\sin E_k$	迭代计算偏近点角
$\begin{cases}\sin v_k=\dfrac{\sqrt{1-e^2}\sin E_k}{1-e\cos E_k}\\ \cos v_k=\dfrac{\cos E_k-e}{1-e\cos E_k}\end{cases}$	计算真近点角

续表

公式	说明
$\phi_k = v_k + \omega$	计算纬度幅角
$r_k = A(1 - e\cos E_k)$	计算径向距离
$\begin{cases} x_k = r_k \cos\phi_k \\ y_k = r_k \sin\phi_k \end{cases}$	计算卫星在轨道平面内的坐标（X 轴指向升交点）
$\Omega_k = \Omega_0 + (\dot{\Omega} - \dot{\Omega}_e)t_k - \dot{\Omega}_e t_{oa}$	计算改正后的升交点经度
$i = i_0 + \delta_i$	计算参考时刻的轨道倾角
$\begin{cases} X_k = x_k \cos\Omega_k - y_k \cos i \sin\Omega_k \\ Y_k = x_k \sin\Omega_k + y_k \cos i \cos\Omega_k \\ Z_k = y_k \sin i \end{cases}$	计算卫星在 BDCS 中的坐标（CGCS2000）

注：t 是信号发射时刻的 BDT，即修正信号传播时延后的系统时间。

t_k 是 t 和历书参考时刻 t_{oa} 之间的总时间差，并考虑了跨过一周开始或结束的时间，即如果 t_k 大于 302400，就从 t_k 中减去 604800；而如果 t_k 小于–302400，就对其加上 604800。

对于 MEO/IGSO 卫星，i_0=0.30π，对于 GEO 卫星，i_0=0.00。

6. 实验步骤

根据北斗三号卫星导航系统中等精度历书计算某时刻的卫星位置的实现流程如图 4.6 所示。

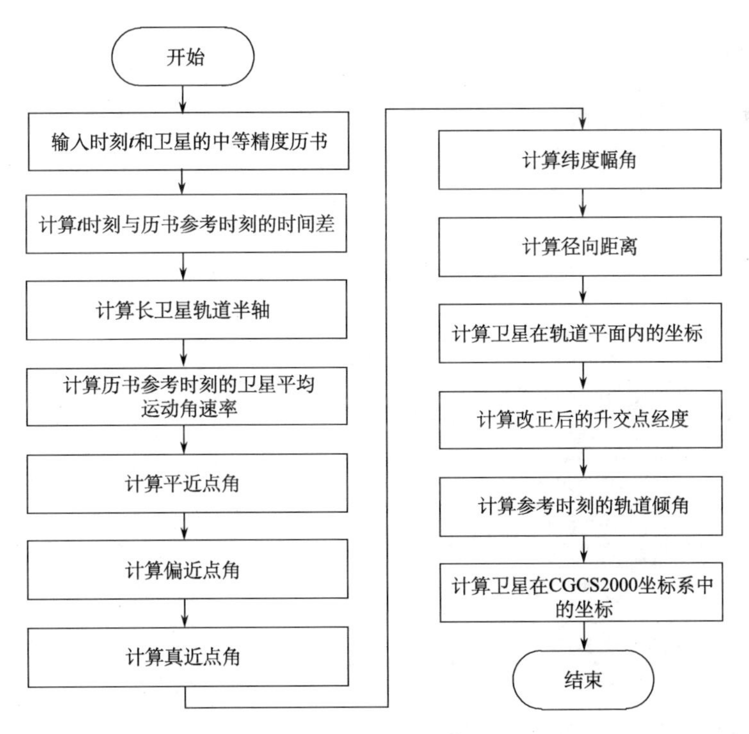

图 4.6　根据中等精度历书计算卫星位置流程图

(1)输入计算时刻t和卫星的中等精度历书。

(2)计算t时刻与历书参考时刻的时间差t_k，如果t_k大于 302400，就从t_k中减去604800；而如果t_k小于–302400，就对其加上 604800。

(3)计算卫星轨道长半轴。

(4)计算历书参考时刻的卫星平均运动角速率。

(5)计算平近点角。

(6)迭代计算偏近点角。

(7)计算真近点角。

(8)计算纬度幅角。

(9)计算径向距离。

(10)计算卫星在轨道平面内的坐标(X轴指向升交点)。

(11)计算改正后的升交点经度。

(12)计算t_k时刻的轨道倾角。

(13)计算卫星在 CGCS2000 坐标系中的坐标。

7. 注意事项

(1)完成t_k的计算后需要对其值进行判断。

(2)在计算时需要考虑各参数的单位。

(3)根据中等精度历书计算卫星位置时不同类型卫星采用的轨道倾角基准不同。

8. 报告要求

根据北斗三号卫星导航系统的中等精度历书计算卫星的实时位置。北斗三号卫星导航系统的一组中等精度历书数据示例如表 4.4 所示，所给数据中角度的单位为 rad，角度变化率的单位为 rad/s。

表 4.4　北斗三号卫星导航系统的一组中等精度历书数据

序号	参数	MEO	IGSO	GEO
1	t_{oa}	97200	97200	97200
2	e	$2.297864761204\times10^{-11}$	$8.339076535776\times10^{-3}$	$3.054672852159\times10^{-4}$
3	δ_i	$4.178745490094\times10^{-11}$	$7.932473276495\times10^{-10}$	$-5.207359764579\times10^{-10}$
4	$\sqrt{A}$	$5.282622985840\times10^{3}$	$6.493582588196\times10^{3}$	$6.493351200104\times10^{3}$
5	Ω_0	–1.039539674394	1.769217399143	–2.122426892994
6	$\dot{\Omega}$	$-7.055651039044\times10^{-9}$	$-2.019726986879\times10^{-9}$	$2.766186651349\times10^{-9}$
7	ω	–2.118684675401	–2.240111908418	–2.564218642502
8	M_0	$6.138553273441\times10^{-1}$	–2.946391439064	1.652866328014

计算时刻t_k=97300.0 s 的卫星位置。

4.4.2　北斗三号卫星导航系统简约历书计算卫星位置实验

1. 实验目的

(1)认识北斗三号卫星导航系统的简约历书参数。
(2)能够根据简约历书参数确定卫星的实时位置。

2. 实验任务

根据北斗三号卫星导航系统不同类型卫星的简约历书参数计算卫星在 CGCS2000 坐标系中的坐标。

3. 实验设备

北斗/GPS 教学与实验平台。

4. 实验准备

(1)《北斗卫星导航系统空间信号接口控制文件-公开服务信号 B1C(1.0 版)》。
(2)《北斗卫星导航系统空间信号接口控制文件-公开服务信号 B2a(1.0 版)》。
(3)《北斗卫星导航系统空间信号接口控制文件-公开服务信号 B3I(1.0 版)》。

5. 实验原理

北斗三号卫星导航系统中简约历书的参数及定义如表 4.5 所示。

表 4.5　北斗三号卫星简约历书参数

序号	参数	定义	单位
1	PRN_a	本组历书数据对应的卫星编号	—
2	SatType	卫星轨道类型	—
3	WN_a	历书参考时刻周计数	周
4	t_{oa}	历书参考时刻	s
5	δ_A	参考时刻长半轴相对于参考值的偏差	m
6	Ω_0	周历元零时刻计算的升交点经度	π
7	ϕ_0	参考时刻纬度幅角	π
8	Health	卫星健康信息	—

注：SatType 包括 GEO、IGSO、MEO 三种卫星类型。

δ_A 对应的参考值：A_{ref}=27906100m(MEO)，A_{ref}=42162200m(IGSO/GEO)。

$\phi_0=M_0+\omega$，相关参考值：e=0，$\delta_i=0$，i=55°(MEO/IGSO)，i=0°(GEO)。

简约历书的用户算法与中等精度历书用户算法相同，对于中等精度历书用户算法中出现的参数，但简约历书没有给出的参数值，将相应参数初始值设为 0。具体算法如表 4.6 所示。

6. 实验步骤

无。

7. 注意事项

(1)在计算时需要考虑各参数的单位。
(2)根据简约历书计算卫星位置时不同卫星类型采用的长半轴基准、轨道倾角基准不同。

表 4.6 简约历书参数用户算法

公式	说明
$\mu=3.986004418\times10^{14}(\mathrm{m^3/s^2})$	BDCS 的地心引力常数
$\dot{\Omega}_e=7.2921150\times10^{-5}\,(\mathrm{rad/s})$	BDCS 的地球自转角速度
π=3.1415926535898	圆周率
$A=A_{\mathrm{ref}}+\delta_A$	计算长半轴
$n_0=\sqrt{\dfrac{\mu}{A^3}}$	计算参考时刻的卫星平均运动角速率
$t_k=t-t_{\mathrm{oa}}$	计算与参考时刻的时间差
$\phi_k=\phi_0+n_0t_k$	计算纬度幅角
$r_k=A$	计算径向距离
$\begin{cases}x_k=r_k\cos\phi_k\\ y_k=r_k\sin\phi_k\end{cases}$	计算卫星在轨道平面内的坐标(X轴指向升交点)
$\Omega_k=\Omega_0+\left(-\dot{\Omega}_e\right)t_k-\dot{\Omega}_e t_{\mathrm{oa}}$	计算改正后的升交点经度
$i=i_0$	计算参考时刻的轨道倾角
$\begin{cases}X_k=x_k\cos\Omega_k-y_k\cos i\sin\Omega_k\\ Y_k=x_k\sin\Omega_k+y_k\cos i\cos\Omega_k\\ Z_k=y_k\sin i\end{cases}$	计算卫星在 BDCS 中的坐标(CGCS2000)

注：t是信号发射时刻的 BDT，即修正信号传播时延后的系统时间。

t_k是t和历书参考时刻t_{oa}之间的总时间差，并考虑了跨过一周开始或结束的时间，即如果t_k大于 302400，就从t_k中减去 604800；而如果t_k小于–302400，就对其加上 604800。

对于 MEO/IGSO 卫星，i_0=55°，对于 GEO 卫星，i_0=0°。

δ_A对应的参考值为A_{ref}=27906100m(MEO)，A_{ref}=42162200m(IGSO/GEO)。

$\phi_0=M_0+\omega$；相关参考值：$e=0;\delta_i=55°(\mathrm{MEO/IGSO}),\delta_i=0°(\mathrm{GEO})$。

8. 报告要求

根据北斗三号卫星导航系统的简约历书计算卫星的实时位置。北斗三号卫星导航系统 MEO 简约历书数据示例如表 4.7 所示。

表 4.7 北斗三号卫星导航系统 MEO 简约历书数据

序号	参数	参数取值
1	t_{oa}	172800
2	δ_A	–29.99218750000
3	Ω_0	1.844942331859
4	ϕ_0	0.464320840073

计算卫星在 t(北斗时)为 172810(周内秒)时的空间位置。

4.4.3　北斗二号卫星导航系统历书计算卫星位置实验

1. 实验目的

(1)认识北斗二号卫星导航系统的历书参数。
(2)能够根据北斗二号卫星导航系统历书参数计算卫星的实时位置。

2. 实验任务

(1)根据北斗二号卫星导航系统不同类型卫星的历书参数计算卫星在 CGCS2000 坐标系中的坐标。
(2)对比北斗二号卫星导航系统历书参数与开普勒轨道根数的异同点。

3. 实验设备

北斗/GPS 教学与实验平台。

4. 实验准备

《北斗卫星导航系统空间信号接口控制文件-公开服务信号(2.1 版)》。

5. 实验原理

北斗二号卫星导航系统历书参数的更新周期小于 7 天，历书的参数及定义如表 4.8 所示。

表 4.8　北斗二号卫星导航系统历书参数

序号	参数	定义	单位
1	t_{oa}	历书参考时刻	s
2	$\sqrt{A}$	长半轴的平方根	$m^{1/2}$
3	e	偏心率	—
4	ω	近地点幅角	π
5	M_0	参考时刻的平近点角	π
6	Ω_0	周历元零时刻计算的升交点经度	π
7	$\dot{\Omega}$	升交点赤经变化率	π/s
8	δ_i	参考时刻轨道倾角相对于参考值的偏差	π
9	a_0	卫星钟差	s
10	a_1	卫星钟速	s/s

用户接收机根据历书参数可以计算卫星在北斗坐标系中的位置，算法如表 4.9 所示。

表 4.9　北斗二号卫星导航系统历书参数用户算法

公式	说明
$\mu = 3.986004418 \times 10^{14} (\mathrm{m}^3/\mathrm{s}^2)$	CGCS2000 坐标系下的地心引力常数
$\dot{\Omega}_e = 7.2921150 \times 10^{-5} (\mathrm{rad/s})$	CGCS2000 坐标系下的地球自转角速度
π=3.1415926535898	圆周率
$A = \left(\sqrt{A}\right)^2$	计算长半轴
$n_0 = \sqrt{\dfrac{\mu}{A^3}}$	计算参考时刻的卫星平均运动角速率
$t_k = t - t_{\mathrm{oa}}$	计算观测历元与参考时刻的时间差
$M_k = M_0 + n_0 t_k$	计算平近点角
$E_k = M_k - e \sin E_k$	迭代计算偏近点角
$\begin{cases} \sin v_k = \dfrac{\sqrt{1-e^2} \sin E_k}{1 - e \cos E_k} \\ \cos v_k = \dfrac{\cos E_k - e}{1 - e \cos E_k} \end{cases}$	计算真近点角
$\phi_k = v_k + \omega$	计算纬度幅角
$r_k = A(1 - e \cos E_k)$	计算径向距离
$\begin{cases} x_k = r_k \cos \phi_k \\ y_k = r_k \sin \phi_k \end{cases}$	计算卫星在轨道平面内的坐标（X 轴指向升交点）
$\Omega_k = \Omega_0 + \left(\dot{\Omega} - \dot{\Omega}_e\right) t_k - \dot{\Omega}_e t_{\mathrm{oa}}$	计算改正后的升交点经度
$i = i_0 + \delta_i$	计算参考时刻的轨道倾角
$\begin{cases} X_k = x_k \cos \Omega_k - y_k \cos i \sin \Omega_k \\ Y_k = x_k \sin \Omega_k + y_k \cos i \cos \Omega_k \\ Z_k = y_k \sin i \end{cases}$	计算卫星在 CGCS2000 坐标系中的坐标

注：t 是信号发射时刻的 BDT。

t_k 是 t 和历书参考时刻 t_{oa} 之间的总时间差，并考虑了跨过一周开始或结束的时间，即如果 t_k 大于 302400，就从 t_k 中减去 604800；而如果 t_k 小于–302400，就对其加上 604800。

对于 MEO/IGSO 卫星，i_0=0.30π，对于 GEO 卫星，i_0=0.00。

6. 实验步骤

无。

7. 注意事项

(1) 在计算时需要考虑各参数的单位。

(2) 根据北斗二号卫星导航系统历书计算卫星位置时，不同类型卫星采用的轨道倾角基准不同。

8. 报告要求

根据北斗二号卫星导航系统不同类型卫星的历书参数计算卫星的实时位置，示例如

表 4.10 所示。

表 4.10　北斗二号卫星导航系统历书数据示例

序号	参数	MEO	IGSO	GEO
1	t_{oa}	388800.000	388800.000	388800.000
2	e	$1.9999993357\times10^{-3}$	$2.0000258406\times10^{-3}$	$2.0000225172\times10^{-3}$
3	δ_i	$9.9384294749\times10^{-11}$	$-6.6060723887\times10^{-11}$	$1.8562351604\times10^{-11}$
4	$\sqrt{A}$	5.1538104650×10^{3}	6.4933943778×10^{3}	6.4933943293×10^{3}
5	Ω_0	$-9.6808056271\times10^{-1}$	-1.0010048086	$6.0146585292\times10^{-2}$
6	$\dot{\Omega}$	$4.0562718493\times10^{-11}$	$6.3185454888\times10^{-10}$	$-6.3622877401\times10^{-10}$
7	ω	$1.2380990014\times10^{-3}$	$1.1953507934\times10^{-3}$	-1.7237494995
8	M_0	$1.3302368540\times10^{-6}$	$-2.9983584815\times10^{-6}$	$-9.4167472995\times10^{-6}$

计算时刻 t_k=389200.0 s 的卫星位置。

4.4.4　GPS 历书计算卫星位置实验

1. 实验目的

(1) 认识 GPS 卫星的历书参数。
(2) 能够根据 GPS 卫星的历书参数计算卫星的实时位置。

2. 实验任务

(1) 根据 GPS 卫星的历书参数计算卫星在 WGS84 坐标系中的坐标。
(2) 对比 GPS 历书参数与开普勒轨道根数的异同点。

3. 实验设备

北斗/GPS 教学与实验平台。

4. 实验准备

阅读 GPS ICD 文件《Navstar GPS Space Segment/Navigation User Interfaces》。

5. 实验原理

历书数据是一个低精度的时钟和星历参数的子集，GPS 历书参数如表 4.11 所示。

表 4.11　GPS 历书参数

序号	参数	定义	单位
1	t_{oa}	历书参考时刻	s
2	$\sqrt{A}$	长半轴的平方根	$m^{1/2}$
3	e	偏心率	—

续表

序号	参数	定义	单位
4	ω	近地点幅角	π
5	M_0	参考时刻的平近点角	π
6	Ω_0	周历元零时刻计算的升交点经度	π
7	$\dot{\Omega}$	升交点赤经变化率	π/s
8	δ_i	参考时刻轨道倾角相对于参考值的偏差	π
9	a_{f0}	卫星钟偏差系数	s
10	a_{f1}	卫星钟源移系数	s/s

根据 GPS 历书参数可以计出卫星天线相位中心在 WGS84 坐标系中的坐标，算法如表 4.12 所示。

表 4.12 GPS 历书参数用户算法

公式	说明
$\mu = 3.986005\times10^{14}(\text{m}^3/\text{s}^2)$	WGS84 坐标系下的地心引力常数
$\dot{\Omega}_e = 7.292115146\times10^{-5}(\text{rad/s})$	WGS84 坐标系下的地球自转角速度
π=3.1415926535898	圆周率
$A=\left(\sqrt{A}\right)^2$	计算长半轴
$n_0=\sqrt{\dfrac{\mu}{A^3}}$	计算参考时刻的卫星平均运动角速率
$t_k = t - t_{\text{oa}}$	计算观测历元与参考时刻的时间差
$M_k = M_0 + n_0 t_k$	计算平近点角
$E_k = M_k - e\sin E_k$	迭代计算偏近点角
$\begin{cases}\sin v_k = \dfrac{\sqrt{1-e^2}\sin E_k}{1-e\cos E_k}\\ \cos v_k = \dfrac{\cos E_k - e}{1-e\cos E_k}\end{cases}$	计算真近点角
$\phi_k = v_k + \omega$	计算纬度幅角
$r_k = A(1-e\cos E_k)$	计算径向距离
$\begin{cases}x_k = r_k\cos\phi_k\\ y_k = r_k\sin\phi_k\end{cases}$	计算卫星在轨道平面内的坐标
$\Omega_k = \Omega_0 + (\dot{\Omega}-\dot{\Omega}_e)t_k - \dot{\Omega}_e t_{\text{oa}}$	计算改正后的升交点经度
$i = i_0 + \delta_i$	计算参考时刻的轨道倾角，i_0=0.3π
$\begin{cases}X_k = x_k\cos\Omega_k - y_k\cos i\sin\Omega_k\\ Y_k = x_k\sin\Omega_k + y_k\cos i\cos\Omega_k\\ Z_k = y_k\sin i\end{cases}$	计算卫星在 WGS84 坐标系中的坐标

注：t 是信号发射时刻的 GPS 时间。

t_k 是 t 和历书参考时刻 t_{oa} 之间的总时间差，并考虑了跨过一周开始或结束的时间，即如果 t_k 大于 302400，就从 t_k 中减去 604800；而如果 t_k 小于–302400，就对其加上 604800。

6.实验步骤

无。

7. 注意事项

(1)在计算时需要考虑各参数的单位。
(2)GPS 系统使用的地心引力常数、地球自转角速度与北斗系统不同。

8. 报告要求

根据 GPS 卫星的历书参数计算卫星在 WGS84 坐标系中的位置，历书参数示例如表 4.13 所示。

表 4.13　GPS 历书参数示例

序号	参数	数值
1	t_{oa}	388800.000
2	e	$4.7851485251\times10^{-3}$
3	δ_i	$-1.2221833923\times10^{-10}$
4	$\sqrt{A}$	5.1538123423×10^{3}
5	Ω_0	2.0986319367
6	$\dot{\Omega}$	$-8.6564074772\times10^{-12}$
7	ω	$4.7951052623\times10^{-1}$
8	M_0	$-2.9800840595\times10^{-1}$

计算时刻 t_k=420500.00s 的卫星位置。

4.5　根据星历计算卫星位置实验

4.5.1　北斗三号卫星导航系统 MEO/IGSO 星历计算卫星位置实验

1. 实验目的

(1)认识北斗三号卫星导航系统的星历参数。
(2)能够根据星历参数确定 MEO/IGSO 卫星的实时位置。

2. 实验任务

(1)根据北斗三号卫星导航系统不同类型卫星的星历参数计算 MEO/IGSO 卫星在 CGCS2000 坐标系中的坐标。
(2)认识北斗三号卫星导航系统星历参数与中等精度历书参数的异同。

3. 实验设备

北斗/GPS 教学与实验平台。

4. 实验准备

(1)《北斗卫星导航系统空间信号接口控制文件-公开服务信号 B1C(1.0 版)》。
(2)《北斗卫星导航系统空间信号接口控制文件-公开服务信号 B2a(1.0 版)》。
(3)《北斗卫星导航系统空间信号接口控制文件-公开服务信号 B3I(1.0 版)》。

5. 实验原理

北斗三号卫星导航系统的星历由18个准开普勒轨道参数和1个卫星轨道类型参数构成，星历参数及定义如表 4.14 所示。

表 4.14 北斗三号卫星导航系统星历参数

序号	参数	定义	单位
1	t_{oe}	星历参考时刻	s
2	SatType	卫星轨道类型	—
3	ΔA	参考时刻长半轴相对于参考值的偏差	m
4	$\dot{A}$	长半轴变化率	m/s
5	Δn_0	参考时刻卫星平均运动角速率与计算值之差	π/s
6	$\Delta \dot{n}_0$	参考时刻卫星平均运动角速率与计算值之差的变化率	π/s^2
7	M_0	参考时刻的平近点角	π
8	e	偏心率	—
9	ω	近地点幅角	π
10	Ω_0	周历元零时刻计算的升交点经度	π
11	$\dot{\Omega}$	升交点赤经变化率	π/s
12	i_0	参考时刻的轨道倾角	π
13	$\dot{i}_0$	轨道倾角变化率	π/s
14	C_{uc}	升交点角距余弦调和校正振幅	rad
15	C_{us}	升交点角距正弦调和校正振幅	rad
16	C_{rc}	轨道半径余弦调和校正振幅	m
17	C_{rs}	轨道半径正弦调和校正振幅	m
18	C_{ic}	轨道倾角余弦调和校正振幅	rad
19	C_{is}	轨道倾角正弦调和校正振幅	rad

用户接收机根据接收到的星历参数，可以计算卫星在北斗坐标系中的位置，算法如表 4.15 所示。

表 4.15　北斗三号卫星导航系统星历参数用户算法

公式	说明
$\mu = 3.986004418\times10^{14}(\mathrm{m}^3/\mathrm{s}^2)$	BDCS 下的地心引力常数
$\dot{\Omega}_e = 7.2921150\times10^{-5}(\mathrm{rad/s})$	BDCS 下的地球自转角速度
$\pi = 3.1415926535898$	圆周率
$t_k = t - t_{\mathrm{oe}}$	计算与参考时刻的时间差
$A_0 = A_{\mathrm{ref}} + \Delta A$	计算参考时刻的长半轴
$A_k = A_0 + (\dot{A})t_k$	计算长半轴
$n_0 = \sqrt{\dfrac{\mu}{A^3}}$	计算参考时刻的卫星平均运动角速率
$\Delta n_A = \Delta n_0 + 1/2\,\Delta\dot{n}_0 t_k$	计算卫星平均运动角速率的偏差
$n_A = n_0 + \Delta n_A$	计算改正后的卫星平均运动角速率
$M_k = M_0 + n_A t_k$	计算平近点角
$M_k = E_k + e\sin E_k$	迭代计算偏近点角
$\begin{cases}\sin v_k = \dfrac{\sqrt{1-e^2}\sin E_k}{1-e\cos E_k}\\ \cos v_k = \dfrac{\cos E_k - e}{1-e\cos E_k}\end{cases}$	计算真近点角
$\phi_k = v_k + \omega$	计算纬度幅角
$\begin{cases}\delta u_k = C_{\mathrm{us}}\sin(2\phi_k) + C_{\mathrm{uc}}\cos(2\phi_k)\\ \delta r_k = C_{\mathrm{rs}}\sin(2\phi_k) + C_{\mathrm{rc}}\cos(2\phi_k)\\ \delta i_k = C_{\mathrm{is}}\sin(2\phi_k) + C_{\mathrm{ic}}\cos(2\phi_k)\end{cases}$	纬度幅度改正项 地心距改正项 轨道倾角改正项
$u_k = \phi_k + \delta u_k$	计算改正后的纬度参数
$r_k = A(1 - e\cos E_k) + \delta r_k$	计算改正后的地心距
$i_k = i_0 + \dot{i}_0 t_k + \delta i_k$	计算改正后的倾角
$\begin{cases}x_k = r_k\cos u_k\\ y_k = r_k\sin u_k\end{cases}$	计算卫星在轨道平面内的坐标（X 轴指向升交点）
$\Omega_k = \Omega_0 + (\dot{\Omega} - \dot{\Omega}_e)t_k - \dot{\Omega}_e t_{\mathrm{oe}}$	计算改正后的升交点经度
$\begin{cases}X_k = x_k\cos\Omega_k - y_k\cos i_k\sin\Omega_k\\ Y_k = x_k\sin\Omega_k + y_k\cos i_k\cos\Omega_k\\ Z_k = y_k\sin i_k\end{cases}$	计算 MEO/IGSO 卫星在 CGCS2000 坐标系中的坐标

注：t 是信号发射时刻的 BDT，即修正信号传播时延后的系统时间。

t_k 是 t 和星历参考时刻 t_{oe} 之间的总时间差，并考虑了跨过一周开始或结束的时间，即如果 t_k 大于 302400，就从 t_k 中减去 604800；而如果 t_k 小于–302400，就对其加上 604800。

长半轴参考值：$A_{\mathrm{ref}} = 27906100\mathrm{m}(\mathrm{MEO})$，$A_{\mathrm{ref}} = 42162200\mathrm{m}(\mathrm{IGSO/GEO})$。

6. 实验步骤

根据北斗三号卫星导航系统 MEO/IGSO 星历计算某时刻卫星在 CGCS2000 坐标系中的坐标的实现流程图如图 4.7 所示。

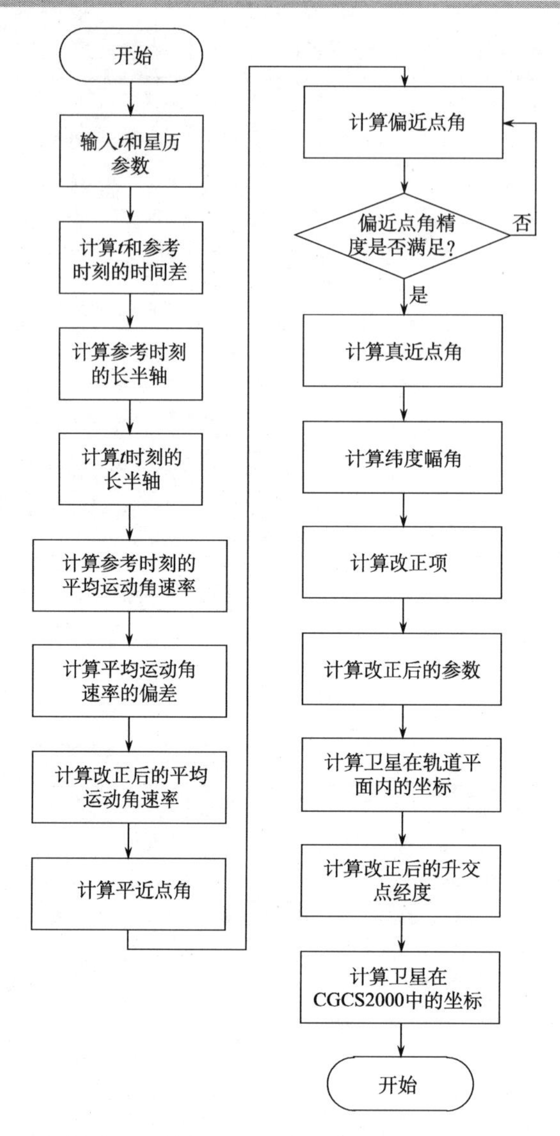

图 4.7　根据北斗三号卫星导航系统星历计算卫星位置的流程图

(1)输入计算时刻 t 和北斗三号卫星导航系统的星历 18 参数。

(2)计算 t 时刻和星历参考时刻的时间差 t_k，如果 t_k 大于 302400，就从 t_k 中减去 604800；而如果 t_k 小于–302400，就对其加上 604800。

(3)计算星历参考时刻的长半轴。

(4)计算 t 时刻的长半轴。

(5)计算星历参考时刻的平均运动角速率。

(6)计算平均运动角速率的偏差。

(7)计算改正后的平均运动角速率。

(8)计算 t 时刻的平近点角。

(9)迭代计算偏近点角，直至偏近点角的精度满足要求。

(10)计算真近点角。

(11)计算纬度幅角。

(12)计算纬度幅角、地心距、轨道倾角的改正项。

(13)计算改正后的纬度幅角、地心距、轨道倾角。

(14)计算卫星在轨道平面内的坐标。

(15)计算改正后的升交点经度。

(16)计算卫星在CGCS2000坐标系中的坐标。

7. 注意事项

(1)在计算时需要考虑各参数的单位。

(2)根据星历计算卫星位置时，MEO、IGSO卫星采用的轨道长半轴参考值不同。

(3)根据星历计算卫星位置时，采用CGCS2000坐标系使用的椭球定义的地球引力常数和地球自转速率。

8. 报告要求

根据北斗三号卫星导航系统的星历计算卫星的实时位置。星历数据示例如表4.16所示。

表4.16 北斗三号卫星导航系统的星历数据示例

序号	参数	参数取值
1	t_{oe}	$1.728000000000\times10^{5}$
2	ΔA	–29.99218750000
3	$\dot{A}$	$-3.354261313149\times10^{-14}$
4	e	$1.014769659378\times10^{-4}$
5	ω	1.742683660307
6	Δn_0	$4.160173287916\times10^{-9}$
7	$\Delta\dot{n}_0$	$-1.053772269961\times10^{-13}$
8	M_0	–1.278362820234
9	Ω_0	1.844942331859
10	$\dot{\Omega}$	$-7.095652705274\times10^{-9}$
11	i_0	0.9567195685131
12	IDOT	$2.705469836535\times10^{-10}$
13	C_{uc}	$4.138797521591\times10^{-6}$
14	C_{us}	$6.177462637424\times10^{-6}$
15	C_{rc}	232.1757812500
16	C_{rs}	83.27343750000
17	C_{ic}	$1.862645149231\times10^{-9}$
18	C_{is}	$-4.842877388000\times10^{-8}$

根据这 18 个参数计算 MEO 卫星在信号发射时刻 t(北斗时)为 172810(周内秒)时的空间位置。

4.5.2 北斗二号卫星导航系统 MEO/IGSO/GEO 星历计算卫星位置实验

1. 实验目的

(1)认识北斗二号卫星导航系统的星历参数。
(2)能够根据星历参数确定 MEO/IGSO/GEO 卫星的实时位置。

2. 实验任务

(1)根据北斗二号卫星导航系统的星历参数计算 MEO/IGSO/GEO 卫星在 CGCS2000 坐标系中的坐标。

(2)认识北斗二号卫星导航系统的星历参数与北斗三号卫星导航系统的星历参数、北斗二号卫星导航系统历书参数的异同。

3. 实验设备

北斗/GPS 教学与实验平台。

4. 实验准备

阅读《北斗卫星导航系统空间信号接口控制文件-公开服务信号 2.1 版》。

5. 实验原理

北斗卫星导航系统的广播星历参数描述的是在一定拟合间隔下得出的卫星轨道。它有 15 个描述轨道特征的参数和 1 个星历参考时间，其广播星历参数的更新时间是 1h。北斗二号卫星导航系统的星历参数及其特性说明如表 4.17 所示。

表 4.17 北斗二号卫星导航系统星历参数

序号	参数	定义	单位
1	t_{oe}	星历参考时间	s
2	$\sqrt{A}$	卫星轨道长半轴的平方根	$m^{1/2}$
3	e	轨道偏心率	—
4	ω	轨道近地点角距	π
5	Δn	平均运动角速率校正值	π/s
6	M_0	t_{oe} 时平近点角	π
7	Ω_0	根据参考时间计算的轨道升交点经度	π
8	$\dot{\Omega}$	升交点赤经变化率	π/s
9	i_0	t_{oe} 时的轨道倾角	π
10	$\dot{i}_0$	轨道倾角变化率	π/s
11	C_{uc}	升交点角距余弦调和校正振幅	rad

续表

序号	参数	定义	单位
12	C_{us}	升交点角距正弦调和校正振幅	rad
13	C_{rc}	轨道半径余弦调和校正振幅	m
14	C_{rs}	轨道半径正弦调和校正振幅	m
15	C_{ic}	轨道倾角余弦调和校正振幅	rad
16	C_{is}	轨道倾角正弦调和校正振幅	rad

用户接收机根据接收到的北斗二号卫星导航系统星历参数可以计算卫星在 CGCS2000 坐标系中的坐标，算法如表 4.18 所示。

表 4.18　北斗二号卫星导航系统星历参数用户算法

参数的计算公式	公式的含义
$\mu = 3.986004418 \times 10^{14} (\mathrm{m^3/s^2})$	CGCS2000 坐标系下的地心引力常数
$\dot{\Omega}_e = 7.292115 \times 10^{-5} (\mathrm{rad/s})$	CGCS2000 坐标系下的地球自转速率
$\pi = 3.1415926535898$	圆周率
$A = (\sqrt{A})^2$	长半轴的计算
$n_0 = \sqrt{\dfrac{\mu}{A^3}}$	卫星平均运动角速率的计算
$t_k = t - t_{oe}$	观测历元到参考历元的时间差的计算
$n = n_0 + \Delta n$	平均运动角速率的改正
$M_k = M_0 + n t_k$	平近点角的计算
$E_k = M_k - e \sin E_k$	偏近点角的迭代计算
$\begin{cases} \sin v_k = \dfrac{\sqrt{1-e^2} \sin E_k}{1 - e\cos E_k} \\ \cos v_k = \dfrac{\cos E_k - e}{1 - e\cos E_k} \end{cases}$	真近点角的计算
$\phi_k = v_k + \omega$	纬度幅角的计算
$\begin{cases} \delta u_k = C_{us} \sin(2\phi_k) + C_{uc} \cos(2\phi_k) \\ \delta r_k = C_{rs} \sin(2\phi_k) + C_{rc} \cos(2\phi_k) \\ \delta i_k = C_{is} \sin(2\phi_k) + C_{ic} \cos(2\phi_k) \end{cases}$	纬度幅度改正项 地心距改正项 轨道倾角改正项
$u_k = \phi_k + \delta u_k$	计算改正后的纬度幅角
$r_k = A(1 - e\cos E_k) + \delta r_k$	计算改正后的地心距
$i_k = i_0 + \dot{i}_0 \cdot t_k + \delta i_k$	计算改正后的倾角
$\begin{cases} x_k = r_k \cos u_k \\ y_k = r_k \sin u_k \end{cases}$	计算卫星在轨道平面内的坐标
$\Omega_k = \Omega_0 + (\dot{\Omega} - \dot{\Omega}_e) t_k - \dot{\Omega}_e t_{oe}$ $\begin{cases} X_k = x_k \cos \Omega_k - y_k \cos i_k \sin \Omega_k \\ Y_k = x_k \sin \Omega_k + y_k \cos i_k \cos \Omega_k \\ Z_k = y_k \sin i_k \end{cases}$	对于 MEO/IGSO 卫星： (1) 计算历元升交点的经度 (2) 计算 MEO/IGSO 卫星在 CGCS2000 坐标系中的坐标

续表

参数的计算公式	公式的含义
$\Omega_k=\Omega_0+\dot{\Omega}t_k-\dot{\Omega}_e t_{oe}$ $\begin{cases}X_k=x_k\cos\Omega_k-y_k\cos i_k\sin\Omega_k\\Y_k=x_k\sin\Omega_k+y_k\cos i_k\cos\Omega_k\\Z_k=y_k\sin i_k\end{cases}$ $\begin{bmatrix}X_{GK}\\Y_{GK}\\Z_{GK}\end{bmatrix}=R_z(\dot{\Omega}_e t_k)R_X(-5^\circ)\begin{bmatrix}X_K\\Y_K\\Z_K\end{bmatrix}$ 其中， $R_X(\varphi)=\begin{pmatrix}1&0&0\\0&+\cos\varphi&+\sin\varphi\\0&-\sin\varphi&+\cos\varphi\end{pmatrix}$ $R_Z(\varphi)=\begin{pmatrix}+\cos\varphi&+\sin\varphi&0\\-\sin\varphi&+\cos\varphi&0\\0&0&1\end{pmatrix}$	对于 GEO 卫星： (1)计算历元升交点的经度 (2)计算 GEO 卫星在自定义坐标系中的坐标 (3)计算 GEO 卫星在 CGCS2000 坐标系中的坐标

注：t 是信号发射时刻的 BDT，即修正信号传播时延后的系统时间。

t_k 是 t 和星历参考时刻 t_{oe} 之间的总时间差，并考虑了跨过一周开始或结束的时间，即如果 t_k 大于 302400，就从 t_k 中减去 604800；而如果 t_k 小于–302400，就对其加上 6048000。

6. 实验步骤

根据北斗二号卫星导航系统星历计算不同类型卫星在某时刻的位置的实现流程图如图 4.8 所示。

(1)输入计算时刻 t 和北斗二号卫星导航系统的星历参数。

(2)计算 t 时刻和星历参考时刻的时间差 t_k，如果 t_k 大于 302400，就从 t_k 中减去 604800；而如果 t_k 小于–302400，就对其加上 604800。

(3)计算卫星轨道的长半轴。

(4)计算星历参考时刻的卫星平均运动角速率。

(5)计算改正后的平均运动角速率。

(6)计算 t 时刻的平近点角。

(7)迭代计算偏近点角，直至偏近点角的精度满足要求。

(8)计算真近点角。

(9)计算纬度幅角。

(10)计算纬度幅角、地心距、轨道倾角的改正项。

(11)计算改正后的纬度幅角、地心距、轨道倾角。

(12)计算卫星在轨道平面的坐标。

(13)判断卫星的类型，如果是 MEO/IGSO。

① 计算 t 时刻的升交点的经度。

② 计算卫星在 CGCS2000 坐标系中的坐标。

(14)如果卫星的类型是 GEO：

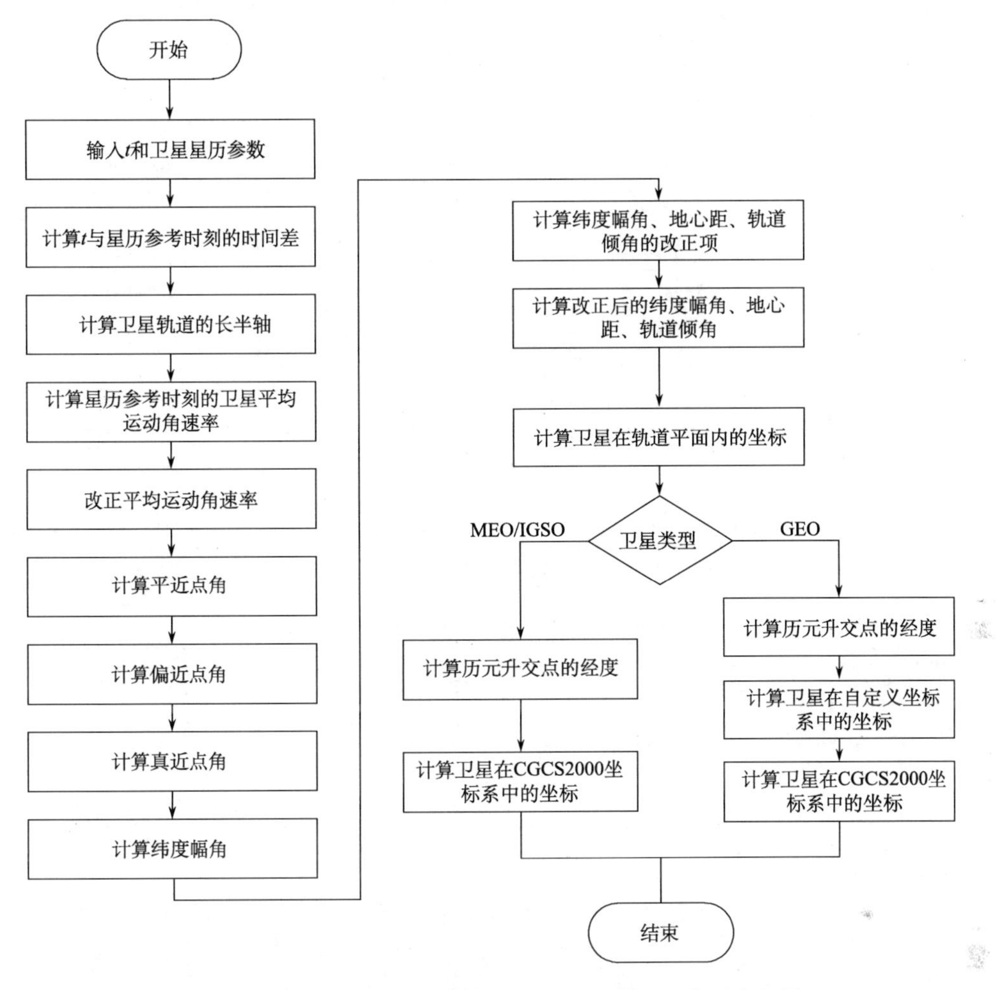

图 4.8　根据北斗二号卫星导航系统星历计算卫星位置流程图

① 计算 t 时刻的升交点的经度；

② 计算卫星在自定义坐标系中的坐标；

③ 计算卫星在 CGCS2000 坐标系中的坐标。

7. 注意事项

(1) 在计算时需要考虑各参数的单位。

(2) 根据星历参数计算 GEO 卫星位置时需要进行–5°的旋转。

(3) 根据星历计算卫星位置时，采用 CGCS2000 坐标系，使用椭球定义的地心引力常数和地球自转速率。

8. 报告要求

根据北斗二号卫星导航系统不同类型卫星的星历计算卫星的实时位置，星历数据示例如表 4.19 所示。

表 4.19　北斗二号卫星导航系统星历数据示例

序号	参数	MEO	IGSO	GEO
1	t_{oe}	435600.000	435600.000	435600.000
2	$\sqrt{A}$	5.2826260757×10^{3}	6.4938187161×10^{3}	6.4933534889×10^{3}
3	e	$7.5081700925\times10^{-4}$	$2.1925792098\times10^{-3}$	$6.0728460085\times10^{-4}$
4	ω	−1.0705650070	−3.1015599004	−1.3395949073
5	Δn	$3.8173018631\times10^{-9}$	$5.3787954770\times10^{-10}$	$2.6276094505\times10^{-9}$
6	M_0	−2.1737666483	−1.1070412761	$-6.1051448327\times10^{-1}$
7	Ω_0	$-3.9546742449\times10^{-1}$	$2.1212877421\times10^{-1}$	−2.5172485796
8	$\dot{\Omega}$	$-6.9049304752\times10^{-9}$	$-1.5675652954\times10^{-9}$	$-1.6186388514\times10^{-9}$
9	i_0	$9.6108563216\times10^{-1}$	$9.6173199179\times10^{-1}$	$1.0114124206\times10^{-1}$
10	$\dot{i}_0$	$-7.1324399519\times10^{-10}$	$-3.0108396993\times10^{-10}$	$1.7572160522\times10^{-10}$
11	C_{uc}	$-5.4263509810\times10^{-6}$	$1.4314427972\times10^{-6}$	$2.2312626243\times10^{-5}$
12	C_{us}	$9.3793496490\times10^{-6}$	$3.4669879824\times10^{-5}$	$2.4384818971\times10^{-5}$
13	C_{rc}	171.9219	−808.2656	−737.7813
14	C_{rs}	−106.3281	59.0469	685.5313
15	C_{ic}	$4.6566128731\times10^{-9}$	$5.6345015764\times10^{-8}$	$6.5192580223\times10^{-8}$
16	C_{is}	$4.8894435167\times10^{-8}$	$-1.6856938601\times10^{-7}$	-2.93366611×10^{-8}

计算时刻 t_k=435600.000 的卫星位置，并与北斗/GPS 教学与实验平台给出的结果进行比对。北斗/GPS 教学与实验平台计算的 t_k 时刻的各类型卫星的位置如图 4.9 所示。

(a) MEO 卫星位置　　(b) IGSO 卫星位置　　(c) GEO 卫星位置

图 4.9　北斗/GPS 教学与实验平台界面截图 1

4.5.3　GPS 星历计算卫星位置实验

1. 实验目的

(1) 认识 GPS 卫星的星历参数。

(2)能够根据星历参数确定 GPS 卫星的实时位置。

2. 实验任务

(1)根据 GPS 卫星的星历参数计算卫星在 WGS84 坐标系中的坐标。
(2)认识 GPS 卫星的星历参数与历书参数的异同。

3. 实验设备

北斗/GPS 教学与实验平台。

4. 实验准备

阅读 GPS ICD 文件《Navstar GPS Space Segment/Navigation User Interfaces》。

5. 实验原理

GPS 广播星历可用于计算在某个观测时刻的 GPS 卫星坐标，GPS 广播星历现有两种形式：16 参数模型和 18 参数模型。

GPS16 星历参数包括 15 个轨道参数和 1 个星历参考时间，其更新周期为 2h。表 4.20 即 GPS16 广播星历参数及其特性说明。

表 4.20　GPS16 广播星历参数

序号	参数	定义
1	t_{oe}	星历参考时间
2	$\sqrt{A}$	卫星轨道长半轴的平方根
3	e	轨道偏心率
4	i_0	t_{oe} 时的轨道倾角
5	Ω_0	根据参考时间计算的轨道升交点经度
6	ω	轨道近地点角距
7	M_0	t_{oe} 时平近点角
8	Δn	平均运动角速率校正值
9	$\dot{i}_0$	轨道倾角变化率
10	$\dot{\Omega}$	轨道升交点赤经对时间的变化率
11	C_{uc}	升交点角距余弦调和校正振幅
12	C_{us}	升交点角距正弦调和校正振幅
13	C_{rc}	轨道半径余弦调和校正振幅
14	C_{rs}	轨道半径正弦调和校正振幅
15	C_{ic}	轨道倾角余弦调和校正振幅
16	C_{is}	轨道倾角正弦调和校正振幅

GPS 广播星历表中的时间和坐标系统分别为 GPS 时间系统和 WGS84 坐标系。在 GPS 数据处理中，一般是利用卫星的广播星历参数计算卫星轨道，具体计算过程及对应的表达式如表 4.21 所示。

表 4.21　GPS16 广播星历参数用户算法

参数的计算公式	公式的含义
$\mu = 3.986005\times10^{14}(\mathrm{m}^3/\mathrm{s}^2)$	WGS84 坐标系下的地心引力常数
$\dot{\Omega}_e = 7.2921151467\times10^{-5}(\mathrm{rad/s})$	WGS84 坐标系下的地球自转速率
$\pi = 3.1415926535898$	圆周率
$A = (\sqrt{A})^2$	长半轴的计算
$n_0 = \sqrt{\dfrac{\mu}{A^3}}$	卫星平均运动角速率的计算
$t_k = t - t_{\mathrm{oe}}$	观测历元到参考历元的时间差的计算
$n = n_0 + \Delta n$	平均运动角速率的改正
$M_k = M_0 + nt_k$	平近点角的计算
$E_k = M_k - e\sin E_k$	偏近点角的迭代计算
$\begin{cases}\sin v_k = \dfrac{\sqrt{1-e^2}\sin E_k}{1-e\cos E_k}\\ \cos v_k = \dfrac{\cos E_k - e}{1-e\cos E_k}\end{cases}$	真近点角的计算
$\phi_k = v_k + \omega$	纬度幅角参数的计算
$\begin{cases}\delta u_k = C_{\mathrm{us}}\sin(2\phi_k) + C_{\mathrm{uc}}\cos(2\phi_k)\\ \delta r_k = C_{\mathrm{rs}}\sin(2\phi_k) + C_{\mathrm{rc}}\cos(2\phi_k)\\ \delta i_k = C_{\mathrm{is}}\sin(2\phi_k) + C_{\mathrm{ic}}\cos(2\phi_k)\end{cases}$	纬度幅度改正项 地心距改正项 轨道倾角改正项
$u_k = \phi_k + \delta u_k$	计算改正后的纬度参数
$r_k = A(1-e\cos E_k) + \delta r_k$	计算改正后的地心距
$i_k = i_0 + \dot{i}_0 \cdot t_k + \delta i_k$	计算改正后的倾角
$\begin{cases}x_k = r_k\cos u_k\\ y_k = r_k\sin u_k\end{cases}$	计算卫星在轨道平面内的坐标
$\Omega_k = \Omega_0 + (\dot{\Omega} - \dot{\Omega}_e)t_k - \dot{\Omega}_e t_{\mathrm{oe}}$	计算历元升交点的经度
$\begin{cases}X_k = x_k\cos\Omega_k - y_k\cos i_k\sin\Omega_k\\ Y_k = x_k\sin\Omega_k + y_k\cos i_k\cos\Omega_k\\ Z_k = y_k\sin i_k\end{cases}$	计算卫星在 WGS84 坐标系中的坐标

注：μ 是 WGS84 坐标系下的地心引力常数。

t 是信号发射时刻的 GPS 时，也就是对传播时间修正后的 GPS 接收时间(距离/光速)。

t_k 是 GPS 时间 t 和星历参考时间 t_{oe} 的时间差，并考虑到跨过一周开始或结束的时间，即如果 t_k 大于 302400，就从 t_k 中减去 604800；而如果 t_k 小于–302400，就对其加上 604800。

GPS18 跟 GPS16 广播星历参数基本上是一样的，只是其中的几个参数有些许改变。将 GPS16 广播星历参数中的参数 $\sqrt{A}$ 去掉换成了 ΔA、$\dot{A}$，将参数 Δn_0 舍弃改成 Δn_0、$\Delta\dot{n}_0$，忽略掉参数 $\dot{\Omega}$ 而使用 $\Delta\dot{\Omega}$。其中，参数 ΔA、$\Delta\dot{\Omega}$ 分别相对于参考时刻的长半轴

值 A_{ref}、参考时刻的升交点赤经的变化率 Ω_{ref}，$A_{\mathrm{ref}}=26559710\mathrm{m}$，$\dot{\Omega}_{\mathrm{ref}}=-2.6\times10^{-9}$。GPS18 广播星历大部分与 GPS16 一致，相关算法略有区别但也基本一致。GPS18 广播星历及其特性说明以及对应的用户算法可以参考相关 ICD 文档。

6. 实验步骤

根据 GPS 16 参数计算某时刻卫星位置的实现流程图如图 4.10 所示。

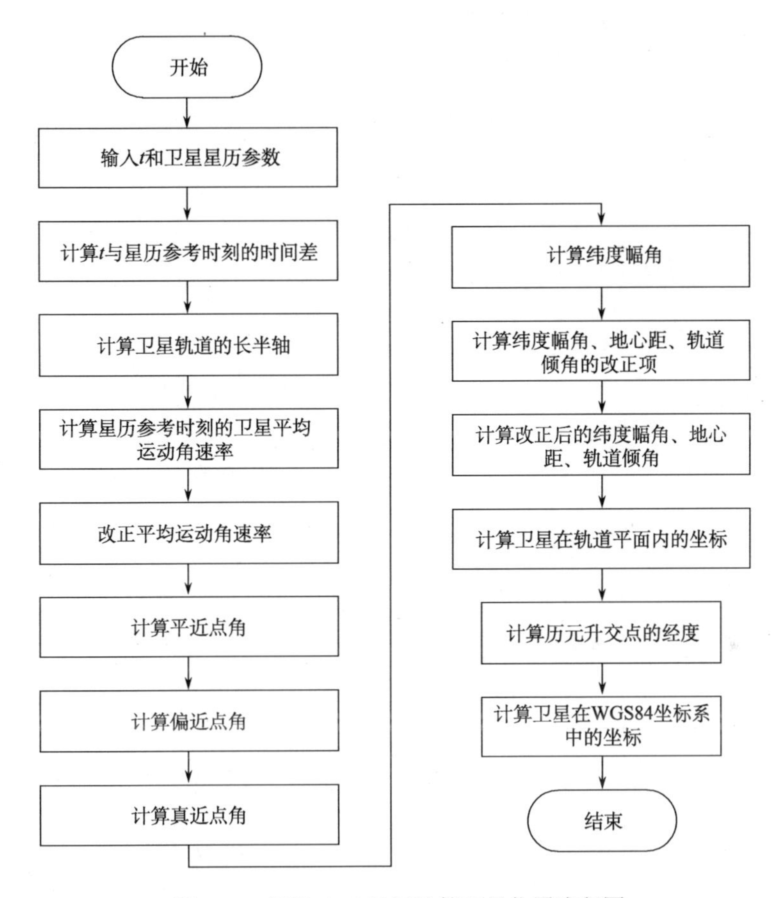

图 4.10 根据 GPS 星历计算卫星位置流程图

(1) 输入计算时刻 t 和 GPS 的星历 16 参数。

(2) 计算 t 时刻和星历参考时刻的时间差 t_k，如果 t_k 大于 302400，就从 t_k 中减去 604800；而如果 t_k 小于–302400，就对其加上 604800。

(3) 计算卫星轨道的长半轴。

(4) 计算星历参考时刻的卫星平均运动角速率。

(5) 计算改正后的平均运动角速率。

(6) 计算 t 时刻的平近点角。

(7) 迭代计算偏近点角，直至偏近点角的精度满足要求。

(8) 计算真近点角。

(9) 计算纬度幅角。

(10) 计算纬度幅角、地心距、轨道倾角的改正项。

(11) 计算改正后的纬度幅角、地心距、轨道倾角。

(12) 计算卫星在轨道平面内的坐标。

(13) 计算 t 时刻的升交点的经度。

(14) 计算卫星在 WGS84 坐标系中的坐标。

7. 注意事项

(1) 在计算时需要考虑各参数的单位。

(2) 计算偏近点角 E_k 时，初始值可赋值为 M_k，迭代计算 $E_{k+1}=M_k+e\sin E_k$，只要前后两次计算值的长度小于设定量(如 1×10^{-4})，则结束计算。

(3) 根据星历计算卫星位置时采用 WGS84 坐标系下的地心引力常数和地球自转角速度。

8. 报告要求

根据 GPS 卫星的星历 16 参数计算卫星的实时位置。利用北斗/GPS 教学与实验平台接收 GPS 卫星的星历(16 参数)数据，2019-03-22 04:00:00(GPST)时刻星历数据示例如表 4.22 所示。

表 4.22　GPS 星历数据示例

序号	参数	参数取值
1	t_{oe}	446400.000
2	$\sqrt{A}$	5.1535545082×10^{3}
3	e	$1.9435158465\times10^{-3}$
4	ω	$5.8566541237\times10^{-1}$
5	Δn	$4.8119861528\times10^{-9}$
6	M_0	2.0685758003
7	Ω_0	$-6.8558755944\times10^{-1}$
8	$\dot{\Omega}$	$-8.3310613079\times10^{-9}$
9	i_0	$9.6258301805\times10^{-1}$
10	$\dot{i}_0$	$-5.9609625837\times10^{-10}$
11	C_{uc}	$-4.2542815208\times10^{-6}$
12	C_{us}	$6.2491744757\times10^{-6}$
13	C_{rc}	258.6563
14	C_{rs}	−80.3125
15	C_{ic}	$-1.173466444\times10^{-7}$
16	C_{is}	$2.2351741791\times10^{-8}$

计算时刻 t_k=446400.000 的卫星位置，并与北斗/GPS 教学与实验平台给出的结果进行比对。北斗/GPS 教学与实验平台计算的 t_k 时刻的卫星位置如图 4.11 所示。

图 4.11　北斗/GPS 教学与实验平台界面截图 2

4.6　根据历书计算卫星钟差实验

4.6.1　北斗历书计算卫星钟差实验

1. 实验目的

(1)认识北斗的历书中与钟差有关的参数。
(2)掌握钟差参数及其含义。
(3)能够根据北斗历书中的钟差参数计算钟差。

2. 实验任务

根据北斗卫星的历书参数计算卫星钟差。

3. 实验设备

北斗/GPS 教学与实验平台。

4. 实验准备

阅读《北斗卫星导航系统空间信号接口控制文件–公开服务信号(2.1 版)》。

5. 实验原理

北斗二号卫星导航系统的历书以及北斗三号卫星导航系统中的中等精度历书中提供如表 4.23 所示的钟差参数。

表 4.23　北斗二号历书中的钟差参数

序号	参数	定义	单位
1	a_{f0}	卫星钟偏差系数	s
2	a_{f1}	卫星钟漂移系数	s/s
3	WN_a	历书参考时刻周计数	周
4	t_{oa}	历书中的钟差参数参考时刻	s

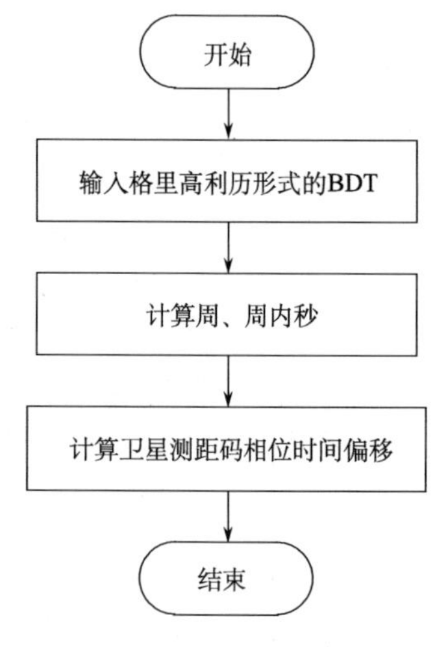

图 4.12　北斗二号卫星导航系统的历书计算卫星钟差的流程图

历书时间计算如下：

$$t = t_{sv} - \Delta t_{sv} \tag{4.7}$$

其中，t 为信号发射时刻的北斗时，单位为 s；t_{sv} 为信号发射时刻的卫星测距码相位时间，单位为 s；Δt_{sv} 为卫星测距码相位时间偏移，单位为 s，计算公式如下：

$$\Delta t_{sv} = a_{f0} + a_{f1}(t - t_{oa}) \tag{4.8}$$

其中，t 可忽略精度，用 t_{sv} 替代；历书中的钟差参数参考时刻 t_{oa} 是以历书周计数(WN_a)的起始时刻为基准的。

6. 实验步骤

根据北斗二号卫星导航系统的历书计算卫星测距码相位时间偏移(钟差)的流程图如图 4.12 所示。

(1) 输入格里高利历形式的 BDT。

(2) 根据 2.3.1 节的实验原理计算 BDT 的周+周内秒。

(3) 根据式(4.8)计算卫星测距码相位时间偏移。

7. 注意事项

钟差计算公式中 t、t_{oa} 均为北斗周内秒计数。

8. 报告要求

根据北斗卫星导航系统中的历书参数计算某时刻的钟差(例如，2013-05-01 0:0:0.0)如表 4.24 所示。

表 4.24　北斗卫星导航系统历书中的钟差数据示例

参考时刻	a_{f0}	a_{f1}	计算时刻
2013-05-01 00:00:00 (BDT)	0.000471252016723005	$2.61479726455351 \times 10^{-12}$	2013-05-01 00:55:25 (BDT)

4.6.2　GPS 历书计算卫星钟差实验

1. 实验目的

(1)认识 GPS 的历书中与钟差有关的参数。
(2)能够根据 GPS 历书中的钟差参数计算钟差。

2. 实验任务

根据 GPS 卫星的历书参数计算卫星钟差。

3. 实验设备

北斗/GPS 教学与实验平台。

4. 实验准备

阅读 GPS ICD 文件《Navstar GPS Space Segment/Navigation User Interfaces》。

5. 实验原理

GPS 的历书中提供如表 4.25 所示的钟差参数。

表 4.25　GPS 历书中的钟差参数

序号	参数	定义	单位
1	a_{f0}	卫星钟偏差系数	s
2	a_{f1}	卫星钟漂移系数	s/s
3	WN_a	历书参考时刻周计数	周
4	t_{oa}	历书中的钟差参数参考时刻	s

历书时间计算如下：

$$t = t_{sv} - \Delta t_{sv} \tag{4.9}$$

其中，t 为信号发射时刻的 GPS 时，单位为 s；t_{sv} 为信号发射时刻的卫星测距码相位时间，单位为 s；Δt_{sv} 为卫星测距码相位时间偏移，单位为 s，计算公式如下：

$$\Delta t_{sv} = a_{f0} + a_{f1}(t - t_{oa}) \tag{4.10}$$

其中，t 可忽略精度，用 t_{sv} 替代；历书中的钟差参数参考时刻 t_{oa} 是以历书周计数(WN_a)的起始时刻为基准的。

6. 实验步骤

无。

7. 注意事项

钟差计算公式中 t、t_{oa} 均为 GPS 周内秒计数。

8. 报告要求

根据 GPS 中的历书参数计算某时刻的钟差(例如，2013-05-01 0:0:0.0)如表 4.26 所示。

表 4.26 GPS 历书中钟差数据示例

参考时刻	a_{f0}	a_{f1}	计算时刻
2013-05-01 0:0:0.0 (GPST)	0.000430072529611431	$1.82638399787101\times10^{-12}$	2013-05-01 0:55:25 (GPST)

4.7 根据导航电文计算卫星钟差实验

4.7.1 北斗导航电文计算卫星钟差实验

1. 实验目的

(1) 认识北斗卫星导航系统基本导航信息中的钟差参数。
(2) 能够根据北斗卫星导航系统的钟差参数计算钟差。

2. 实验任务

根据北斗卫星的钟差参数计算卫星钟差。

3. 实验设备

北斗/GPS 教学与实验平台。

4. 实验准备

阅读《北斗卫星导航系统空间信号接口控制文件-公开服务信号(2.1 版)》。

5. 实验原理

北斗卫星导航系统的钟差参数及其定义如表 4.27 所示。

表 4.27 北斗卫星导航系统的钟差参数

序号	参数	定义	单位
1	t_{oc}	钟差参数参考时刻	s
2	a_0	卫星钟偏差系数	s
3	a_1	卫星钟漂移系数	s/s
4	a_2	卫星钟漂移率系数	s/s^2

接收机用户可通过式(4.11)计算信号发射时刻的 BDT：

$$t = t_{sv} - \Delta t_{sv} \tag{4.11}$$

其中，t 为信号发射时刻的北斗时，单位为 s；t_{sv} 为信号发射时刻的卫星测距码相位时间，单位为 s；Δt_{sv} 为卫星测距码相位时间偏移，单位为 s，计算公式如下：

$$\Delta t_{sv} = a_0 + a_1(t - t_{oc}) + a_2(t - t_{oc})^2 + \Delta t_r \tag{4.12}$$

其中，t 可忽略精度，用 t_{sv} 替代；Δt_r 是相对论校正项，单位为 s，具体计算参考相对论效应改正实验。

6. 注意事项

(1) t 值必须考虑到周开始或结束的交替，即如果 $t-t_{oc}$ 的值大于 302400，t 要减去 604800s，如果 $t-t_{oc}$ 的值小于–302400s，t 要加上 604800s。

(2) 要保证 t 与 t_{oc} 在同一个时间系统中，即都是北斗时。

7. 报告要求

根据北斗卫星导航系统中的钟差参数计算某时刻的钟差。示例如表 4.28 所示。

表 4.28　北斗卫星导航系统钟差数据示例

时刻	a_0	a_1	a_2	计算时刻
2013-05-01 00:00:00 (BDT)	0.000471252016723005	$2.61479726455351\times10^{-12}$	$4.00558305466653\times10^{-25}$	2013-05-01 00:55:25 (BDT)

4.7.2　GPS 导航电文计算卫星钟差实验

1. 实验目的

(1) 认识 GPS 的钟差参数。

(2) 能够根据 GPS 的钟差参数计算钟差。

2. 实验任务

根据 GPS 的钟差参数计算卫星钟差。

3. 实验设备

北斗/GPS 教学与实验平台。

4. 实验准备

阅读 GPS ICD 文件《Navstar GPS Space Segment/Navigation User Interfaces》。

5. 实验原理

GPS 的钟差参数及其定义如表 4.29 所示。

表 4.29　GPS 钟差参数

序号	参数	定义	单位
1	t_{oc}	钟差参数参考时刻	s
2	a_0	卫星钟偏差系数	s
3	a_1	卫星钟漂移系数	s/s
4	a_2	卫星钟漂移率系数	s/s^2

接收机用户可通过式(4.13)计算信号发射时刻的 GPST：

$$t = t_{sv} - \Delta t_{sv} \tag{4.13}$$

其中，t 为信号发射时刻的 GPS 时，单位为 s；t_{sv} 为信号发射时刻的卫星测距码相位时间，单位为 s；Δt_{sv} 为卫星测距码相位时间偏移，单位为 s，计算公式如下：

$$\Delta t_{sv} = a_0 + a_1(t - t_{oc}) + a_2(t - t_{oc})^2 + \Delta t_r \tag{4.14}$$

其中，t 可忽略精度，用 t_{sv} 替代；Δt_r 是相对论校正项，单位为 s，具体计算参考相对论效应改正实验。

6. 实验步骤

无。

7. 注意事项

(1) t 值必须考虑到周开始或结束的交替，即如果 $t\text{–}t_{oc}$ 的值大于 302400，t 要减去 604800s，如果 $t\text{–}t_{oc}$ 的值小于–302400s，t 要加上 604800s。

(2) 要保证 t 与 t_{oc} 在同一个时间系统中，即都是 GPS 时。

8. 报告要求

根据 GPS 卫星导航系统中的钟差参数计算某时刻的钟差。示例如表 4.30 所示。

表 4.30　GPS 钟差数据示例

时刻	a_0	a_1	a_2	计算时刻
2013-05-01 00:00:00 (GPST)	0.000471252016723005	$2.61479726455351 \times 10^{-12}$	$4.00558305466653 \times 10^{-25}$	2013-05-01 00:55:25 (GPST)

第 5 章

导航信号传播误差修正实验

卫星导航系统为用户提供两种测量：伪距测量和载波相位测量。在测量过程中，受到大气和地面环境的影响，会产生电离层折射、对流层折射以及多路径效应等，从而引起测量误差。通过本章实验，使用户掌握单频电离层、双频电离层、对流层、地球自转效应、相位中心偏移、相对论效应等误差的改正方法，能够计算各类误差的改正量。

5.1 北斗二号/GPS 电离层延迟改正实验

1. 实验目的

(1)认识电离层延迟产生的原因。

(2)认识电离层对卫星信号的影响。

(3)了解电离层延迟改正的计算流程。

(4)掌握根据 Klobuchar 电离层延迟改正模型(简称 8 参数模型)计算电离层延迟的方法。

2. 实验任务

根据电离层 8 参数模型计算电离层延迟。

3. 实验设备

北斗/GPS 教学与实验平台。

4. 实验准备

阅读《北斗卫星导航系统空间信号接口控制文件–公开服务信息(2.1 版)》。

5. 实验原理

距离地面 60～2000km 的大气层区域，在太阳紫外线辐射和 X 射线的光化离解及太阳风和银河宇宙射线中高能粒子的撞击离解的共同作用下，这部分大气被电离，形成一个整体上呈电中性但其中包含大量自由电子和正负离子的区域，被称为电离层。

电离层作为一种弥散性介质，主要对无线电信号产生折射、反射、散射以及吸收等作用，直接影响电波的传播。电离层中的大量自由电子，使无线电波的传播方向、速度、相位及振幅等参量发生变化，对不同频率的电磁波传播产生不同的影响。高频电磁波主要受到电离层的反射作用，特高频乃至更高频率的电磁波则会穿透电离层，主要受到折射作用。导航卫星信号的载波频率(>1GHz)属于特高频段，在穿过电离层时，受到电离层折射效应的影响，测距码和载波相位的速度发生改变，信号的路径发生弯曲，产生几米甚至几十米的时延效应。这种时延效应给卫星导航定位造成了严重的精度损失，成为卫星导航定位、授时、测速等应用中最主要的误差源之一。

若 S 为卫星导航信号穿过电离层的路径，则其受到的以米为单位的电离层延时为

$$I = \pm 40.28 \frac{N_e}{f^2} \tag{5.1}$$

其中，f 为卫星导航信号的载波频率。对于伪距观测，式(5.1)取正号，载波相位观测则相反，这是电离层的码相位-载波相位的反向特性。

$$N_e = \int_s n_e \mathrm{d}l \tag{5.2}$$

式(5.2)清楚地表示了 N_e 的物理意义：n_e 表示电子密度，N_e 是在信号传播路径 S 上的、横截面积为 $1\mathrm{m}^2$ 的管状通道空间里所包含的电子数总量(TEC)，通常以电子数/m^2 或电子数/cm^2 为单位。同时，还可采用 10^{16} 个电子/m^2 来作为 TEC 的单位，并将其称为 1TECu。

可见，电离层延迟误差与 TEC 成正比，与载波频率的平方成反比。

电离层延迟一般为几米，但当太阳活动剧烈时，电离层中的电子密度会升高，电离层延迟随之增加，可达十几米甚至几十米。因此，不能忽略电离层延迟对卫星导航定位的影响，对于单频接收机来说，可利用一些延迟改正模型对电离层延迟进行修正。

以北斗为例，用户利用 8 参数和 Klobuchar 模型计算 B1I 信号的电离层垂直延迟改正 $I'(t)$，单位为秒，具体如下：

$$I'(t) = \begin{cases} 5\times10^{-9} + A_2 \cos\left[\dfrac{2\pi(t-50400)}{A_4}\right], & |t-50400| < A_4/4 \\ 5\times10^{-9}, & |t-50400| \geqslant A_4/4 \end{cases} \tag{5.3}$$

其中，t 是接收机至卫星连线与电离层交点(穿刺点 M)处的地方时(取值范围为 0～86400)，单位为秒。其计算公式为

$$t = \left(t_{\mathrm{E}} + \lambda_M \times 43200/\pi\right)\left[\text{模}86400\right] \tag{5.4}$$

其中，t_{E} 是用户测量时刻的 BDT，取周内秒计数部分；λ_M 是电离层穿刺点的地理经度，单位为弧度。

A_2 为白天电离层延迟余弦曲线的幅度，用 α_n 系数求得

$$A_2 = \begin{cases} \sum\limits_{n=0}^{3} \alpha_n \left|\dfrac{\phi_M}{\pi}\right|^n, & A_2 \geqslant 0 \\ 0, & A_2 < 0 \end{cases} \tag{5.5}$$

A_4 为余弦曲线的周期，单位为秒，用 β_n 系数求得

$$A_4 = \begin{cases} 172800\ , & A_4 \geqslant 172800 \\ \sum_{n=0}^{3} \beta_n \left| \frac{\phi_M}{\pi} \right|^n\ , & 172800 > A_4 \geqslant 72000 \\ 72000\ , & A_4 < 72000 \end{cases} \tag{5.6}$$

上述两式中的 ϕ_M 是电离层穿刺点的地理纬度，单位为弧度。

电离层穿刺点 M 的地理纬度 ϕ_M、地理经度 λ_M 计算公式为

$$\begin{aligned} \phi_M &= \arcsin(\sin\phi_u \cdot \cos\psi + \cos\phi_u \cdot \sin\psi \cdot \cos A) \\ \lambda_M &= \lambda_u + \arcsin\left(\frac{\sin\psi \cdot \sin A}{\cos\phi_M}\right) \end{aligned} \tag{5.7}$$

其中，ϕ_u 为用户地理纬度，λ_u 为用户地理经度，单位均为弧度；A 为卫星方位角，单位为弧度；ψ 为用户和穿刺点的地心张角，单位为弧度，其计算公式为

$$\psi = \frac{\pi}{2} - E - \arcsin\left(\frac{R}{R+h} \cdot \cos E\right) \tag{5.8}$$

其中，R 为地球半径，取值为 6378km；E 为卫星高度角，单位为弧度；h 为电离层单层高度，取值为 375km。

通过公式：

$$I_{\mathrm{B1I}}(t) = \frac{1}{\sqrt{1 - \left(\frac{R}{R+h} \cdot \cos E\right)^2}} \cdot I'_Z(t) \tag{5.9}$$

可将 $I'_Z(t)$ 转化为B1I 信号传播路径上的电离层延迟 $I_{\mathrm{B1I}}(t)$，单位为秒。

对于 B2I/B3I 信号，其传播路径上的电离层延迟需在 $I_{\mathrm{B1I}}(t)$ 的基础上乘以一个与频率有关的因子 $k_{1,n}(f)$，其值为

$$k_{1,n}(f) = \frac{f_1^2}{f_n^2} \tag{5.10}$$

其中，f_1 表示 B1I 信号的标称载波频率；f_n 表示 B2I/B3I 信号的标称载波频率（n 取 2,3），计算时注意单位一致。

6. 实验步骤

根据卫星位置和用户位置以及广播的电离层延迟改正参数，由 Klobuchar 模型计算以秒为单位的电离层延迟改正的步骤如图 5.1 所示，具体过程如下。

(1) 根据地心地固直角坐标系下的卫星位置和用户的位置计算卫星在接收机处的高度角和方位角（参考卫星可见性判断实验中的卫星高度角计算）。

(2) 根据方位角和高度角计算地心张角；根据用户的地心地固直角坐标计算其地理经纬度，再根据式(5.7)计算穿刺点的地理经纬度。

(3) 根据式(5.4)计算以秒为单位的地方时。

(4) 根据式(5.5)计算 A_2，其中 $\alpha_0 \sim \alpha_3$ 为广播电文中电离层延迟修正系数。

(5)根据式(5.6)计算 A_4，其中 $\beta_0 \sim \beta_3$ 为广播电文中电离层延迟修正系数。

(6)根据式(5.3)计算垂直电离层延迟改正值(单位为秒)。

(7)根据式(5.9)计算斜路径上的电离层延迟改正值(单位为秒)。

(8)根据对应信号的频点值计算频率转换因子，求得最终的电离层延迟改正值。

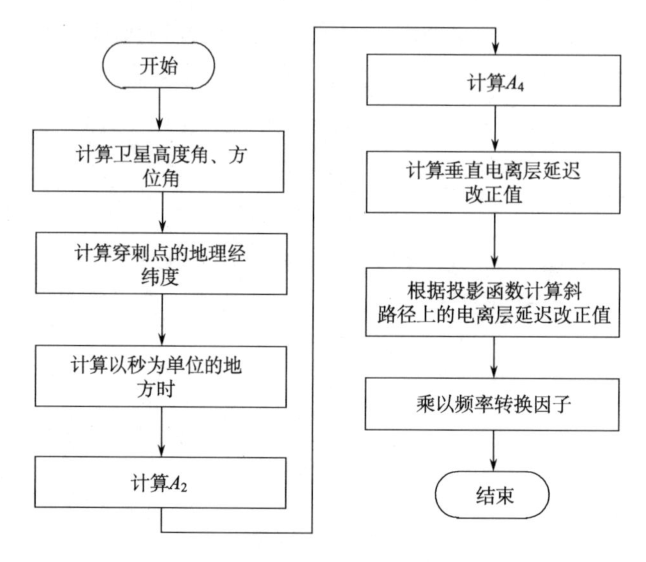

图 5.1　Klobuchar 模型计算流程

7. 注意事项

(1)电离层延迟计算的流程为先计算电离层垂直延迟改正,然后转换至信号传播路径上的电离层延迟。

(2)Klobuchar 模型中的 t 为穿刺点处的地方时。

(3)计算时，A_2、A_4 的值需要根据区间进行判断。

(4)计算过程中经纬度、角度的单位为弧度。

8. 报告要求

根据一组电离层 8 参数、卫星位置、用户位置计算给定时刻的电离层延迟。

电离层 8 参数数据示例如表 5.1 所示。

表 5.1　电离层 8 参数数据示例

参数	α_0	α_1	α_2	α_3	β_0	β_1	β_2	β_3
取值	0.2235×10^{-7}	0.1490×10^{-7}	-0.1192×10^{-6}	-0.5960×10^{-7}	0.1249×10^{6}	0.6554×10^{5}	-0.1966×10^{6}	0.6554×10^{5}

卫星位置及用户位置数据示例如表 5.2 所示。

表 5.2　卫星位置及用户位置数据示例

坐标	X	Y	Z
卫星位置(CGCS2000)	−13364075.20873	22879822.95064	790480.10088
用户位置(CGCS2000)	−2148744.3969	4426641.2099	4044655.8564

频点：B_1(1.561098GHz)。

计算时刻：2015-10-01　12:00:00(UTC)。

5.2　北斗三号卫星导航系统电离层延迟改正实验

1. 实验目的

(1) 认识电离层延迟产生的原因。

(2) 认识电离层对卫星信号的影响。

(3) 了解电离层延迟的计算方法。

(4) 掌握根据北斗全球电离层延迟修正模型(BDGIM)计算电离层延迟的方法。

2. 实验任务

根据北斗全球电离层延迟修正模型(BDGIM)计算电离层延迟。

3. 实验设备

北斗/GPS 教学与实验平台。

4. 实验准备

阅读《北斗卫星导航系统空间信号接口控制文件-公开服务信号 B2a(1.0 版)》。

5. 实验原理

北斗全球电离层延迟修正模型(BDGIM)以改进的球谐函数为基础，用户接收机根据 BDSIM 计算电离层延迟改正值的具体公式如下：

$$T_{\text{ion}} = M_F \cdot \frac{40.28\times 10^{16}}{f^2}\left(A_0 + \sum_{i=1}^{9}\alpha_i A_i\right) \tag{5.11}$$

其中，T_{ion} 为卫星与接收机视线方向的电离层延迟改正值，单位为米；M_F 为投影函数，用于垂向和斜向电离层总电子含量(TEC)之间的转换；f 为当前信号对应的载波频率，单位为赫兹(Hz)；$\alpha_i\left(i=1\sim 9\right)$ 为电离层延迟改正模型参数，单位为 TECu；$A_i\left(i=1\sim 9\right)$ 为模型系数；A_0 为电离层延迟预报值，单位为 TECu。

用户接收机采用 BDGIM 计算卫星与接收机视线方向电离层延迟的具体步骤如下。

1) 电离层穿刺点位置的计算

以 ψ 表示用户和电离层穿刺点之间的地心张角，单位为弧度，其计算公式为

$$\psi = \frac{\pi}{2} - E - \arcsin\left(\frac{\mathrm{Re}}{\mathrm{Re} + H_{\mathrm{ion}}}\cos E\right) \tag{5.12}$$

其中，E 表示卫星高度角，单位为弧度；H_{ion} 表示电离层薄层高度；Re 表示地球平均半径。

电离层穿刺点在地球表面投影的地理纬度 φ_g 和地理经度 λ_g 的计算公式为

$$\begin{cases} \varphi_g = \arcsin\left(\sin\varphi_u \cos\psi + \cos\varphi_u \sin\psi \cos A\right) \\ \lambda_g = \lambda_u + \arctan\left(\dfrac{\sin\psi \sin A \cos\varphi_u}{\cos\psi - \sin\varphi_u \sin\varphi_g}\right) \end{cases} \tag{5.13}$$

其中，φ_u 表示用户地理纬度；λ_u 表示用户地理经度；A 表示卫星方位角，单位均为弧度。

地心地固直角坐标系下，电离层穿刺点在地球表面投影的地磁纬度 φ_m 和地磁经度 λ_m 的计算公式为

$$\begin{cases} \varphi_m = \arcsin\left[\sin\varphi_M \sin\varphi_g + \cos\varphi_M \cos\varphi_g \cos\left(\lambda_g - \lambda_M\right)\right] \\ \lambda_m = \arctan\left[\dfrac{\cos\varphi_g \sin\left(\lambda_g - \lambda_M\right)\cos\varphi_M}{\sin\varphi_M \sin\varphi_m - \sin\varphi_g}\right] \end{cases} \tag{5.14}$$

其中，φ_M 为地磁北极的地理纬度，λ_M 为地磁北极的地理经度，单位均为弧度。

日固坐标系下，电离层穿刺点的地磁纬度 φ' 和地磁经度 λ' 的计算公式为

$$\begin{cases} \varphi' = \varphi_m \\ \lambda' = \lambda_m - \arctan\left[\dfrac{\sin\left(S_{\mathrm{lon}} - \lambda_M\right)}{\sin\varphi_M \cos\left(S_{\mathrm{lon}} - \lambda_M\right)}\right] \end{cases} \tag{5.15}$$

其中，S_{lon} 为平太阳地理经度，单位为弧度，$S_{\mathrm{lon}} = \pi\left[1 - 2\left(t - \lfloor t \rfloor\right)\right]$。其中，$t$ 表示计算时刻，以约简儒略日(MJD)表示，单位为天；$\lfloor\ \rfloor$ 表示向下取整。

2) $A_i\left(i = 1 \sim 9\right)$ 的计算

A_i 的具体计算公式如下：

$$A_i = \begin{cases} \tilde{P}_{|n_i|,|m_i|}(\sin\varphi') \cdot \cos\lambda', & m_i \geqslant 0 \\ \tilde{P}_{|n_i|,|m_i|}(\sin\varphi') \cdot \sin(-m_i \cdot \lambda'), & m_i < 0 \end{cases} \tag{5.16}$$

其中，n_i 和 m_i 对应的取值见表 5.3。

表 5.3　n_i 和 m_i 对应取值

i	1	2	3	4	5	6	7	8	9
n_i / m_i	0/0	1/0	1/1	1/−1	2/0	2/1	2/−1	2/2	2/−2

φ' 与 λ' 根据式(5.15)计算得到，$\tilde{P}_{n,m}$ 表示 n 度 m 阶的归一化勒让德函数，

$\tilde{P}_{n,m}=N_{n,m}\cdot P_{n,m}$（计算 $\tilde{P}_{n,m}$ 时，n、m 均取绝对值）；$N_{n,m}$ 为正则化函数，其计算公式为

$$\begin{cases} N_{n,m}=\sqrt{\dfrac{(n-m)!\cdot(2n+1)\cdot(2-\delta_{0,m})}{(n+m)!}} \\ \delta_{0,m}=\begin{cases}1, & m=0 \\ 0, & m>0\end{cases} \end{cases} \tag{5.17}$$

$P_{n,m}$ 为标准的勒让德函数，其递推计算公式为

$$\begin{cases} P_{n,m}(\sin\varphi')=(2n-1)!!(1-(\sin\varphi')^2)^{n/2}, & n=m \\ P_{n,m}(\sin\varphi')=\sin\varphi'(2m+1)P_{m,m}(\sin\varphi'), & n=m+1 \\ P_{n,m}(\sin\varphi')=\dfrac{(2n-1)\sin\varphi' P_{n-1,m}(\sin\varphi')-(n+m-1)P_{n-2,m}(\sin\varphi')}{n-m}, & \text{其他} \end{cases} \tag{5.18}$$

其中，$(2n-1)!!=(2n-1)\cdot(2n-3)\cdot\cdots\cdot 1$，且 $P_{0,0}(\sin\varphi')=1$。

3）电离层延迟预报值 A_0 的计算

A_0 的具体计算公式为

$$\begin{cases} A_0=\sum_{j=1}^{17}\beta_j B_j \\ B_j=\begin{cases}\tilde{P}_{n_j,m_j}(\sin\varphi')\cos(m_j\lambda'), & m_j\geqslant 0 \\ \tilde{P}_{n_j,m_j}(\sin\varphi')\sin(-m_j\lambda'), & m_j<0\end{cases} \end{cases} \tag{5.19}$$

其中，n_j 及 m_j 的具体取值参见表 5.3。$\tilde{P}_{n_j,m_j}(\sin\varphi')$ 计算参见式(5.17)和式(5.18)，$\beta_j(j=1\sim 17)$ 由式(5.20)计算得到：

$$\begin{cases} \beta_i=a_{0,j}+\sum_{k=1}^{12}\left(a_{k,j}\cos\omega_k t_p+b_{k,j}\sin\omega_k t_p\right) \\ \omega_k=\dfrac{2\pi}{T_k} \end{cases} \tag{5.20}$$

其中，$a_{k,j}$ 与 $b_{k,j}$ 为 BDGIM 模型的非发播系数，具体参见 BDGIM 模型非预报系数预报周期表（表 5.4），单位为 TECu；T_k 为表中各非发播系数对应的预报周期；t_p 对应当天约简儒略日的奇数整点时刻（01:00:00，03:00:00，05:00:00，…，23:00:00），单位为天，用户计算时选取距离当前计算时刻最近的 t_p。

4）穿刺点处垂直方向电离层延迟的计算

穿刺点处垂直方向电离层延迟 VTEC（单位为 TECu）的计算公式如下：

$$\mathrm{VTEC}=A_0+\sum_{i=1}^{9}\alpha_i A_i \tag{5.21}$$

5）穿刺点电离层投影函数 M_F 的计算

电离层穿刺点处的投影函数 M_F 的计算公式如下：

$$M_F = \frac{1}{\sqrt{1-\left(\frac{\text{Re}}{\text{Re}+H_{\text{ion}}}\cos E\right)^2}} \tag{5.22}$$

其中，E 表示卫星高度角，单位为弧度；H_{ion} 表示电离层薄层高度；Re 表示地球平均半径。

6)计算信号传播路径上的电离层延迟改正值

结合穿刺点处的垂向电离层延迟及投影函数，按用户接收机的电离层延迟改正算法即可计算得到信号传播路径上电离层延迟改正值。

上述计算中，相关参数取值建议如下。

(1)电离层薄层高度：$H_{\text{ion}} = 400\text{km}$。

(2)地球平均半径：$\text{Re} = 6378\text{km}$。

(3)地磁北极的地理经度：$\lambda_m = \frac{-72.58°}{180°}\cdot\pi(\text{rad})$。

(4)地磁北极的地理纬度：$\varphi_m = \frac{80.27°}{180°}\cdot\pi(\text{rad})$。

6. 实验步骤

根据 BDGIM 计算电离层延迟改正的步骤如图 5.2 所示，具体的描述如下。

(1)根据地心地固直角坐标系下卫星位置和用户位置计算日固地磁坐标下的穿刺点的位置，详细描述如下：

① 计算卫星高度角和方位角；

② 计算用户和电离层穿刺点之间的地心张角；

③ 根据式(5.13)计算电离层穿刺点在地球表面投影的地理经纬度；

④ 根据式(5.14)计算地心地固直角坐标系中穿刺点在地球表面投影的地磁经纬度；

⑤ 根据式(5.15)把穿刺点在地球表面投影从地固地磁经纬度转换到日固地磁经纬度。

(2)根据式(5.16)计算 $A_i\left(i=1\sim 9\right)$：正则化函数与标准勒让德函数相乘，得到归一化的勒让德函数，并根据 n_i、m_i 的取值计算 A_i。

(3)根据式(5.19)计算 A_0，详细的过程如下：

① 计算 $B_j\left(j=1\sim 17\right)$，勒让德函数的计算方法与步骤(2)一致；

② 计算当天(约简)儒略日的奇数整点时刻 t_p；

③ 计算 $\beta_j\left(j=1\sim 17\right)$。

(4)根据式(5.21)计算穿刺点处垂直方向电离层延迟。

(5)计算穿刺点电离层投影函数 M_F。

(6)根据式(5.11)计算信号传播路径上的电离层延迟改正值；

(7)根据对应信号的频点值计算频率转换因子，求得最终的电离层延迟改正值(单位为米)。

表 5.4　BDGIM 模型非预报系数预报周期表

编号 k	编号 j	1	2	3	4	5	6	7	8	9	10	11	12	13	14	15	16	17	周期 T_k /天
	n_j/m_j	3/0	3/1	3/–1	3/2	3/–2	3/3	3/–3	4/0	4/1	4/–1	4/2	4/–2	5/0	5/1	5/–1	5/2	5/–2	
0	$a_{0,j}$	–0.61	–1.31	–2.00	–0.03	0.15	–0.48	–0.40	2.28	–0.16	–0.21	–0.10	–0.13	0.21	0.68	1.06	0	–0.12	—
1	$a_{k,j}$	–0.51	–0.43	0.34	–0.01	0.17	0.02	–0.06	0.30	0.44	–0.28	–0.31	–0.17	0.04	0.39	–0.12	0.12	0	1
	$b_{k,j}$	0.23	–0.20	–0.31	0.16	–0.03	0.02	0.04	0.18	0.34	0.45	0.19	–0.25	–0.12	0.18	0.40	–0.09	0.21	
2	$a_{k,j}$	–0.06	–0.05	0.06	0.17	0.15	0	0.11	–0.05	–0.16	0.02	0.11	0.04	0.12	0.07	0.02	–0.14	–0.14	0.5
	$b_{k,j}$	0.02	–0.08	–0.06	–0.11	0.15	–0.14	0.01	0.01	0.04	–0.14	–0.05	0.08	0.08	–0.01	0.01	0.11	–0.12	
3	$a_{k,j}$	0.01	–0.03	0.01	–0.01	0.05	–0.03	0.05	–0.03	–0.01	0	–0.08	–0.04	0	–0.02	–0.03	0	–0.03	0.33
	$b_{k,j}$	0	–0.02	–0.03	–0.05	–0.01	–0.07	–0.03	–0.01	0.02	–0.01	0.03	–0.10	0.01	0.05	–0.01	0.04	0.00	
4	$a_{k,j}$	–0.01	0	0.01	0	0.01	0	–0.01	–0.01	0	0	0	0	0	0	0	0	0	14.6
	$b_{k,j}$	0	–0.02	0.01	0	–0.01	0.01	0	–0.02	0	0	0	0	0	0	0	0	0	
5	$a_{k,j}$	0	0	0.03	0.01	0.02	0.01	0	–0.02	0	0	0	0	0	0	0	0	0	27.0
	$b_{k,j}$	0.01	0	0	0.01	0	0	0	0	0	0	0	0	0	0	0	0	0	
6	$a_{k,j}$	–0.19	–0.02	0.12	–0.10	0.06	0	–0.02	–0.08	–0.02	–0.07	0.01	0.03	0.15	0.06	–0.05	–0.03	–0.10	121.6
	$b_{k,j}$	–0.09	0.07	0.03	0.06	0.09	0.01	0.02	0	–0.04	–0.02	–0.01	0.01	–0.10	0	–0.01	0.02	0.05	
7	$a_{k,j}$	–0.18	0.06	–0.55	–0.02	0.09	–0.08	0	0.86	–0.18	–0.05	–0.07	0.04	0.14	–0.03	0.37	–0.11	–0.12	182.51
	$b_{k,j}$	0.15	–0.31	0.13	0.05	–0.09	–0.03	0.06	–0.36	0.08	0.05	0.06	–0.02	–0.05	0.06	–0.20	0.04	0.07	
8	$a_{k,j}$	1.09	–0.14	–0.21	0.52	0.27	0	0.11	0.17	0.23	0.35	–0.05	0.02	–0.60	0.02	0.01	0.27	0.32	365.25
	$b_{k,j}$	0.50	–0.08	–0.38	0.36	0.14	0.04	0	0.25	0.17	0.27	–0.03	–0.03	–0.32	–0.10	0.20	0.10	0.30	
9	$a_{k,j}$	–0.34	–0.09	–1.22	0.05	0.15	–0.29	–0.17	1.58	–0.06	–0.15	0.00	0.13	0.28	–0.08	0.62	–0.01	–0.04	4028.71
	$b_{k,j}$	0	–0.11	–0.22	0.01	0.02	–0.03	–0.01	0.49	–0.03	–0.02	0.01	0.02	0.04	–0.04	0.16	–0.02	–0.01	
10	$a_{k,j}$	–0.13	0.07	–0.37	0.05	0.06	–0.11	–0.07	0.46	0.00	–0.04	0.01	0.07	0.09	–0.05	0.15	–0.01	0.01	2014.35
	$b_{k,j}$	0.05	0.03	0.07	0.02	–0.01	0.03	0.02	–0.04	–0.01	–0.01	0.02	0.03	0.02	–0.04	–0.04	–0.01	0	
11	$a_{k,j}$	–0.06	0.13	–0.07	0.03	0.02	–0.05	–0.05	0.01	0	0	0	0	0	0	0	0	0	1342.90
	$b_{k,j}$	0.03	–0.02	0.04	–0.01	–0.03	0.02	0.01	0.04	0	0	0	0	0	0	0	0	0	
12	$a_{k,j}$	–0.03	0.08	–0.01	0.04	0.01	–0.02	–0.02	–0.04	0	0	0	0	0	0	0	0	0	1007.18
	$b_{k,j}$	0.04	–0.02	–0.04	0.00	–0.01	0	0.01	0.07	0	0	0	0	0	0	0	0	0	

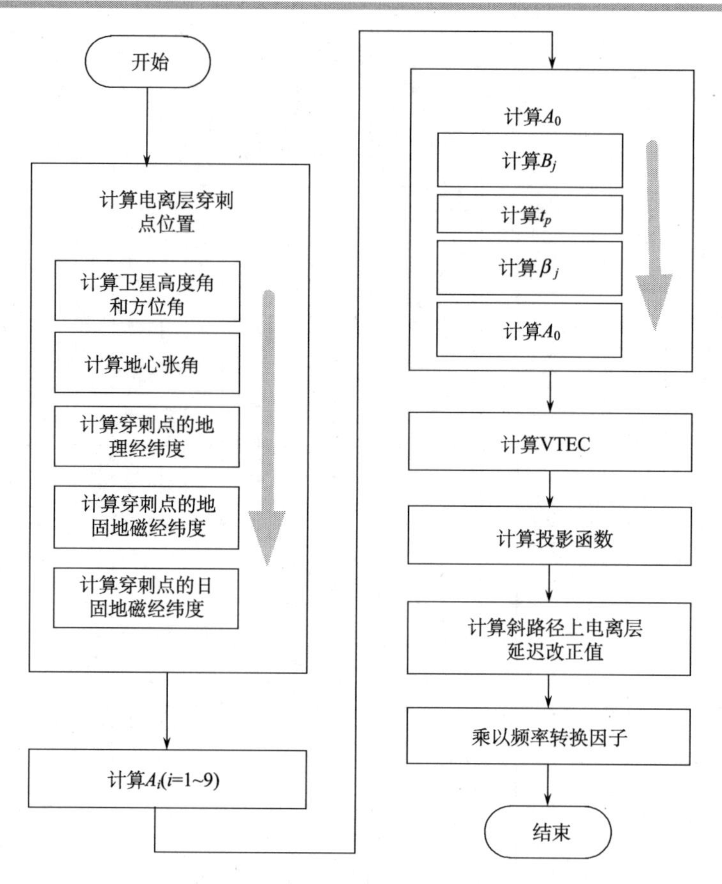

图 5.2　BDGIM 模型计算流程

7. 注意事项

(1) 电离层延迟计算的流程为先计算电离层垂直延迟改正，然后转换至信号传播路径上的电离层延迟。

(2) 根据 BDGIM 计算电离层延迟，其中的穿刺点在地球表面的投影最终需要转换到日固地磁坐标系中。

8. 报告要求

根据一组 BDGIM 参数、卫星位置、用户位置及给定频点计算给定时刻的电离层延迟。

BDGIM 9 参数数据示例如表 5.5 所示。

表 5.5　BDGIM 9 参数数据示例

参数	A_1	A_2	A_3	A_4	A_5	A_6	A_7	A_8	A_9
取值	20.060436	0.085881	8.290877	5.475695	−6.733166	−0.645568	0.301668	2.12718	0.101646

卫星位置及用户位置数据示例如表 5.6 所示。

表 5.6　卫星位置及用户位置数据示例

坐标	X	Y	Z
卫星位置(CGCS2000)	−6980323.192577	24380497.853130	33609438.088995
用户位置(CGCS2000)	−1720245.38149	4997199.76806	3559610.61339

频点：B_1(1.561098GHz)；
计算时刻：UTC(2015-10-01　02:48:30)；
参考值：5.2m。

5.3　双频电离层延迟改正实验

1. 实验目的

(1) 认识电离层延迟产生的原因。
(2) 认识电离层对卫星信号的影响。
(3) 了解双频电离层延迟改正的原理。

2. 实验任务

根据双频观测值计算电离层延迟。

3. 实验设备

北斗/GPS 教学与实验平台。

4. 实验准备

阅读《北斗卫星导航系统空间信号接口控制文件-公开服务信号 B3I(1.0 版)》。

5. 实验原理

电离层延迟和信号频率的平方成反比，因此在有双频观测值的条件下，可以直接利用双频组合的方式计算得到电离层延迟。设 P_1 和 P_2 分别代表双频接收机用户在同一时刻对同一颗卫星发射的频率 f_1 信号和频率 f_2 信号的伪距观测值，不考虑卫星硬件延迟、接收机硬件延迟、噪声等，则有

$$\begin{cases} P_1 = r + I_1 + \delta \\ P_2 = r + I_2 + \delta \end{cases} \tag{5.23}$$

其中，r 为卫星 S 至接收机 R 之间的几何距离；I_1 和 I_2 分别为相应频率信号上的电离层延迟；δ 为其他与频率无关的综合项。

将 P_1 和 P_2 作差，消去频率无关项得

$$P_1 - P_2 = I_1 - I_2 \tag{5.24}$$

结合电离层延迟和频率之间的比例关系（$I = 40.28\dfrac{N_e}{f^2}$），对式(5.24)进行解算可得

$$\begin{cases} I_1 = \dfrac{f_2^2}{f_2^2 - f_1^2}(P_1 - P_2) \\ I_2 = \dfrac{f_1^2}{f_2^2 - f_1^2}(P_1 - P_2) \end{cases} \tag{5.25}$$

值得注意的是，由于各种因素的影响，实测数据中不可避免地存在周跳和不良数据，且由于载波相位观测值比伪距观测值的精度高1～2个量级，在实际数据处理中通常利用载波相位平滑伪距的方法来提高伪距观测值的精度。

导航信号在卫星和接收机内部传播过程中会产生时间延迟，不同卫星、不同频率或同一频率不同类型的观测信号均不相同，称为硬件延迟。卫星的硬件延迟的差异是利用双频改正法解算电离层延迟的最大误差源之一。

北斗的导航电文中调制了星上T_{GD1}、T_{GD2}参数，分别为B1I、B2I信号的硬件延迟，称为星上设备时延差，单位为秒。B3I信号的设备时延已含在导航电文的钟差参数a_0中，无须再修正星上设备时延。对于双频伪距观测值，在实际计算中，考虑到设备时延等问题，可结合接收到的导航电文解算电离层延迟。对于从接收机获取的伪距观测量P，可先利用式(5.26)进行修正：

$$P' = P - c \cdot T_{GD} \tag{5.26}$$

再利用修正后的伪距观测值计算电离层延迟值。

实际定位过程中，对于B1I和B3I双频用户，采用B1I/B3I双频消电离层组合伪距公式来修正电离层延迟效应，具体计算方法如下：

$$\text{PR} = \frac{\text{PR}_{\text{B3I}} - k_{1,3}(f) \cdot \text{PR}_{\text{B1I}}}{1 - k_{1,3}(f)} + \frac{c \cdot k_{1,3}(f) \cdot T_{GD1}}{1 - k_{1,3}(f)} \tag{5.27}$$

其中，PR为经过电离层修正后的伪距；PR_{B1I}为B1I信号的观测伪距(经卫星钟差修正但未经T_{GD1}修正)；PR_{B3I}为B3I信号的观测伪距；T_{GD1}为B1I信号的星上设备时延差，通过导航电文向用户播发；c为光速。

6. 实验步骤

(1) 获取两个频点(如B1I、B3I)的接收机伪距以及频点对应的T_{GD}值(T_{GD}可从导航电文中获取，不同卫星不同频点的T_{GD}值各不相同)。

(2) 利用式(5.26)对各频点的伪距进行修正，得到修正后的伪距。

(3) 再利用式(5.25)计算各频点的电离层延迟值。

7. 注意事项

(1) 计算得到的电离层延迟为传播路径上的延迟，单位为米，不需要再进行转换，也不需要再通过映射函数进行投影。

(2) 不能用两个值差别不大的频点(如 BD 的 B1I 与 B1C)进行双频电离层延迟改正的计算，因为 $f_1^2 - f_2^2$ 过小会造成 $\frac{f_1^2}{f_1^2 - f_2^2}$ 过大，导致观测噪声被放大很多倍，使计算结果失真。

(3) 若是 B3I 信号的观测值，则无须进行 T_{GD} 修正。

8. 报告要求

根据 B1I、B3I 两个频点上同一时刻的伪距观测值计算 B1I、B3I 信号传播路径上的电离层延迟。数据示例如表 5.7 所示。

表 5.7　数据示例

频点	频率/MHz	伪距/m	T_{GD} /s
B_1	1561.098	27037228.362	-1.97×10^{-8}
B_3	1268.52	27037237.967	—

5.4　对流层延迟改正实验

1. 实验目的

(1) 认识对流层延迟产生的原因。
(2) 认识对流层对卫星信号的影响。
(3) 了解对流层延迟的计算方法。
(4) 掌握根据对流层误差模型计算对流层延迟的方法。

2. 实验任务

根据对流层模型计算对流层延迟。

3. 实验设备

北斗/GPS 教学与实验平台。

4. 实验准备

(1) 了解对流层延迟改正模型。
(2) 了解气象参数的含义及获取方法。

5. 实验原理

对流层是从地面开始延伸至以上约 50km 的大气层。当卫星导航信号从中穿越时，会改变信号的传播速度和传播路径，称这一现象为对流层延迟。对流层折射对导航信号的影响，在天顶方向的延迟为 1.9～2.5m；随着高度角不断减小，对流层延迟将增加至

20～80m。

对流层延迟的改正方法有很多种，主要分为外部修正法、参数估计法和函数模型法。目前国际上常用函数模型法对对流层延迟进行改正，它也是目前研究对流层折射最为广泛的方法。函数模型法将对流层延迟分为天顶延迟和映射函数两部分分别进行建模，通过天顶延迟改正与映射函数乘积的形式来计算斜方向的对流层延迟改正值。目前，常用的对流层天顶延迟(Zenith Tropospheric Delay，ZTD)模型有 Hopfield 模型、Saastamoinen 模型、UNB 模型和激光模型等；针对对流层天顶延迟模型的映射函数有：Hopfield 映射函数、Saastamoinen 映射函数、Niell 函数和 CFA 函数等。

根据对流层天顶延迟模型可以得到与测站垂直方向上的对流层延迟信息，但不能求得斜路径上的大气延迟。此时需要选择合适的映射函数，将由对流层天顶延迟模型计算的改正值投影到任意斜方向。二者之间的数学关系式如下：

$$D_{\mathrm{tro}} = D_{\mathrm{tro}}^{z} \cdot \mathrm{MF}(E) \tag{5.28}$$

如果进一步划分对流层天顶延迟模型，式(5.28)可表示为

$$D_{\mathrm{tro}} = D_{\mathrm{dry}}^{z} \cdot \mathrm{MF}_{\mathrm{dry}}(E) + D_{\mathrm{wet}}^{z} \cdot \mathrm{MF}_{\mathrm{wet}}(E) \tag{5.29}$$

其中，D_{tro} 表示对流层任意方向的总延迟；D_{dry}^{z}、D_{wet}^{z} 分别表示对流层天顶延迟方向的干、湿延迟；$\mathrm{MF}(E)$ 表示总体映射函数；$\mathrm{MF}_{\mathrm{dry}}(E)$、$\mathrm{MF}_{\mathrm{wet}}(E)$ 分别表示干、湿映射函数；E 表示信号路径的高度角。

以常用的 Hopfield 模型为例。

Hopfield 模型是 Hopfield 于 1969 年提出的。该模型将整个大气层分为电离层和对流层两层，并假定对流层的大气温度下降率为一个常数，即高程每上升 1000m，温度下降 6.8℃。天顶总延迟认为是天顶干延迟和天顶湿延迟的总和。Hopfield 利用全球 18 个台站的一年平均资料拟合得到了以下经验公式，即

$$D_{\mathrm{tro}}^{z} = D_{\mathrm{dry}}^{z} + D_{\mathrm{wet}}^{z} \tag{5.30}$$

其中，D_{tro}^{z} 为对流层天顶延迟的总延迟；D_{dry}^{z} 为干延迟部分；D_{wet}^{z} 为湿延迟部分。

干延迟的计算式为

$$D_{\mathrm{dry}}^{z} = 10^{-6}\int_{h_0}^{h_{\mathrm{dry}}} N_{\mathrm{dry}}\mathrm{d}h = 1.552\times10^{-5}\times\frac{P_0}{T_0}\times(h_{\mathrm{dry}} - h_0) \tag{5.31}$$

湿延迟的计算式为

$$D_{\mathrm{wet}}^{z} = 10^{-6}\int_{h_0}^{h_{\mathrm{wet}}} N_{\mathrm{wet}}\mathrm{d}h = 7.46512\times10^{-2}\times\frac{e_0}{T_0^2}\times(h_{\mathrm{wet}} - h_0) \tag{5.32}$$

以上两式中，P_0 为测站的大气压强；T_0 为测站温度；h_0 为测站高程；h_{dry}、h_{wet} 分别表示干、湿大气的层顶高度；e_0 为水汽压；Hopfield 建议采用以下经验公式：

$$\begin{cases} h_{\text{dry}} = 40136 + 148.72(T_0 - 273.16) \\ h_{\text{wet}} = 11000 \\ e_0 = \text{RH} \times 10^{\frac{7.5(T_0 - 273.3)}{T_0}} \end{cases} \tag{5.33}$$

在有实测气象参数(用户在计算时,要先获取测站的气压 P_0、气温 T_0 和相对湿度 RH)作为输入时，Hopfield 模型的精度能够达到厘米级。

Hopfield 于 1972 年总结了干、湿大气层的高度和大气折射率误差模型后，将映射函数简单表示为高度角的正割函数，为了更加符合大气廓线的规律，后人对其做了改进，改进后的较精确的 Hopfield 映射函数模型为

$$M(E) = \frac{1}{\sin\sqrt{E^2 + \theta^2}} \tag{5.34}$$

其中， E 表示信号路径的高度角；当计算干分量映射函数时， $\theta=2.5°$，当计算湿分量映射函数时， $\theta=1.5°$。

6. 实验步骤

根据 Hopfield 模型计算对流层延迟改正的步骤如图 5.3 所示，详细的描述如下。

(1) 获取用户接收机处的气温、气压、相对湿度值。

(2) 根据卫星位置和用户的位置计算卫星高度角。

(3) 根据用户的地心地固直角坐标计算其地理高度 h_0。

(4) 根据式(5.31)计算天顶干延迟值。

(5) 根据式(5.32)计算天顶湿延迟值。

(6) 根据式(5.29)及式(5.34)分别计算信号路径上的干、湿延迟。

(7) 计算信号路径上的总延迟。

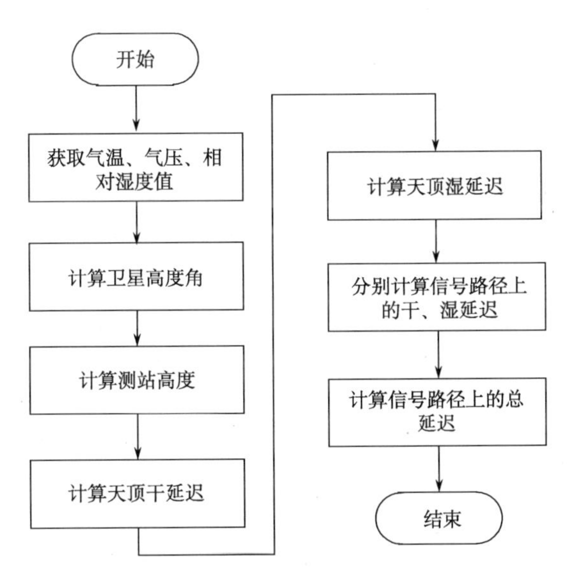

图 5.3　对流层延迟算法流程

7. 注意事项

(1)对流层延迟计算的流程为先计算对流层垂直延迟改正，然后转换至信号传播路径上的对流层延迟。

(2)Hopfield 模型的映射函数干湿分量的参数不一致，需要分开计算。

8. 报告要求

根据卫星位置、接收机位置以及接收机周围的环境因素计算对流层延迟。示例如表 5.8 所示。

表 5.8　卫星位置及用户位置数据示例

坐标	*X*	*Y*	*Z*
卫星位置(CGCS2000)	−13364075.20873	22879822.95064	790480.10088
用户位置(CGCS2000)	−2148744.3969	4426641.2099	4044655.8564

测站的大气压强：1013.25Pa；
测站的温度：15.0°C；
测站的相对湿度：50%；
测站的高程：87.465841m。

5.5　地球自转效应改正实验

1. 实验目的

(1)认识地球自转对地心地固直角坐标系中点坐标的影响。
(2)掌握地心地固直角坐标系中地球自转效应改正方法。

2. 实验任务

根据时刻差进行地球自转效应改正。

3. 实验设备

北斗/GPS 教学与实验平台。

4. 实验准备

(1)阅读坐标转换方法。
(2)阅读地球自转相关资料。

5. 实验原理

根据卫星星历计算得到的卫星位置是采用地心地固直角坐标系来表示的。卫星在空间的位置如果是根据信号的发射时刻 t_1 来计算的，那么求得的是卫星在 t_1 时刻的地心地固直角坐标系中的位置 $(x_1,y_1,z_1)^{\mathrm{T}}$，当信号于 t_2 时刻到达接收机时，坐标系将围绕地球自转轴旋转一个角度 $\Delta\alpha$，有

$$\Delta\alpha=\omega(t_2-t_1) \tag{5.35}$$

其中，ω 为地球自转角速度。地球自转示意图如图 5.4 所示。

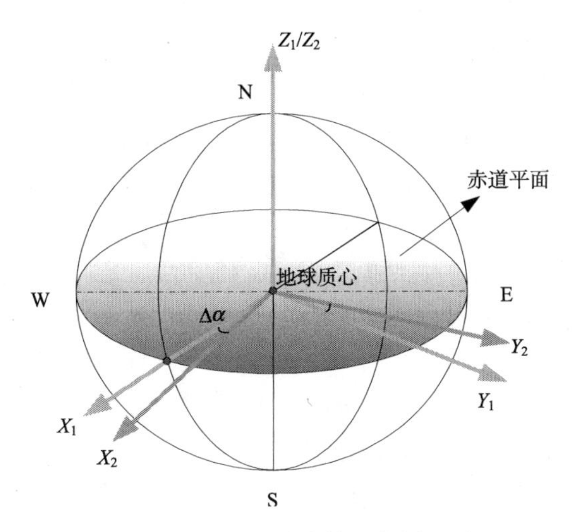

图 5.4　地球自转示意图

如果所有的计算均在 t_2 时刻的坐标系中进行，需要把 t_1 时刻的坐标系中的卫星位置转换到 t_2 时刻的坐标系中：

$$\begin{cases} x_2 = x_1\cos(\Delta\alpha) + y_1\sin(\Delta\alpha) \\ y_2 = y_1\cos(\Delta\alpha) - x_1\sin(\Delta\alpha) \\ z_2 = z_1 \end{cases} \tag{5.36}$$

卫星位置的地球自转修正量如下：

$$(\delta x,\delta y,\delta z)=(x_2,y_2,z_2)^{\mathrm{T}}-(x_1,y_1,z_1)^{\mathrm{T}} \tag{5.37}$$

卫星位置产生变化后，会使卫星至接收机的距离产生相应的变化：

$$\delta\rho=\frac{\omega}{c}(y_u x_1 - x_u y_1) \tag{5.38}$$

(x_u,y_u,z_u) 为接收机在地心地固直角坐标系中的位置矢量。$\delta\rho$ 即对观测数据的地球自转改正误差。

6. 实验步骤

(1) 获取某卫星在 t_1 时刻的地心地固直角坐标系坐标及 t_2 时刻。

(2) 根据式 (5.36) 计算 t_2 时刻的坐标系中卫星的位置。

7. 注意事项

(1) 地球自转角速度的值与采用的坐标系有关，应根据采用的坐标系查找对应的数值。

(2) 在地心地固直角坐标系中才需要进行地球自转改正。

8. 报告要求

根据时刻差$\tau = t_2 - t_1$、卫星在t_1时刻的位置计算t_2时刻的卫星位置。示例如下。

卫星在t_1时刻的位置：–13364075.20873，22879822.95064，790480.10088；

时刻差τ：0.07s。

5.6 相位中心偏移改正实验

1. 实验目的

(1) 了解相位中心偏移误差产生的原因。

(2) 掌握相位中心偏移改正误差的计算方法。

2. 实验任务

根据卫星、用户接收机在地心地固直角坐标系中的位置，以及用户接收机的相位中心偏差计算其相位中心偏移改正误差。

3. 实验设备

北斗/GPS 教学与实验平台。

4. 实验准备

(1) 阅读坐标旋转相关知识，掌握绕X、Y、Z轴旋转的实现方法。

(2) 掌握从站心坐标系转换到地心地固直角坐标系的坐标转换方法。

5. 实验原理

用于导航定位的伪距测量值是相对于卫星和接收机天线相位中心的，而卫星轨道给出的是卫星质心的坐标，所要求的测站坐标是测站标示中心的坐标，因此需要考虑天线相位中心偏移误差，如图 5.5 所示。相位中心偏差可以通过改正卫星或接收机坐标实现，也可以直接计算改正值。

令$\boldsymbol{r}_{\text{ant}}$和$\boldsymbol{r}_E$分别表示地固坐标系中接收机天线相位中心和标示中心的位置矢量，则相位中心偏离矢量定义为

$$\Delta \boldsymbol{r}_{\text{ant}} = \boldsymbol{r}_{\text{ant}} - \boldsymbol{r}_E \tag{5.39}$$

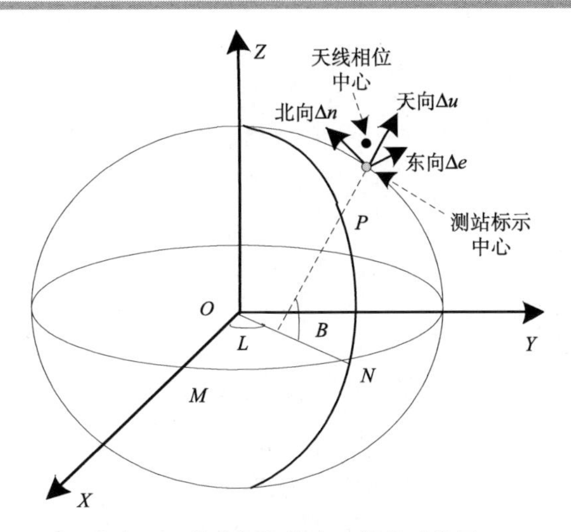

图 5.5　接收机相位中心偏移示意图

一般而言接收机相位中心偏移常在当地水平坐标系(站心坐标系)中表示，即天线相位中心相对标示中心的垂直方向偏离 Δu ,北向偏离 Δn 和东向偏离 Δe ,将 $(\Delta e,\Delta n,\Delta u)^{\mathrm{T}}$ 转换到地心地固直角坐标系中，即可得到偏移矢量：

$$\Delta \boldsymbol{r}_{\text{ant}}=\begin{pmatrix}\Delta x\\ \Delta y\\ \Delta z\end{pmatrix}=R_3(270^{\circ}-L)R_1(B-90^{\circ})\begin{pmatrix}\Delta e\\ \Delta n\\ \Delta u\end{pmatrix} \tag{5.40}$$

其中，R_3 绕 Z 轴旋转；R_1 绕 X 轴旋转；L 和 B 为接收机的大地经度和大地纬度。

$\Delta \boldsymbol{r}_{\text{ant}}$ 计算公式：

$$\begin{cases}\Delta x=-\sin L\cdot\Delta e-\cos L\cdot\sin B\cdot\Delta n+\cos L\cdot\cos B\cdot\Delta u\\ \Delta y=\cos L\cdot\Delta e-\sin L\cdot\sin B\cdot\Delta n+\sin L\cdot\cos B\cdot\Delta u\\ \Delta z=\cos B\cdot\Delta n+\sin B\cdot\Delta u\end{cases} \tag{5.41}$$

在地心地固直角坐标系中将相位中心偏移投影到接收机到卫星的方向矢量上，得到接收机天线相位中心偏差：

$$\Delta\rho_r=\frac{(\boldsymbol{r}_s-\boldsymbol{r}_E)\cdot\Delta\boldsymbol{r}_{\text{ant}}}{|\boldsymbol{r}_s-\boldsymbol{r}_E|} \tag{5.42}$$

其中，$\boldsymbol{r}_s$ 为卫星在地心地固直角坐标系中的位置矢量。$\boldsymbol{a}\cdot\boldsymbol{b}=x_1x_2+y_1y_2+z_1z_2$，其中，$\boldsymbol{a}=\begin{pmatrix}x_1\\ y_1\\ z_1\end{pmatrix}$，$\boldsymbol{b}=\begin{pmatrix}x_2\\ y_2\\ z_2\end{pmatrix}$。

6. 实验步骤

根据给定的站心坐标系的接收机相位中心偏移量计算其在观测方向上的投影的具体步骤如图 5.6 所示，具体描述如下。

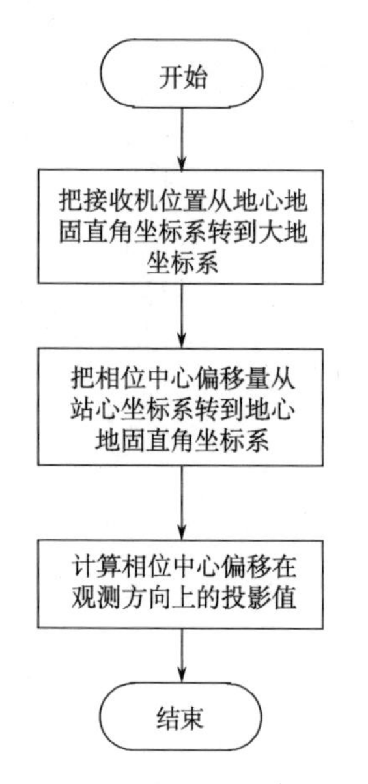

图 5.6　接收机相位中心偏移算法流程

(1) 把接收机位置从地心地固直角坐标系转到大地坐标系。

(2) 根据式(5.41)把接收机相位中心偏移量从站心坐标系转到地心地固直角坐标系。

(3) 计算相位中心偏移在观测方向上的投影值(即其对观测值的影响)。

7. 注意事项

接收机相位中心偏移常在当地水平坐标系中表示，将该偏移量转换到地心地固直角坐标系时需要使用接收机的经纬度，需要先把接收机位置从地心地固直角坐标系转到大地坐标系获得经纬度。

8. 报告要求

根据卫星位置、用户位置以及用户接收机在东北天坐标系中的相位中心偏差计算用户接收机的相位中心偏移改正量。

卫星位置及用户位置数据示例如表 5.9 所示。

表 5.9　卫星位置及用户位置数据示例

坐标	X	Y	Z
卫星位置(CGCS2000)	−13364075.20873	22879822.95064	790480.10088
用户位置(CGCS2000)	−2148744.3969	4426641.2099	4044655.8564

接收机相位中心偏移数据示例如表 5.10 所示。

表 5.10　接收机相位中心偏移数据示例

参数	E/m	N/m	U/m
取值	0.007	−0.005	0.00908

5.7　相对论效应改正实验

1. 实验目的

(1) 了解相对论效应产生的原因。

(2) 掌握相对论效应改正的计算方法。

2. 实验任务

根据卫星的星历计算相对论效应改正值。

3. 实验设备

北斗/GPS 教学与实验平台。

4. 实验准备

(1) 阅读北斗 ICD 文件，了解星历各个参数的含义。
(2) 了解偏近点角 E 的计算方法。

5. 实验原理

相对论效应是由于卫星钟和接收机所处的运动速度和重力位不同而导致卫星钟和接收机之间产生相对钟误差的现象，卫星在 t 时刻的相对论效应可根据如下公式计算：

$$\Delta t_r = Fe\sqrt{a}\sin E \tag{5.43}$$

e为卫星轨道偏心率；a 为轨道长半轴；E 为偏近点角；F 为常量，其值为 $F=\dfrac{-2\sqrt{u}}{c^2}$，其中，$u$ 为地球引力位常数，c 为光速，计算得到以秒为单位的相对论效应值。

从导航电文中得到的是参考时刻的平近点角 M_0，而计算公式中使用的是偏近点角 E，因此在计算之前需要进行转换，t 时刻卫星的平近点角 M 具体的计算方法如下。

先计算卫星平均角速率 n_0：

$$n_0 = \sqrt{\frac{u}{a^3}} \tag{5.44}$$

然后计算卫星改正平均角速率 n_k，其中，Δn 为卫星平均运动速率与计算值之差：

$$n_k = n_0 + \Delta n \tag{5.45}$$

再计算 t 时刻的平近点角 M：

$$M = M_0 + n_k\left(t - t_{\text{oe}}\right) \tag{5.46}$$

其中，t_{oe} 为星历参考时刻；M_0 为参考时刻的平近点角。

偏近点角 E 和平近点角 M 的关系由开普勒方程给出：

$$M = E - e\sin E \tag{5.47}$$

e为卫星轨道偏心率。若要根据 M 求 E，可根据迭代方法求解，把式(5.47)改写为以下的迭代形式：

$$E_j = M + e\sin E_{j-1} \tag{5.48}$$

其中，j 为迭代次数，在第一次迭代中，E 的初始值 E_0 可赋值为 M，并且只要经过 2～3 次迭代后即可得到相当精确的解。迭代的终止条件为 $\left|E_j - E_{j-1}\right| < \varepsilon$，其中可取 $\varepsilon = 1.0\times10^{-14}$。

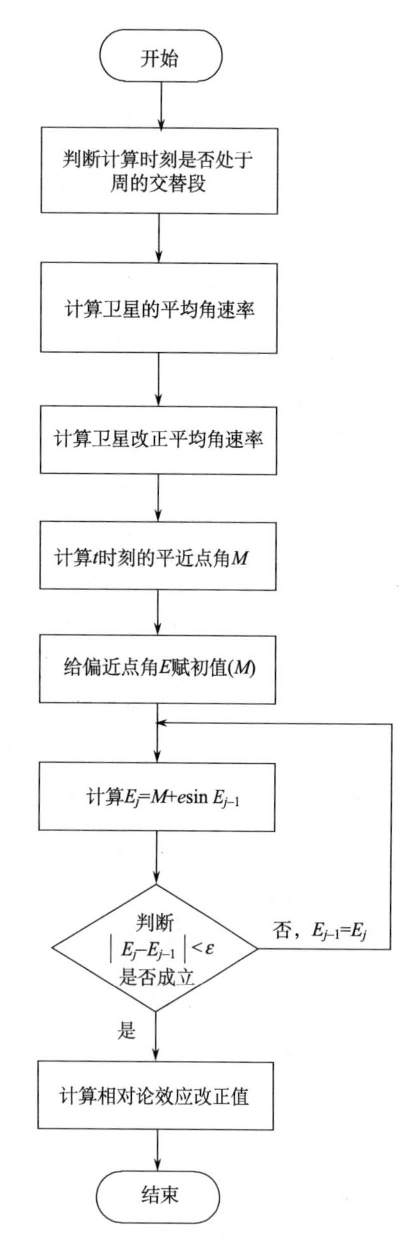

图 5.7　相对论效应计算流程

6. 实验步骤

计算卫星的相对论效应值的流程如图 5.7 所示，详细的步骤描述如下。

(1) 先对 $t-t_{oe}$ 的值进行判断，并视情况进行相应的计算。

(2) 根据式(5.44) 计算卫星的平均角速率。

(3) 根据式(5.45) 计算卫星的改正平均角速率。

(4) 计算式(5.46) t 时刻的平近点角 M。

(5) 给偏近点角 E 赋初值(M)。

(6) 迭代计算偏近点角，达到终止条件时结束迭代，否则，把新计算得到的偏近点角作为下次迭代的输入。

(7) 根据式(5.43) 计算相对论效应改正值。

7. 注意事项

(1) 偏近点角 E 需要迭代计算。

(2) 星历中给定的是轨道长半轴的平方根，不是长半轴。

(3) t 与 t_{oe} 需要在同一个时间系统中，t 为待计算时刻的周内秒。

(4) 需考虑到周开始或结束的交替，即如果 $t-t_{oe}$ 的值大于 302400，$t-t_{oe}$ 要减去 604800s，如果 $t-t_{oe}$ 的值小于–302400s，$t-t_{oe}$ 要加上 604800s。

(5) 不同导航系统使用的地球引力位常数有些许不同，为了使计算结果更精确，计算时最好选择与导航系统对应的常数。

8. 报告要求

根据给定卫星的 $\sqrt{a}$、e、M_0、Δn 及参考时刻的值计算给定时刻的相对论校正量，示例如表 5.11 所示。

表 5.11　卫星星历部分数据示例

参考时刻(BDT)	$\sqrt{a}$	e	M_0	Δn
547200.0	5.282624279×10^{3}	$2.0231046947\times10^{-3}$	2.3295886127	$2.9536944618\times10^{-9}$

计算时刻：2019-03-23 08:10:00.000(BDT)。

第二部分　卫星导航定位接收机实验

卫星导航接收机是一种能够接收、跟踪、变换和测量卫星导航定位信号的无线电接收设备，它是用户实现导航定位、测速和授时的终端设备。从结构上看，卫星导航接收机可以分为信号接收部分、信号处理部分和导航定位算法部分。该部分主要针对信号处理部分、导航定位算法部分设计开展实验，包括导航信号的捕获、跟踪实现方法，伪距观测量、导航电文的获取方法，定位、测速、授时功能解算，以及标准格式数据文件的读取等实验。

第6章 导航信号捕获跟踪实验

卫星发射的导航信号传递到接收机天线后，接收机首先需要对信号进行捕获，然后跟踪卫星信号以保证连续测距，同时从导航信号中解调出导航电文，才能够实现连续定位。通过本章实验，使用户掌握卫星导航信号的生成流程，能够根据数字中频信号实现导航信号的捕获、跟踪，获得多普勒频移、码相位值，进而获得伪距观测值以及导航电文数据，为定位、测速、授时提供数据支持。

6.1 导航信号模拟实验

1. 实验目的

(1) 认识卫星导航信号的结构组成。
(2) 掌握导航信号各部分的特点和功能。

2. 实验任务

(1) 根据卫星导航信号各部分的特点生成各部分的数据序列。
(2) 根据生成的伪码、载波数据序列依次对数据码扩频、调制，得到卫星导航信号序列。

3. 实验设备

北斗/GPS 教学与实验平台。

4. 实验准备

(1)《北斗卫星导航系统空间信号接口控制文件–公开服务信号(2.1 版)》。
(2) 掌握信号的扩频、调制原理。
(3) 能够使用 MATLAB 创建.m 文件及编写代码。

5. 实验原理

以北斗二号卫星导航系统信号为例。北斗二号卫星导航系统播发 3 个民用信号，即 B1I、B2I、B3I 信号。这三个信号均由“测距码+导航电文”调制在载波上构成，其信号表达式如下：

$$S_{\mathrm{B}i\mathrm{I}}^{j}(t)=A_{\mathrm{B}i\mathrm{I}}C_{\mathrm{B}i\mathrm{I}}^{j}(t)D_{\mathrm{B}i\mathrm{I}}^{j}(t)\cos(2\pi f_i t+\varphi_{\mathrm{B}i\mathrm{I}}^{j})\tag{6.1}$$

其中，上角标 j 表示卫星编号；i=1,2,3，BiI 分别表示 B1I、B2I、B3I 信号；$A_{\mathrm{B}i\mathrm{I}}$ 表示 BiI 信号振幅；$C_{\mathrm{B}i\mathrm{I}}$ 表示 BiI 信号测距码；$D_{\mathrm{B}i\mathrm{I}}$ 表示调制在 BiI 信号测距码上的数据码；f_i 表示 BiI 信号载波频率；$\varphi_{\mathrm{B}i\mathrm{I}}$ 表示 BiI 信号载波初相。

北斗二号卫星导航系统的 B1I、B2I、B3I 信号发生的示意如图 6.1 所示。

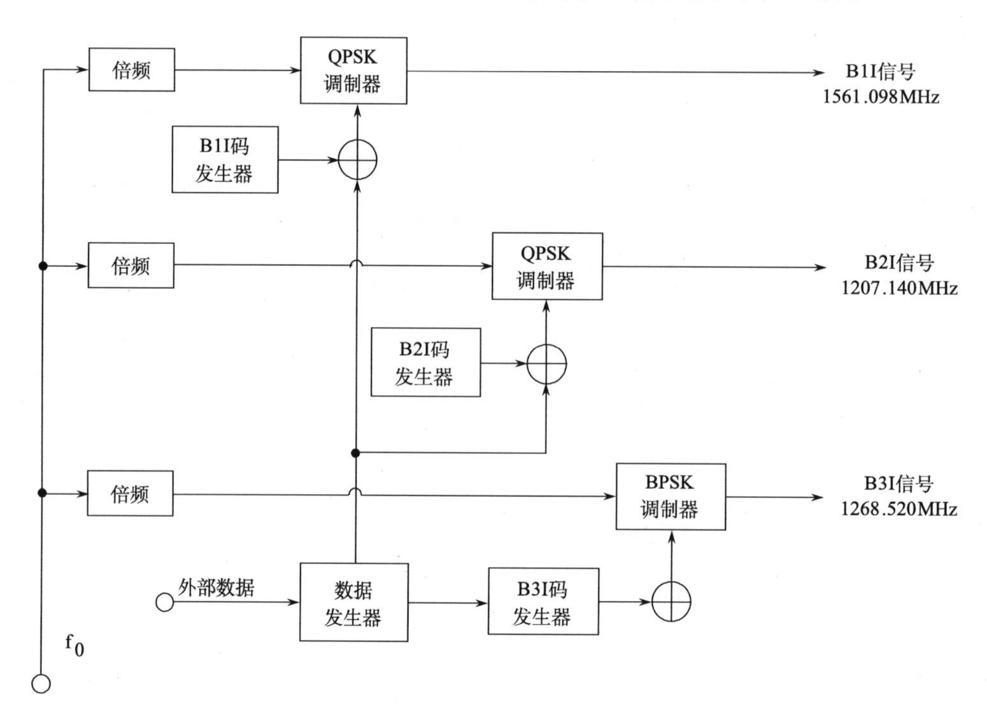

图 6.1　北斗二号卫星导航系统信号发生示意图

北斗二号卫星导航系统所发射的信号从结构上分为 3 个层次：载波、伪码和数据码。伪码和数据码通过调制依附在正弦波形式的载波上，然后卫星将调制后的载波信号发播出去。伪码又称测距码，其具备两个功能：实现码分多址和测距，但不能传递任何导航电文数据信息。数据码是一列载有导航电文的二进制码，导航电文中含有时间、卫星运行轨道、电离层延时等用于定位的重要信息。北斗二号卫星导航系统 B1I 信号载波、伪码和数据码的关系如图 6.2 所示。

B1I 和 B2I 信号测距码（以下简称 C_{B1I} 码和 C_{B2I} 码）的码速率为 2.046Mcps（码片每秒，chips per second），码长为 2046。C_{B1I} 码和 C_{B2I} 码由两个线性序列 G_1 和 G_2 模 2 和（模二加）产生平衡 Gold 码后截短最后 1 码片生成。G_1 和 G_2 序列分别由 11 级线性移位寄存器生成，其生成多项式分别为

$$\begin{aligned}G_1(X)&=1+X+X^7+X^8+X^9+X^{10}+X^{11}\\G_2(X)&=1+X+X^2+X^3+X^4+X^5+X^8+X^9+X^{11}\end{aligned}\tag{6.2}$$

G_1 和 G_2 的初始相位如下。

G_1 序列初始相位：01010101010。

G_2 序列初始相位：01010101010。

C_{B1I} 码和 C_{B2I} 码发生器如图 6.3 所示。

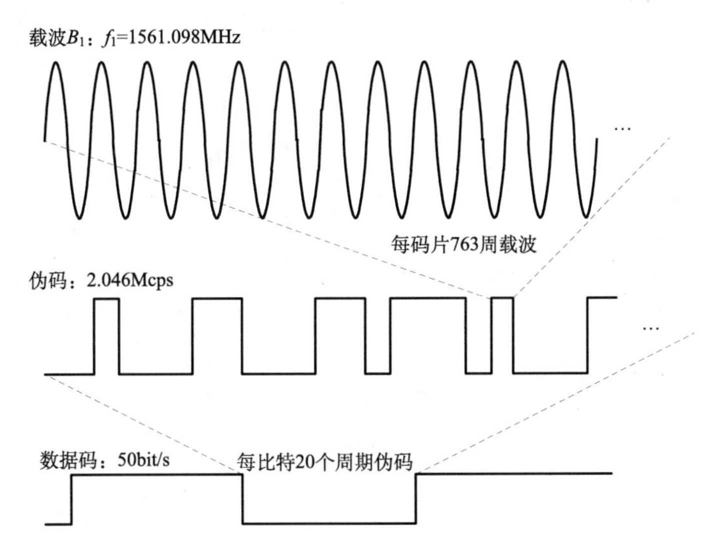

图 6.2　北斗二号卫星导航系统 B1I 信号组成

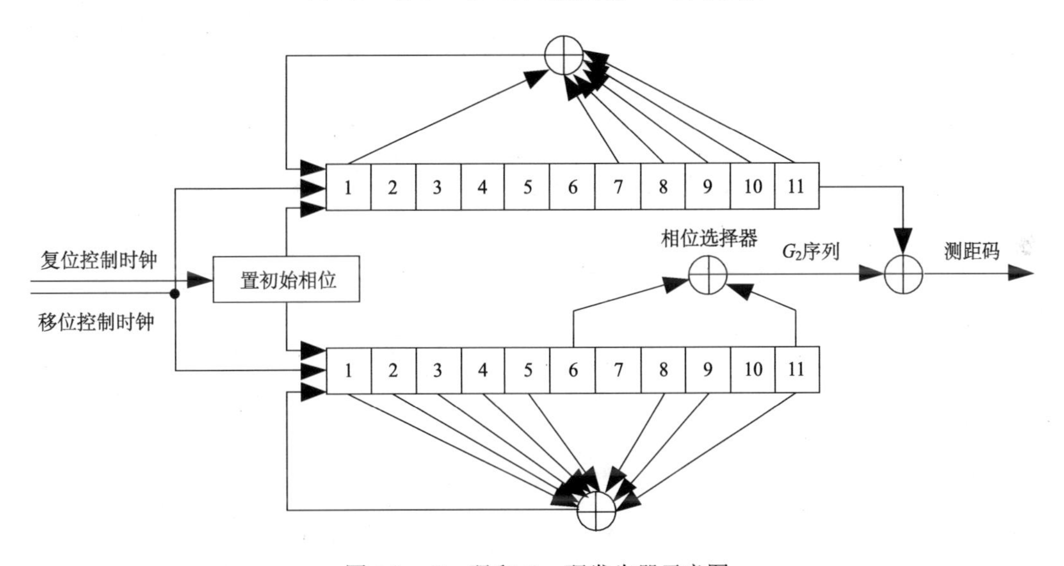

图 6.3　C_{B1I} 码和 C_{B2I} 码发生器示意图

通过对产生 G_2 序列的移位寄存器不同抽头的模二加可以实现 G_2 序列相位的不同偏移，与 G_1 序列模二加后可生成不同卫星的测距码。G_2 序列相位分配情况见北斗卫星导航系统空间信号接口控制文件(公开服务信号 2.1 版)。

6. 实验步骤

北斗二号卫星导航系统信号的数据码的码率为 50bit/s，码片宽度为 20ms；伪码的码速率为2.046Mcps，码长为2046，周期为1ms；所以每个数据码包含20个伪码码组，每个码组2046位码片；当每个载波按8个采样点计算时，每个数据码的仿真数据位计算如下：

$$20\times2046\times736\times8=240936960$$

由此可见，每个数据码仿真时的数据量非常大，从而导致仿真速度太慢。为减少仿真时间，本实验简化卫星导航信号，采用以下假设条件。

每个数据码包含2个伪码码组，每个码组的长度截取为5码片(仅采用伪码的前10个码片)，每个码片包含2周载波。

在上述假设条件下，北斗二号卫星导航系统信号的生成流程如图6.4所示。

(1)生成数据码。在真实系统中，数据码是将卫星星历、钟差等数据按照ICD文件编码获得的，在本实验中进行简化，产生一串随机的0、1序列。截取前3个数据作为本实验的数据码(减少数据量及便于画图)。

(2)生成伪码。按照图6.5所示流程生成北斗二号卫星导航系统使用的伪码，然后截取前5个码片作为本实验采用的伪码。

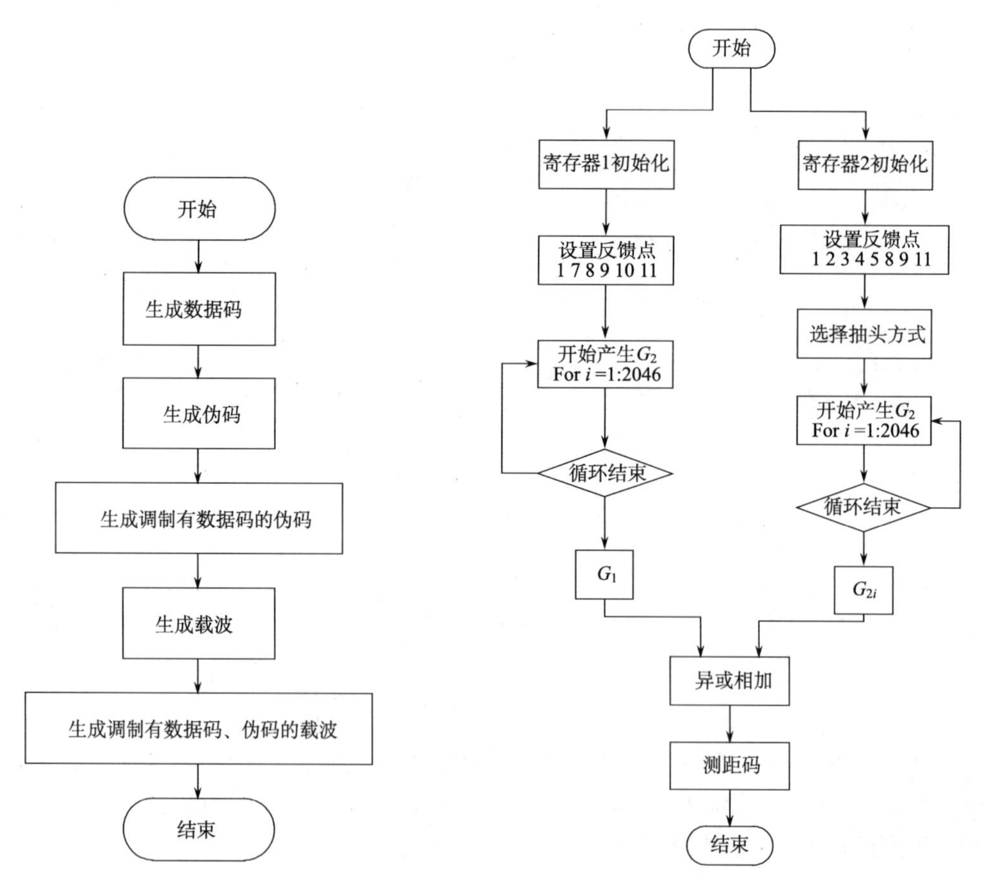

图6.4　北斗二号卫星导航系统信号的生成流程

图6.5　北斗二号测距码生成流程图

(3) 生成调制有数据码的伪码。数据码与伪码进行异或，获得使用数据码调制后的伪码，此时，码长度为3×2×5=30码片。

(4) 生成载波。单个载波周期采用8个采样点，一个码片包含两个载波周期。

(5) 生成调制有数据码、伪码的载波。载波与调制有数据码的伪码相乘，获得最终信号，此时，共获得30×2×8=480个采样点。

7. 注意事项

无。

8. 报告要求

按照实验流程生成假设条件下的数据码、伪码及调制信号并作图，示例图如图6.6所示。

(1) 产生数据码并作图。

(2) 产生测距码序列并作图。

(3) 产生载波并作图。

(4) 使用测距码对数据码进行扩频，并对扩频序列作图。

(5) 使用载波对扩频码进行调制，并对调制后的序列作图。

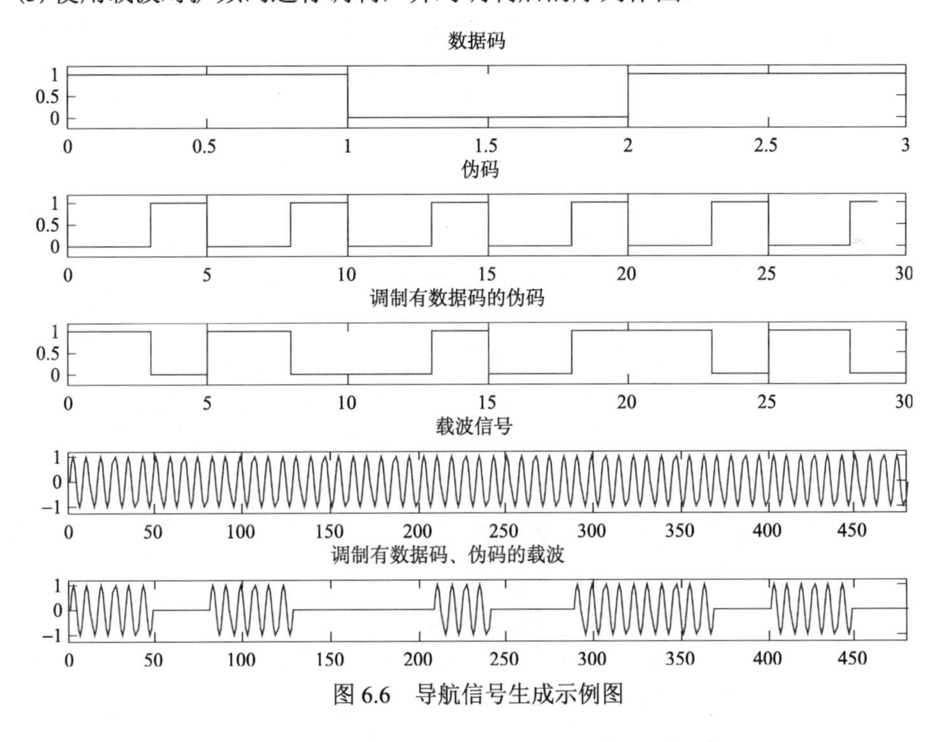

图6.6　导航信号生成示例图

6.2　导航信号捕获实验

1. 实验目的

(1) 了解北斗卫星导航信号的结构组成。

(2)学习卫星导航信号的捕获原理及方法。
(3)掌握卫星导航信号的捕获流程及实现。

2. 实验任务

根据一组卫星导航中频信号粗略估算可见卫星的信号参数值(伪码时延和载波多普勒频移)。

3. 实验设备

北斗/GPS 教学与实验平台。

4. 实验准备

(1)了解信号调制、解调的基本原理。
(2)掌握码的特点及 MATLAB 仿真方法。
(3)能够使用 MATLAB 创建.m 文件及编写代码。

5. 实验原理

在接收机内对导航信号进行处理的第一步是进行信号捕获。接收机通过捕获信号,从中粗略估算可见卫星的信号参数值。卫星播发的导航信号到达接收机天线面时,接收信号与发射信号相比,存在以下几个不同。

(1)导航电文和伪码产生了时延 τ 。
(2)载波频率存在多普勒频移 f_D 。
(3)载波的相位相比发射时的初相位发生偏移。

接收到的射频信号通过射频前端进行下变频后得到便于处理的中频信号,混频器将中频信号再次下变频,获得零频的伪码,实现载波和伪码的分离。由于多普勒频移与卫星-用户相对运动相关而无法精确确定,为了将中频信号下变频至零频,必须先估计一个多普勒频移 f_D 。得到同相和正交两个零频信号后,进行相关运算,通过检测相关峰,从而捕获信号。为了进行相关运算,必须进行码对齐,即估计一个传播时延 τ 。

卫星导航信号捕获的目的是获取接收信号中的载波频率和伪码相位粗略估计值,为后续的信号跟踪提供初始条件。信号捕获的方法主要分为两大类:时域串行搜索捕获方法和频域并行搜索捕获方法。

时域串行搜索捕获方法对于某个特定的卫星而言是一个二维搜索捕获过程,即在载波频率和码相位两个方向进行搜索,对两个方向的可能取值进行遍历搜索,当本地信号和接收到的信号中的码相位和载波频率基本一致时,将会出现一个相关峰值。因此,在时域串行搜索算法中需设置一个信号捕获门限,当得到的相关峰值超过该门限时,即认为完成信号捕获。时域串行搜索捕获方法如图 6.7 所示。

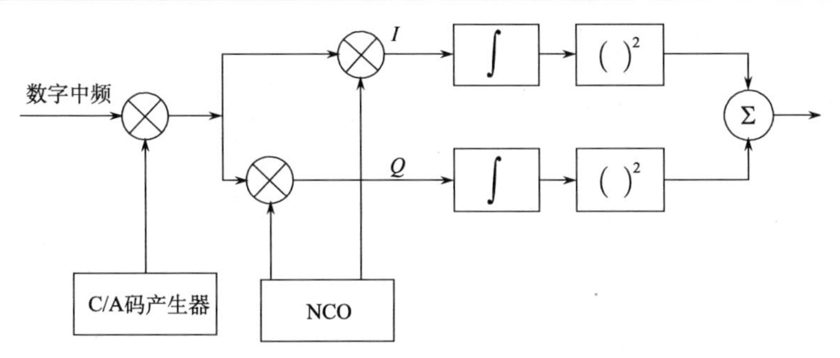

图 6.7　时域串行搜索捕获方法

时域串行搜索捕获方法计算量比较大，并对接收机的实时性产生一定的影响。频域并行搜索捕获方法基于离散傅里叶变换(DFT)，将时域大量的相关运算变换到频域的简单乘法运算，然后再通过离散傅里叶逆变换得到时域的相关运算结果。频域并行搜索捕获方法包括并行频率搜索和并行码相位搜索两种，在本实验中，我们使用并行码相位搜索，一次性完成对码相位一维的搜索，从而使得总搜索次数减少为只在频率一维内的 N 次搜索。并行码相位搜索方法如图 6.8 所示。输入的数字中频信号和本地数字控制振荡器（Numerically Controlled Oscillator, NCO）产生的正交的 I、Q 两支路载波相乘后得到复信号 $x(n)=I(n)+\mathrm{j}Q(n)$，伪码发生器生成的码序列经过离散傅里叶变换及共轭处理后与 $x(n)$ 的离散傅里叶结果相乘，再经过逆傅里叶变换获得时域的相关结果，其平方的峰值处即输入信号的码相位。

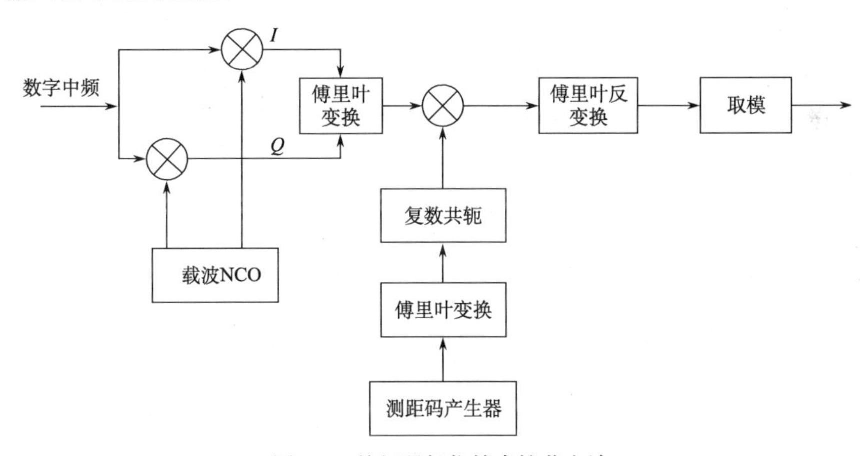

图 6.8　并行码相位搜索捕获方法

6. 实验步骤

该实验采用并行码相位搜索捕获方法，使用 MATLAB 软件编写实现，主要的实验步骤如图 6.9 所示。

(1) 根据 6.1 节实验内容生成系统内所有卫星的伪码(或直接载入本实验资源提供的“code_B1I.mat”文件)。

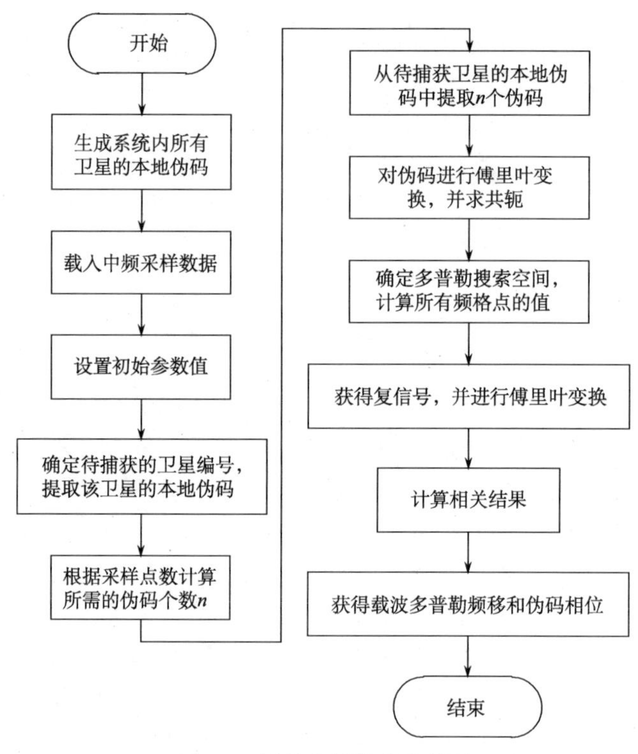

图 6.9　导航信号捕获流程图

(2) 载入数据：载入由数字信号采集器采集的中频采样数据(或直接载入本实验资源提供的“midfreq.hex”文件)。

(3) 初始参数复制，设置中频载波频率为 8.902MHz，伪码速率为 2.046Mcps，中频采样频率为 60MHz，采样时长为 1ms。

(4) 输入待捕获的卫星编号，从载入的本地伪码中提取该卫星的伪码。

(5) 根据中频采样频率和采样时长计算采样点数，进而根据码速率计算和待捕获数据长度一致的伪码个数 n。

(6) 从待捕获卫星的伪码中截取 n 个伪码。

(7) 对步骤(6)的伪码数据进行傅里叶变换，并作共轭处理。

(8) 多普勒搜索空间为±4.85kHz，分成 40 个频格，以中频载波频率为中心，计算所有频格点的值。

(9) 根据多普勒频格点的值计算频偏，与中频信号相乘获得复信号，并进行傅里叶变换。

(10) 步骤(9)与步骤(7)的结果进行点乘运算，并对结果进行傅里叶逆变换。

(11) 在频率这一维内进行 40 次(频格个数)该类型的操作，获得相关结果。

(12) 获得相关峰处的频格号以及伪码编号，据此即可得到对应的载波多普勒频移和伪码相位。

7. 注意事项

无。

8. 报告要求

分别根据北斗 B1I 信号、GPS L1 信号的中频数据，开展导航信号捕获实验，获得相应卫星的伪码相位和多普勒频移，并对计算结果作图(图 6.10)。中频数据、本地伪码以附件形式提供。

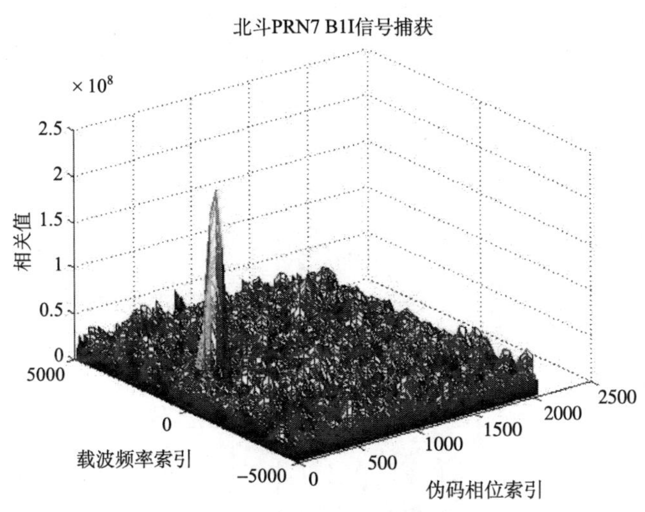

图 6.10 北斗 B1I 信号捕获结果图

6.3 导航信号跟踪实验

1. 实验目的

(1) 了解北斗卫星导航信号的结构组成。
(2) 学习卫星导航信号的跟踪原理及方法。
(3) 掌握卫星导航接收机码跟踪环路的实现方法。
(4) 掌握卫星导航接收机锁相环的实现方法。
(5) 掌握卫星导航接收机锁频环的实现方法。

2. 实验任务

在已知的初始多普勒频移和伪码相位的基础上进行信号跟踪，获得导航信号精确的伪码相位和载波多普勒频移，对跟踪过程中码环鉴别器、载波环鉴别器的输出结果画图。

3. 实验设备

北斗/GPS 教学与实验平台。

4. 实验准备

能够使用 MATLAB 创建.m 文件及编写代码。

5. 实验原理

接收机完成了信号的捕获后，就对信号的载波频率和伪码相位有了粗略的估计值，但是精度不够，不足以完成导航电文的解调。由于卫星与接收机之间的相对运动以及卫星时钟与接收机晶体振荡器的频率偏移等原因，接收到的卫星信号的载波频率和码相位会随着时间的推移而变化，并且这些变化通常又是不可预测的，因而信号跟踪环路一般需要以闭路反馈的形式周期性地运行，以达到对卫星信号的持续锁定。信号跟踪环路实际上是由载波跟踪环路与码跟踪环路两部分组成的，它们分别用来跟踪接收信号中的载波和伪码。

典型的接收机跟踪环路的内部结构和信号流程如图 6.11 所示。

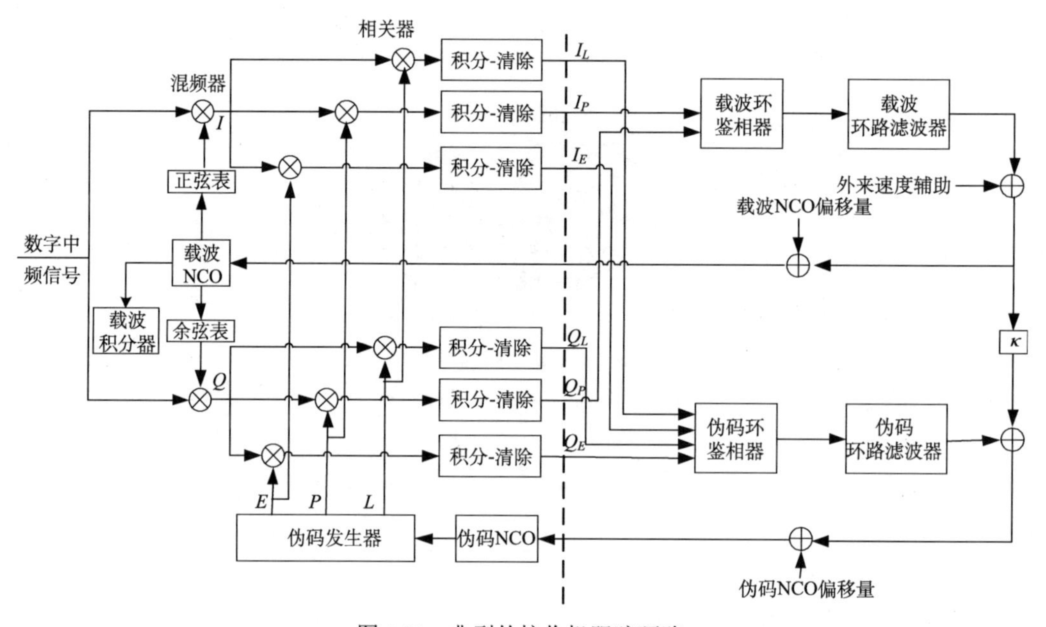

图 6.11　典型的接收机跟踪环路

接收机跟踪环路对接收信号的处理过程可简单地描述如下：作为输入的数字中频信号，首先与载波环所复制的载波混频相乘，其中在 I 支路上与正弦复制载波相乘，在 Q 支路上与余弦复制载波相乘；其次，在 I 支路和 Q 支路上的混频结果信号 I 和 Q 又分别与码环所复制的超前、即时和滞后三份码做相关运算；然后，相关结果经积分后分别输出相干积分值 I_E、I_P、I_L，Q_E、Q_P、Q_L；即时支路上的相干积分值 I_P 和 Q_P 作为载波环鉴相器的输入，其他值则作为伪码环鉴相器的输入；最后，鉴相器中的输出值经过环路滤波器进行滤波，滤波结果用来调节各自的载波 NCO 和伪码 NCO 的输出相位与频率等状态，使载波环所复制的载波与接收载波保持一致，同时又使码环所复制的即时码与接收的伪码保持一致，以保证下一时刻接收信号中载波和伪码在跟踪环路中仍能够被彻底剥离。这一过程中，载波环根据其复制的载波信号状态输出多普勒频移、积分多普勒和载波相位测量值，同时码环根据其复制的伪码信号状态输出码相位和伪距测量值，而载波环鉴相器还可以额外地解调出卫星信号上的导航电文数据比特。

6. 实验步骤

该实验采用 MATLAB 软件编写实现，已知初始多普勒频移和伪码相位码偏等信息，实现信号的稳定跟踪。主要的实验步骤如下。

(1) 设置初始参数，初始频差设置为 100Hz、初始码偏为 0.5 码片、码环带宽为 5Hz、载波环带宽为 18Hz、相关器间距为 1 码片，载噪比为 50dB、圆周速度为 50m/s、最大向心加速度为 $50m/s^2$。

(2) 导入数字中频信号，与复制载波混频相乘。

(3) 与码环复制的超前、即时、滞后三份码做相关运算。

(4) 获得载波 NCO 偏移量、伪码 NCO 偏移量。

(5) 调节载波 NCO、伪码 NCO。

(6) 获得稳定的多普勒频移、载波相位测量值、码相位。

7. 注意事项

无。

8. 报告要求

在已知的初始多普勒频移和伪码相位的基础上进行信号跟踪，获得导航信号精确的伪码相位和载波多普勒频率，对跟踪过程中码环鉴别器、载波环鉴别器的输出画图。示例图如图 6.12、图 6.13 所示。

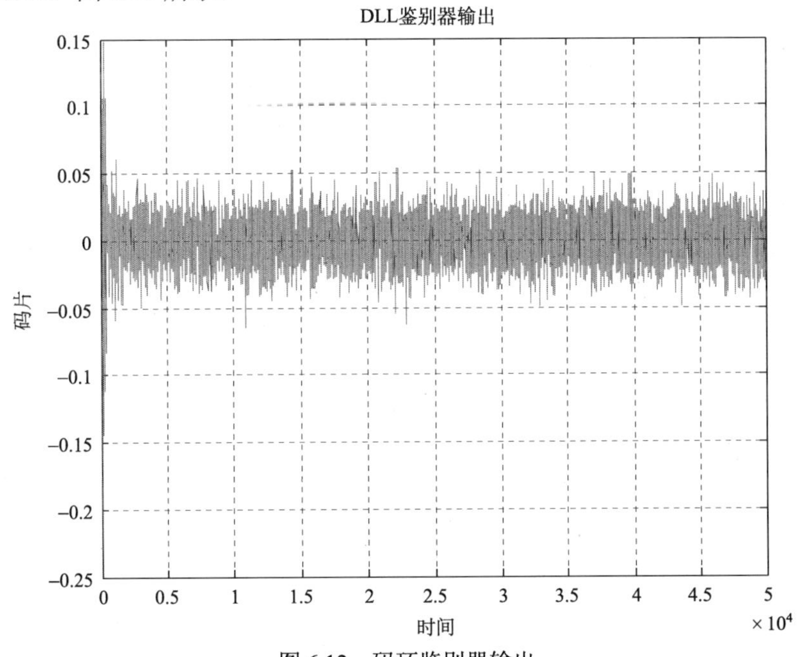

图 6.12　码环鉴别器输出

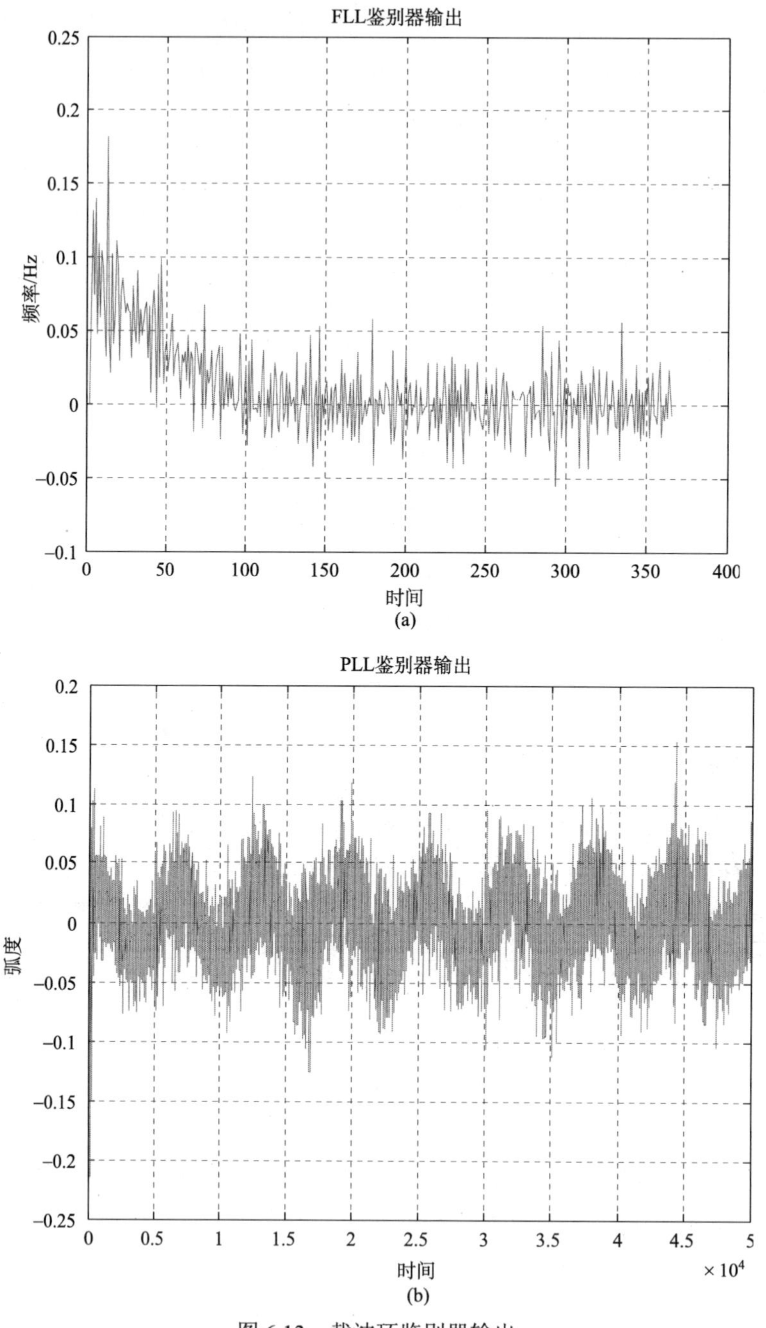

(a)

(b)

图 6.13　载波环鉴别器输出

6.4　伪距观测值输出实验

1. 实验目的

(1) 了解接收机对卫星信号的处理流程。

(2) 学习接收机获得卫星信号发射时刻的原理及方法。
(3) 掌握卫星信号发射时刻的计算方法。
(4) 能够根据卫星信号的发射时刻、接收时刻计算伪距。

2. 实验任务

(1) 根据子帧发射时刻、子帧比特计数、测距码整周计数、本地伪码相位等计算卫星信号的发射时刻。
(2) 根据卫星信号的发射时刻、接收时刻计算接收机与卫星间的伪距。

3. 实验设备

北斗/GPS 教学与实验平台。

4. 实验准备

(1) 学习导航信号的捕获、跟踪原理。
(2) 学习北斗卫星导航信号的结构及各部分的组成特点。
(3) 学习 GPS 卫星导航信号的结构及各部分的组成特点。

5. 实验原理

伪距观测值是利用接收机本地时间减去卫星信号的发送时间得到的，确定码片位置后，为了得到具体的传播时延，必须在得到导航电文解析结果和本地伪码相位以后才能得到伪距观测量。

下面具体讲伪距观测量的生成。若能够精确获取卫星发射时刻 t_{sv} 和接收机的接收时间 t_u，就能获得伪距观测量。

接收机是以一种巧妙的方式来获取精确的 t_{sv} 的，这种方式与导航系统的信号格式密切相关，以某系统测距码为例进行说明。

t_{sv} 的获取由以下 4 步实现。

(1) 获取子帧发射时刻。跟踪环稳定跟踪后，对 GPS 信号而言，通过解调当前导航电文能够得到子帧计数，每个子帧历时 6s，子帧计数将 t_{sv} 的估计精确到 6s 的量级；对于北斗 D1 码信号而言，通过解调当前导航电文可以直接获得本子帧同步头的第一个脉冲上升沿所对应的时刻 SOW，能够将 t_{sv} 的估计精确到 s 的量级。

(2) 获取子帧比特计数 N_{bit}，对 GPS 和北斗 D1 码而言，导航电文每 1 子帧由 300bit 组成，每 1bit 时长 20ms，该计数范围为 1～300，在子帧最后 1bit 清零。稳定跟踪后，接收机会保持 N_{bit} 的计数。通过 N_{bit} 可以将 t_{sv} 精确到 20ms 量级。

(3) 获取测距码整周计数 N，对 GPS 和北斗 D1 码而言，每个电文比特里包含 20 个测距码周期，每个测距码周期长度是 1ms。伪码跟踪环会对测距码周期进行计数，该计数范围为 1～20。通过 N 可以将 t_{sv} 精确到 1ms 量级。

(4) 获取本地伪码相位 ϕ，跟踪环会给出 ϕ，在稳定跟踪状态下认为 ϕ 与输入信号的伪码相位精确吻合。对 GPS 信号而言，ϕ 的范围为 1～1023，单位是码片，通过 ϕ 可

以将 t_{sv} 精确到码片量级(约为 0.9775μs)；对北斗 D1 码而言，ϕ 的范围为 1～2046，通过 ϕ 可以将 t_{sv} 精确到码片量级(约为 0.489μs)。

综合以上 4 步，得到 t_{sv} 的表达式如下：

$$t_{sv} \approx \begin{cases} 6(Z-1) + N_{bit}/50 + N/1000 + 0.9775\phi/10^6 & \text{GPS} \\ SOW + N_{bit}/50 + N/1000 + 0.4895\phi/10^6 & \text{北斗D1码} \end{cases} \tag{6.3}$$

整个过程如图 6.14 所示。

t_{sv} 的获取是由接收机的软件和伪码跟踪环共同实现的，同时与信号结构息息相关。信号的接收时刻 t_u 的获取相对简单，由接收机本地时钟提供。

6. 实验步骤

本实验不涉及代码的编写及设备操作，主要以认识接收机获得伪距观测值的原理为主，能够根据相关信息计算卫星信号的发射时刻，进而计算接收机与卫星间的伪距。

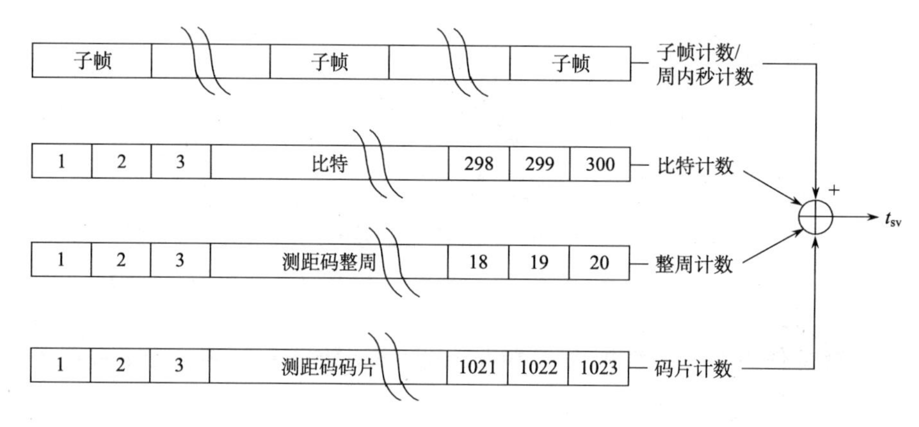

图 6.14 卫星发射时刻的获取

7. 注意事项

北斗系统和 GPS 获取子帧发射时刻的方式不同，解析北斗系统的导航电文即可获得子帧发射时刻，解析 GPS 导航电文获得子帧计数，需转换为子帧发射时刻。

8. 报告要求

根据子帧发射时刻、子帧比特计数、测距码整周计数、本地伪码相位等计算卫星信号的发射时刻；在此基础上结合卫星信号的发射时刻计算接收机与卫星间的伪距。示例数据如表 6.1 所示。

表 6.1 伪距观测值输出数据示例

卫星系统	子帧发射时刻	子帧比特计数	测距码整周计数	本地伪码相位	接收时刻
北斗系统	259000	150	5	250	717 周 259003.076932 秒
GPS	16	150	5	250	1049 周 93.077054 秒

6.5　导航电文解析与测量实验

6.5.1　北斗二号卫星导航系统导航电文解析实验

1. 实验目的

(1) 认识北斗二号卫星导航系统导航电文的基本结构。

(2) 了解北斗二号卫星导航系统导航电文包含的数据信息。

(3) 认识 D1、D2 导航电文的结构编排方式。

(4) 掌握北斗二号卫星导航系统导航电文的解析方法。

2. 实验任务

(1) 对北斗二号卫星导航系统 MEO/IGSO 卫星的 B1I 和 B2I 信号播发的 D1 导航电文进行解析，得到卫星的星历、钟差数据。

(2) 对北斗二号卫星导航系统 GEO 卫星的 B1I 和 B2I 信号播发的 D2 导航电文进行解析，得到卫星的星历、钟差数据。

3. 实验设备

北斗/GPS 教学与实验平台。

4. 实验准备

(1) 阅读《北斗卫星导航系统空间信号接口控制文件-公开服务信号(2.1版)》中 D1、D2 导航电文中的信息类别及播发特点。

(2) 掌握比例因子的使用方法。

(3) 掌握根据 D1、D2 导航电文解析星历、钟差、电离层数据的方法。

5. 实验原理

根据速率和结构不同，导航电文分为 D1 导航电文和 D2 导航电文。D1 导航电文的内容包含基本导航信息(本卫星基本导航信息、全部卫星历书信息、与其他系统时间同步信息)；D2 导航电文的内容包含基本导航信息和增强服务信息(北斗系统的差分及完好性信息和格网点电离层信息)。

D1 导航电文由超帧、主帧和子帧组成。导航电文帧结构如图 6.15 所示。

D1 导航电文主帧结构及信息内容如图 6.16 所示。子帧 1～子帧 3 播发基本导航信息；子帧 4 和子帧 5 的信息内容由 24 个页面分时发送，其中，子帧 4 的页面 1～24 和子帧 5 的页面 1～10 播发全部卫星历书信息及与其他系统时间同步信息；子帧 5 的页面 11～24 为预留页面。

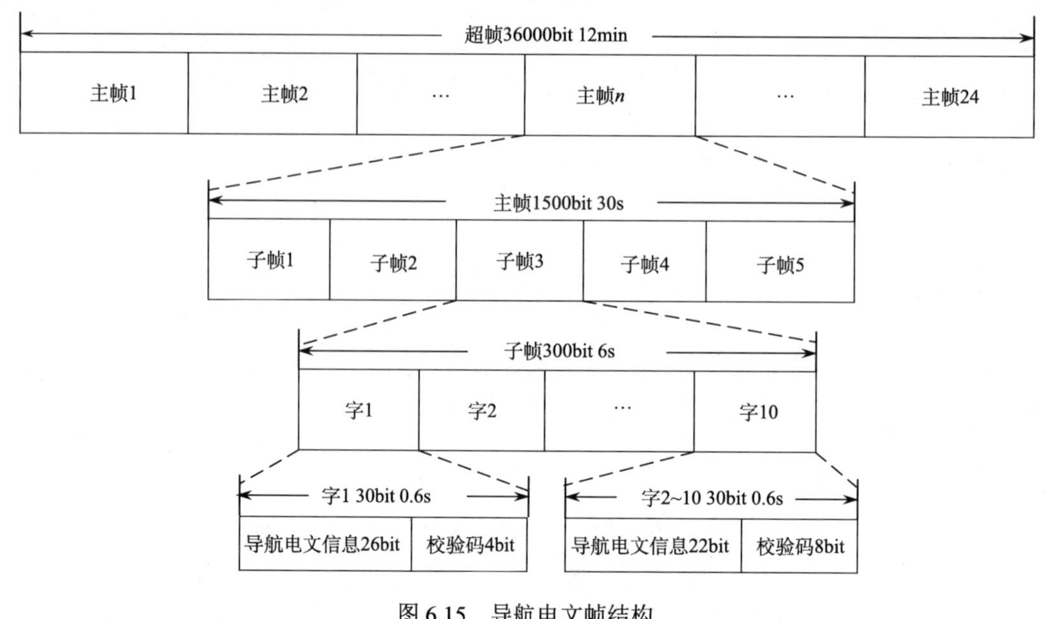

图 6.15　导航电文帧结构

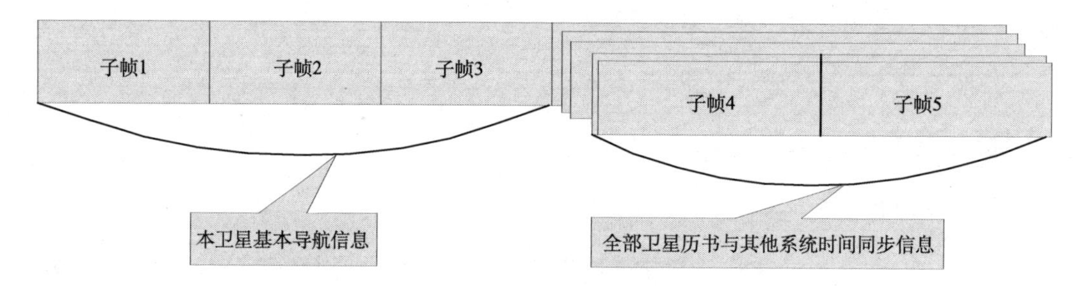

图 6.16　D1 导航电文主帧结构及信息内容

D2 导航电文由超帧、主帧和子帧组成。每个超帧为 180000bit，历时 6min，每个超帧由 120 个主帧组成，每个主帧为 1500bit，历时 3s，每个主帧由 5 个子帧组成；每个子帧为 300bit，历时 0.6s，每个子帧由 10 个字组成；每个字为 30bit，历时 0.06s。D2 导航电文帧结构如图 6.17 所示。

D2 导航电文包括本卫星基本导航信息、全部卫星历书，与其他系统时间同步信息，北斗完好性及差分信息，格网点电离层信息。主帧结构及信息内容如图 6.18 所示。子帧 1 播发基本导航信息，由 10 个页面分时发送，子帧 2～4 播发北斗系统完好性及差分信息，由 6 个页面分时发送，子帧 5 为全部卫星的历书、格网点电离层信息、与其他系统时间同步信息，这些信息由 120 个页面分时发送。

D1、D2 导航电文中各子帧格式的编排详见 ICD 文件。

6. 实验步骤

本实验主要从导航电文中获取卫星星历、钟差数据，仅根据该类数据在导航电文中的位置及编码方式进行比特提取、解析即可。

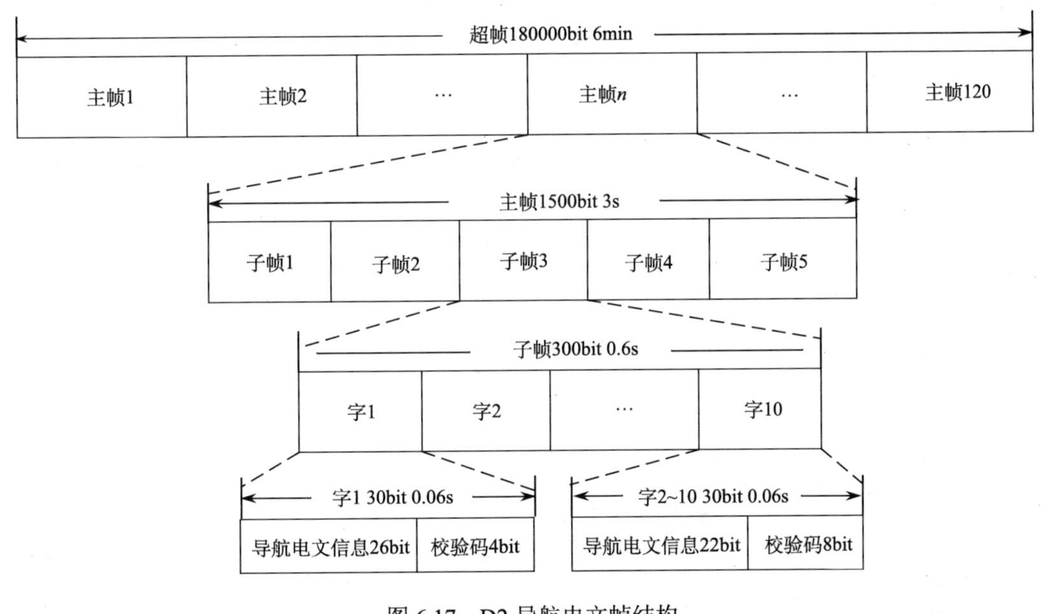

图 6.17　D2 导航电文帧结构

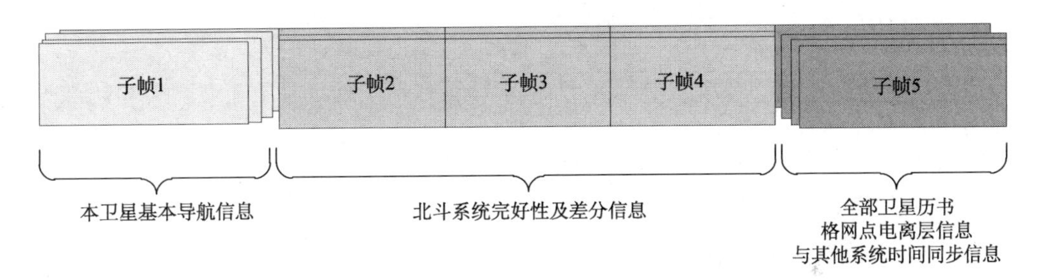

图 6.18　D2 导航电文信息内容

(1)利用北斗/GPS 教学与实验平台接收一段时间的卫星导航信号，获得北斗二号系统的原始导航电文以及.n 文件；其中，原始导航电文文件以字节形式每次存储一颗卫星的主帧，每个子帧采用 38 个字节(304bit，1 个字节为 8bit)表示；也可直接使用实验资源中提供的“BD 原始电文.txt”文件。

(2)D1 导航电文中卫星星历、钟差在子帧 1、2、3 中播发，根据 ICD 中 D1 导航电文子帧 1、2、3 的编码方式编写解码算法，获得卫星星历、钟差数据。

(3)D2 导航电文中卫星星历、钟差在子帧 1 的页面 1～10 的前 5 个字中播发，根据 ICD 中其编码方式编写解码算法，获得卫星星历、钟差数据。

(4)根据卫星类型判断采用哪种类型的导航电文解码算法进行电文解码，如果是 MEO 或 IGSO，则使用 D1 导航电文的解码方法，如果是 GEO，则使用 D2 导航电文的解码方法，获得卫星的星历、钟差数据。

7. 注意事项

(1)解析导航电文时需要严格按照编码时采用的比特数进行解析。

(2)解析导航电文时需要考虑参数的比例因子和单位。

8. 报告要求

(1)根据附件中提供的“BD 原始电文.txt”文件，解析获得各颗卫星的星历、钟差参数。

(2)对比解析出的参数与附件中提供的“导航电文.nav”文件中对应卫星的相应参数，判断编写的解析算法的正确性。

6.5.2 GPS 导航电文解析实验

1. 实验目的

(1)认识 GPS 导航电文的基本结构。
(2)了解 GPS 导航电文所含数据信息。
(3)认识 GPS L1 和 L2 导航电文的结构编排方式。
(4)掌握 GPS 导航电文的解析方法。

2. 实验任务

对 GPS 卫星的 L1 和 L2 信号播发的 $D(t)$ 导航数据序列进行解析，获得星历数据、钟差数据。

3. 实验设备

北斗/GPS 教学与实验平台。

4. 实验准备

(1)阅读《GPS 卫星导航系统空间信号接口控制文件(ICD-GPS-200C)中》$D(t)$ 导航数据序列中的信息类别及播发特点。
(2)掌握比例因子的使用方法。
(3)掌握根据 $D(t)$ 导航数据序列解析星历、钟差数据的方法。

5. 实验原理

GPS 卫星将导航电文以帧与子帧的结构形式编排成数据流，如图 6.19 所示，每颗卫星一帧接着一帧地发送导航电文，而在发送每帧电文时，卫星又以一子帧接着一子帧的形式进行。

每帧导航电文长 1500bit，记 30s，依次由 5 个子帧组成。每个子帧长 300bit，记 6s，依次由 10 个字组成，每个字长 30bit。

每一子帧的前两个字分别为遥测字(TLW)与交接字(HOW)，后八个字(即第 3～10 字)则组成数据块。不同子帧内的数据块侧重不同方面的导航信息，其中，第 1 子帧中的数据块通常称为第一数据块，第 2 子帧和第 3 子帧中的数据块合称为第二数据块，而剩下的第 4 子帧和第 5 子帧中的数据块则合称为第三数据块。GPS 对第三数据块采用了分页的结构，即一帧中的第 4 子帧和第 5 子帧为一页，然后在下一帧中的第 4 子帧和第 5 子帧继续发送下一页，而第三数据块的内容共占 25 页。因为一帧电文长 30s，所以发送一套完整的导航电文总共需要花 750s(即 12.5min)的时间，然后整个导航电文的内容每 12.5min 重复一次。

各子帧的播发页面及主要内容如图 6.20 所示。

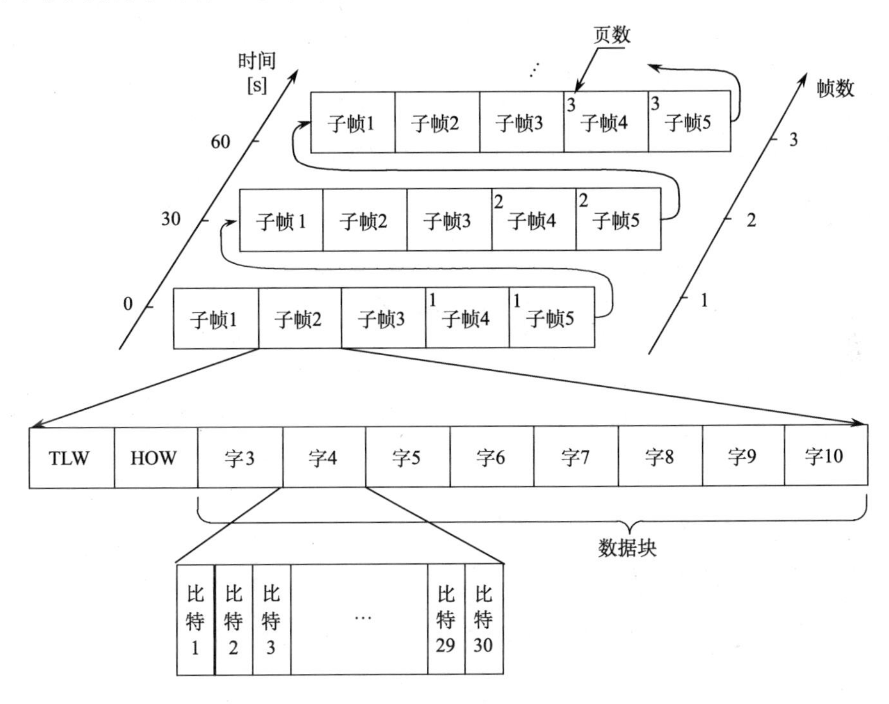

图 6.19　GPS 导航电文的结构

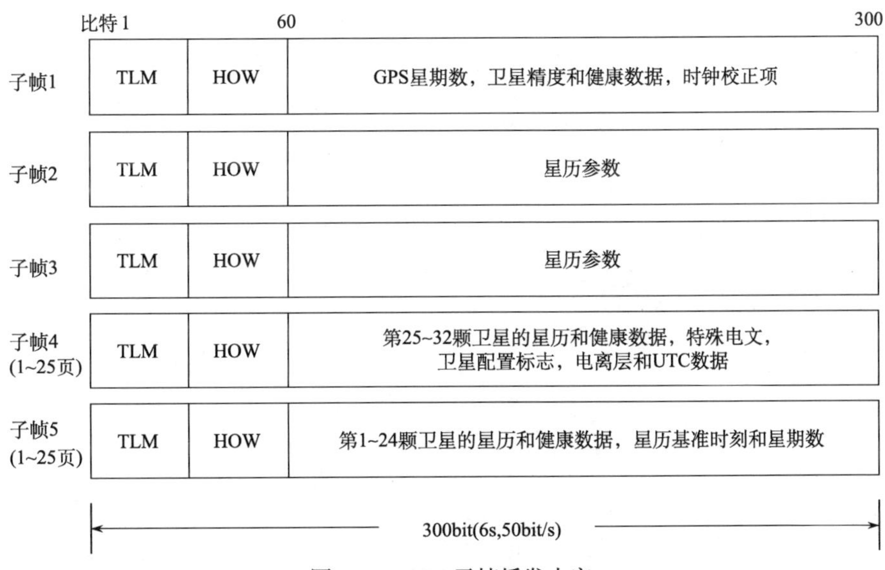

图 6.20　GPS 子帧播发内容

6. 实验步骤

本实验主要从导航电文中获取卫星星历、钟差数据，仅根据该类数据在导航电文中的位置及编码方式进行比特提取、解析即可。

(1)利用北斗/GPS教学与实验平台接收一段时间的卫星导航信号，获得GPS的原始导航电文以及.n文件；其中，原始导航电文文件以字节形式每次存储一颗卫星的主帧，每个子帧采用38个字节(304bit，1个字节为8bit)表示；也可直接使用实验资源中提供的“GPS原始电文.txt”文件。

(2)GPS卫星的钟差在子帧1中播发，卫星星历在子帧2、3中播发，根据ICD文件中子帧1、2、3的编码方式编写解码算法，获得卫星星历、钟差数据。

7. 注意事项

(1)解析导航电文时需要严格按照编码时采用的比特数进行解析。

(2)解析导航电文时需要考虑参数的比例因子和单位。

8. 报告要求

(1)根据附件中提供的“GPS原始电文.txt”文件，解析获得各颗卫星的星历、钟差参数。

(2)对比解析出的参数与附件中提供的“导航电文.nav”文件中对应卫星的相应参数，判断编写的解析算法的正确性。

第7章 接收机定位实验

利用卫星星历、伪距或载波相位观测值即可采用三球交汇原理实现接收机定位解算。本章首先开展卫星可见性判断实验，在卫星相对于接收机可见的条件下开展几何距离计算、接收机定位解算实验。通过本章的实验，用户能够利用接收机输出的伪距观测量、导航电文数据解算接收机的三维位置。

7.1 可见性判断实验

1. 实验目的

(1) 认识卫星与用户接收机之间的位置关系。

(2) 能够计算卫星相对于用户接收机的高度角。

(3) 掌握卫星与用户之间的可见性判断方法。

2. 实验任务

根据用户接收机位置、卫星位置判断它们之间的可见性。

3. 实验设备

北斗/GPS 教学与实验平台。

4. 实验准备

(1) 掌握站心坐标系的定义及特点。

(2) 掌握地心地固直角坐标系转换至站心坐标系的方法。

5. 实验原理

一般在站心坐标系中计算卫星在用户处的观测矢量和高度角(仰角)，从而判断卫星和用户之间的可见性。

如图7.1所示，若用户接收机的位置 R 在地心地固直角坐标系中的坐标为 (x_r, y_r, z_r)，某卫星 S 在地心地固直角坐标系中的坐标为 (x^s, y^s, z^s)，则用户到该卫星的观测向量为

$$\begin{bmatrix}\Delta x\\ \Delta y\\ \Delta z\end{bmatrix}=\begin{bmatrix}x^s\\ y^s\\ z^s\end{bmatrix}-\begin{bmatrix}x_r\\ x_r\\ x_r\end{bmatrix} \tag{7.1}$$

观测向量$\begin{bmatrix}\Delta x & \Delta y & \Delta z\end{bmatrix}^{\mathrm{T}}$可等效地转换为以 R 点为原点的站心坐标系中的向量$\begin{bmatrix}\Delta e & \Delta n & \Delta u\end{bmatrix}^{\mathrm{T}}$，具体的转换过程可参考地心地固直角坐标系与站心坐标系之间的转换实验。

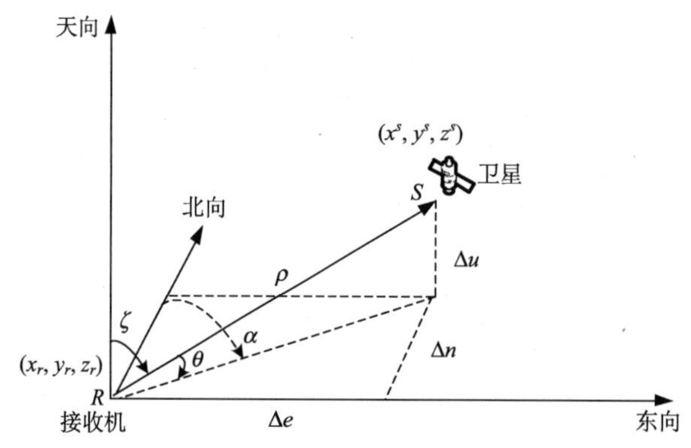

图 7.1　卫星在接收机处的观测矢量与高度角

有了在用户接收机处的观测矢量$\begin{bmatrix}\Delta e & \Delta n & \Delta u\end{bmatrix}^{\mathrm{T}}$，接着就可以计算该卫星相对于用户的方位角和高度角，卫星的高度角θ是观测矢量与东向和北向两轴所组成的水平面的夹角，即

$$\theta=\arcsin\left(\frac{\Delta u}{\sqrt{(\Delta e)^2+(\Delta n)^2+(\Delta u)^2}}\right) \tag{7.2}$$

θ的最大值为90°，只有当$\theta>0°$（或者θ大于接收机的截止高度角$\theta_0\left(\theta_0>0°\right)$）时，卫星与接收机之间可见，才能进行测距和通信。

卫星观测矢量与天顶方向的夹角称为天顶角ζ，它与高度角的关系为

$$\zeta=\frac{\pi}{2}-\theta \tag{7.3}$$

卫星的方位角α定义为北向顺时针转到观测矢量在水平面内的投影方向上的角度，即

$$\alpha=\arctan\left(\frac{\Delta e}{\Delta n}\right) \tag{7.4}$$

6. 实验步骤

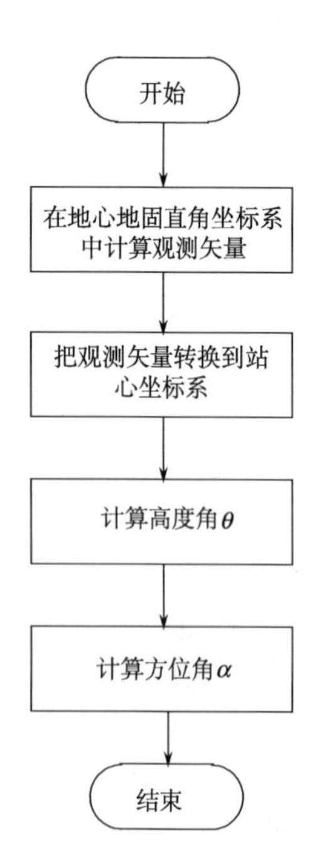

图 7.2　卫星高度角及方位角计算流程

根据卫星位置和接收机位置计算卫星在接收机处的高度角和方位角的步骤如图 7.2 所示，详细描述

如下。

(1)根据式(7.1)在地心地固直角坐标系中计算观测矢量。

(2)参考地心地固直角坐标系与站心坐标系之间的转换实验，把观测矢量转换到站心坐标系。

(3)根据式(7.2)计算高度角。

(4)根据式(7.4)计算方位角。

7. 注意事项

(1)计算高度角时，应在站心坐标系中计算。

(2)计算过程中角度的单位为弧度。

(3)求方位角时需要判断角度的象限。

8. 报告要求

根据卫星在站心坐标系中的位置及截止高度角判断卫星相对于接收机的可见性。

截止高度角为5°，卫星和接收机位置如表7.1所示。

表7.1　卫星和接收机位置数据示例

坐标	*X*	*Y*	*Z*
卫星位置(CGCS2000)	−6980323.1926	24380497.8531	33609438.0890
接收机位置(CGCS2000)	−1720245.3815	4997199.7681	3559610.6134

7.2　几何距离计算实验

1. 实验目的

(1)了解卫星与接收机之间的信号传播过程。

(2)了解信号传播过程中的误差及其影响。

(3)能够计算卫星与用户接收机之间的几何距离。

2. 实验任务

根据信号接收时刻、接收机位置、卫星星历计算卫星与接收机之间的几何距离。

3. 实验设备

北斗/GPS教学与实验平台。

4. 实验准备

(1)伪随机码的测距原理。

(2)能够根据卫星星历、指定时刻计算卫星的实时位置。

5. 实验原理

卫星与用户接收机之间的距离包括信号在空间的传播距离、星地钟差等效距离以及信号传播过程中受到各类因素影响带来的延迟部分，如图 7.3 所示。

具体如下：

$$\rho = \rho_0 + c(\delta t_u - \delta t^s) + \delta\rho_{\mathrm{Ion}} + \delta\rho_{\mathrm{Tro}} + \varepsilon \tag{7.5}$$

其中，ρ_0 为卫星与监测站接收机之间的几何距离；δt_u 为监测站接收机钟面时与导航系统标准时之差(单位：s)；δt^s 为卫星钟面时与导航系统标准时之差(单位：s)；c 表示光速；$\delta\rho_{\mathrm{Ion}}$ 为电离层误差延迟距离；$\delta\rho_{\mathrm{Tro}}$ 为对流层误差延迟距离；ε 为观测噪声。

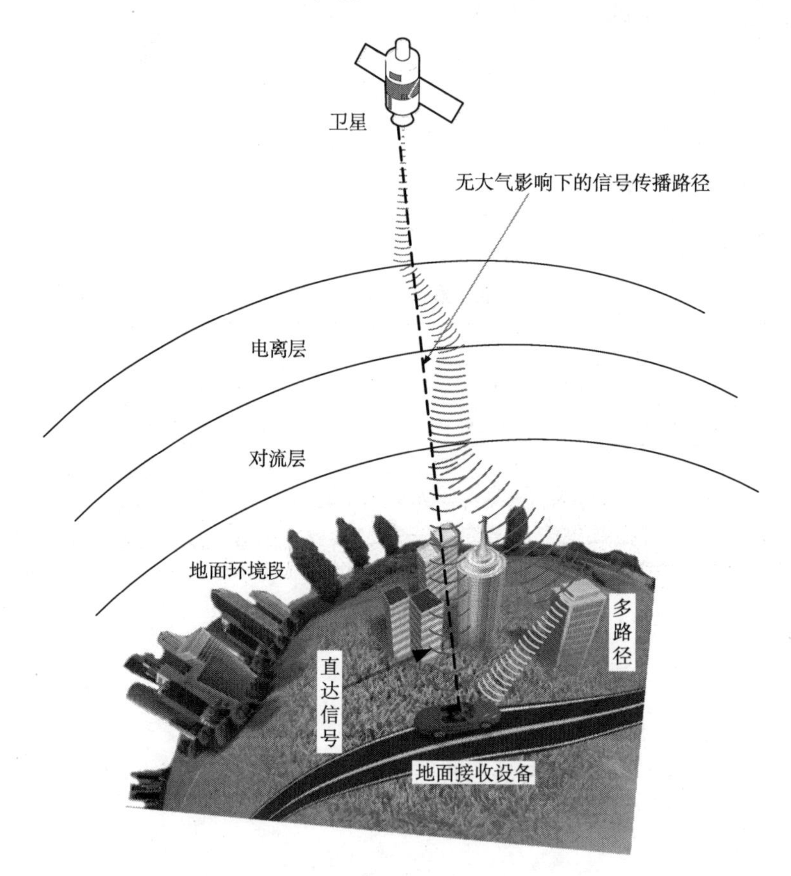

图 7.3　卫星信号传播示意图

几何距离 ρ_0 可以根据以下公式求得

$$\rho_0 = \sqrt{\left(x^s - x_u\right)^2 + \left(y^s - y_u\right)^2 + \left(z^s - z_u\right)^2} \tag{7.6}$$

其中，$\left(x^s, y^s, z^s\right)$ 为发播时刻卫星的位置；$\left(x_u, y_u, z_u\right)$ 为监测站接收机的位置。

由于接收机只能得到测量数据的接收时刻 t_r，而不知卫星发播信号的时刻 $t_u - \tau$（τ 为信号传播时延)，因此接收机测量数据时只能从接收时刻出发，反向计算卫星发播信号时刻。

在实际定位过程中，可以使用观测值 ρ 计算信号的传播时延，再计算发播时刻，具体算法如下：

$$\tau = \rho / c \tag{7.7}$$

其中，c 为信号在真空中传播的速度，即光速。根据广播星历计算 $t_r - \tau$ 时刻的卫星位置，若在地心地固直角坐标系中计算，则需要进行地球自转改正，再根据式(7.6)计算几何距离。

实际计算过程中，接收机的位置 (x_u, y_u, z_u) 为未知量，可以先使用概略位置进行计算，并在定位过程中进行迭代，得到接收机位置。因此，实际定位中的几何距离计算也是一个迭代的过程。

6. 实验步骤

几何距离计算的实验步骤如图 7.4 所示，详细的描述如下。

(1) 根据伪距计算信号传播时延 τ，并结合信号接收时刻计算信号的发播时刻。

(2) 根据广播星历计算发播时刻的卫星位置。

(3) 对卫星位置进行地球自转改正。

(4) 根据式(7.6)计算几何距离。

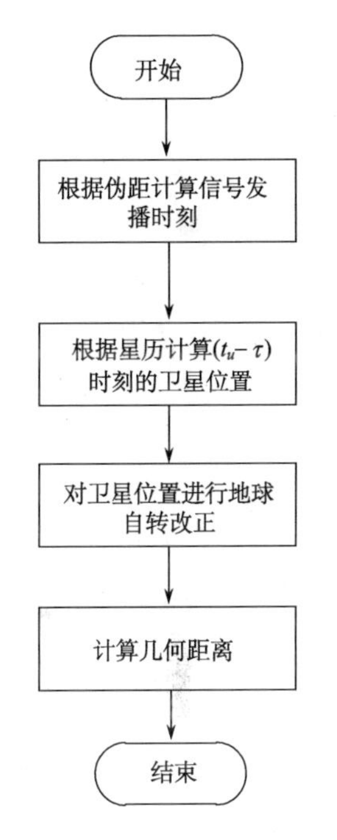

图 7.4 几何距离计算流程

7. 注意事项

(1) 注意计算过程中统一时间系统。

(2) 为了使计算结果精度更高，应选用与导航系统一致的地球自转参数和地心引力常数，北斗系统使用的地球自转参数为 7.292115×10^{-5} rad/s，地心引力常数为 $3.986004418 \times 10^{14}$。

8. 报告要求

根据一组卫星星历、接收机位置、卫星信号发射时刻计算卫星与接收机之间的几何距离。

以北斗二号 MEO 卫星为例(表 7-2)。

表 7.2 北斗二号 MEO 卫星数据示例

序号	参数	MEO
1	t_{oe}	388800.000
2	$\sqrt{A}$	$5.1538104650 \times 10^{3}$
3	e	$1.9999993357 \times 10^{-3}$
4	ω	$1.2380990014 \times 10^{-3}$
5	Δn	$-7.9196586337 \times 10^{-11}$
6	M_0	$1.3302368540 \times 10^{-6}$

续表

序号	参数	MEO
7	Ω_0	$-9.6808056271\times10^{-1}$
8	$\dot{\Omega}$	$4.0562718493\times10^{-11}$
9	i_0	$9.6107688229\times10^{-1}$
10	$\dot{i}_0$	$9.9384294749\times10^{-11}$
11	C_{uc}	$5.8679113035\times10^{-8}$
12	C_{us}	$7.5383843425\times10^{-8}$
13	C_{rc}	−0.0003
14	C_{rs}	−0.0283
15	C_{ic}	$7.2838770632\times10^{-9}$
16	C_{is}	$3.5239584625\times10^{-8}$

接收机位置为(−2148744.39690,4426641.2099,4044655.8564)(CGCS2000)，信号接收时刻的伪距观测值为22721972.540米，计算t_k=420500.00时刻卫星与接收机间的几何距离。

7.3 接收机定位解算实验

1. 实验目的

(1)学习接收机的定位原理及流程。
(2)掌握接收机的定位解算方法。
(3)认识用北斗卫星定位、GPS卫星定位的区别。

2. 实验任务

根据四颗以上(含四颗)卫星的位置及其对应的接收机的观测伪距计算接收机的位置。

3. 实验设备

北斗/GPS教学与实验平台。

4. 实验准备

(1)掌握最小二乘法。
(2)完成根据导航电文计算卫星位置、卫星钟差的实验。
(3)完成信号传播误差计算与分析的各项实验。
(4)完成北斗时与UTC转换的实验。
(5)完成GPS时与UTC转换的实验。

5. 实验原理

根据三球交会原理，用户只需要观测三颗导航卫星即可实现定位；但由于伪距中包含的接收机钟差也是未知的，因而与接收机的三维位置一起，构成4个未知数，因此，需要增加一个观测方程，才能进行定位。即至少观测4颗卫星，才能实现用户(接收机)的定位。

于是，接收机同时观测 n 颗卫星时，考虑接收机钟差、卫星钟差、电离层延迟、对流层延迟及随机噪声等测量误差，就可以建立如下定位方程：

$$\begin{cases} \rho^{(1)}=\sqrt{\left(x^{(1)}-x_u\right)^2+\left(y^{(1)}-y_u\right)^2+\left(z^{(1)}-z_u\right)^2}+c(\delta t_u-\delta t^{s(1)})+\delta\rho_{\text{Ion}}^{(1)}+\delta\rho_{\text{Tro}}^{(1)}+\varepsilon^{(1)} \\ \rho^{(2)}=\sqrt{\left(x^{(2)}-x_u\right)^2+\left(y^{(2)}-y_u\right)^2+\left(z^{(2)}-z_u\right)^2}+c(\delta t_u-\delta t^{s(2)})+\delta\rho_{\text{Ion}}^{(2)}+\delta\rho_{\text{Tro}}^{(2)}+\varepsilon^{(2)} \\ \rho^{(3)}=\sqrt{\left(x^{(3)}-x_u\right)^2+\left(y^{(3)}-y_u\right)^2+\left(z^{(3)}-z_u\right)^2}+c(\delta t_u-\delta t^{s(3)})+\delta\rho_{\text{Ion}}^{(3)}+\delta\rho_{\text{Tro}}^{(3)}+\varepsilon^{(3)} \\ \rho^{(4)}=\sqrt{\left(x^{(4)}-x_u\right)^2+\left(y^{(4)}-y_u\right)^2+\left(z^{(4)}-z_u\right)^2}+c(\delta t_u-\delta t^{s(4)})+\delta\rho_{\text{Ion}}^{(4)}+\delta\rho_{\text{Tro}}^{(4)}+\varepsilon^{(4)} \\ \vdots \\ \rho^{(n)}=\sqrt{\left(x^{(n)}-x_u\right)^2+\left(y^{(n)}-y_u\right)^2+\left(z^{(n)}-z_u\right)^2}+c(\delta t_u-\delta t^{s(n)})+\delta\rho_{\text{Ion}}^{(n)}+\delta\rho_{\text{Tro}}^{(n)}+\varepsilon^{(n)} \end{cases} \tag{7.8}$$

在实际定位过程中，卫星钟差($\delta t^{s(n)}$)、电离层延迟($\delta\rho_{\text{Ion}}^{(n)}$)、对流层延迟($\delta\rho_{\text{Tro}}^{(n)}$)可根据对应的模型及系数计算得到，接收机钟差($\delta t_u$)当作未知数求解。观察式(7.8)，不难看出，当 $n<4$ 时，方程个数小于未知数个数，方程无解；当 $n\geqslant 4$ 时，方程有解。方程有解时，又可以分为以下两种情况。

(1) 当 $n=4$ 时，方程个数正好等于未知数个数。虽然 ε 也是未知的，但一般认为，相对于未知位置，ε 是一个小量，此时，认为 $\varepsilon=0$。

(2) 当 $n>4$ 时，方程个数大于未知数个数。此时，将 ε 看作测量噪声，解方程的目的是寻找一组解 $\left(x_u,y_u,z_u,\delta t_u\right)$，使得这组解在某种意义上最逼近观测数据。

第(2)种情况的定位方程有多种解决方法，其中最著名的是由高斯提出的最小二乘法。为了说明最小二乘法的基本内涵，定义残差如下：

$$v^{(k)}=\sqrt{(x^{(k)}-x_u)^2+(y^{(k)}-y_u)^2+(z^{(k)}-z_u)^2}+c\cdot\delta t_u-\rho^{(k)} \tag{7.9}$$

其中，公式右边前两项由卫星位置、接收机概略位置和概略钟差计算得到，称为伪距计算值，用“C”表示；$\rho^{(k)}$ 为实际观测值，用“O”表示。因此，残差就是观测值与计算值之差(O–C)。式(7.9)也称为伪距观测误差方程。利用最小二乘法求得的解，就是使得残差平方和最小的解，即

$$\min\sum_{k=1}^{n}\left(v^{(k)}\right)^2=\min\sum_{k=1}^{n}\left(\sqrt{(x^{(k)}-x_u)^2+(y^{(k)}-y_u)^2+(z^{(k)}-z_u)^2}+c\cdot\delta t_u-\rho^{(k)}\right)^2 \tag{7.10}$$

实际上，上述定位方程是一个非线性方程组，不能通过直接解方程求得用户位置，需要进行线性化才能求解。

首先对观测方程进行线性化，设定接收机的概略坐标(x_0,y_0,z_0)，取相应的改正数为$(\Delta x,\Delta y,\Delta z)$，将$x_u=x_0+\Delta x$，$y_u=y_0+\Delta y$，$z_u=z_0+\Delta z$代入定位方程，进行泰勒(Taylor)级数展开，并略去高阶项后，可将第j颗卫星观测方程线性化为

$$e_x^{(j)}\Delta x+e_y^{(j)}\Delta y+e_z^{(j)}\Delta z+c\cdot\delta t_u=\rho^{(j)}-\rho_0^{(j)}+c\cdot\delta t^{s(j)}-\delta\rho_{\text{Ion}}^{(j)}-\delta\rho_{\text{Tro}}^{(j)}-\varepsilon^{(j)} \tag{7.11}$$

其中，$\rho_0^{(j)}=\sqrt{(x^{(j)}-x_0)^2+(y^{(j)}-y_0)^2+(z^{(j)}-z_0)^2}$为第$j$颗卫星至接收机的近似距离；$(e_x^{(j)},e_y^{(j)},e_z^{(j)})$为第$j$颗卫星视线（Line of Sight, LOS）方向上的单位向量，可表示如下：

$$\begin{cases}e_x^{(j)}=\dfrac{\partial\rho_0^{(j)}}{\partial x_0}=\dfrac{x_0-x^{(j)}}{\rho_0^{(j)}}\\ e_y^{(j)}=\dfrac{\partial\rho_0^{(j)}}{\partial y_0}=\dfrac{y_0-y^{(j)}}{\rho_0^{(j)}}\\ e_z^{(j)}=\dfrac{\partial\rho_0^{(j)}}{\partial z_0}=\dfrac{z_0-z^{(j)}}{\rho_0^{(j)}}\end{cases} \tag{7.12}$$

根据接收机概略位置(x_0,y_0,z_0)、接收机可见卫星的信息，第j颗卫星观测方程右边各项及左边各项的系数$e^{(j)}$均可通过计算获得，式(7.11)右边各项标记如下：

$$b^{(j)}=\rho^{(j)}-\rho_0^{(j)}+c\cdot\delta t^{s(j)}-\delta\rho_{\text{Ion}}^{(j)}-\delta\rho_{\text{Tro}}^{(j)} \tag{7.13}$$

由于观测量$\rho^{(j)}$已知，$\rho_0^{(j)}$可以根据接收机概略位置(x_0,y_0,z_0)和卫星位置$(x^{(j)},y^{(j)},z^{(j)})$计算，卫星钟差$\delta t^{s(j)}$、电离层延迟$\delta\rho_{\text{Ion}}^{(j)}$和对流层延迟$\delta\rho_{\text{Tro}}^{(j)}$可根据相关模型进行计算，因此称$b^{(j)}$为观测方程的常数项或自由项。

第j颗卫星观测方程可改写如下：

$$\varepsilon^{(j)}=e_x^{(j)}\Delta x+e_y^{(j)}\Delta y+e_z^{(j)}\Delta z+c\delta t_u-b^{(j)} \tag{7.14}$$

写成矩阵形式为

$$\boldsymbol{V}=\boldsymbol{GX}-\boldsymbol{b} \tag{7.15}$$

其中，$\boldsymbol{X}$为待定参数矢量，即

$$\boldsymbol{X}=[\Delta x,\Delta y,\Delta z,\delta t_u]^{\mathrm{T}} \tag{7.16}$$

$\boldsymbol{G}$为未知参数的系数矩阵，也称为方向余弦阵：

$$G=\begin{bmatrix} e_x^{(1)} & e_y^{(1)} & e_z^{(1)} & 1 \\ e_x^{(2)} & e_y^{(2)} & e_z^{(2)} & 1 \\ \vdots & \vdots & \vdots & \vdots \\ e_x^{(n)} & e_y^{(n)} & e_z^{(n)} & 1 \end{bmatrix} \tag{7.17}$$

$\boldsymbol{b}$ 为自由项矢量：

$$\boldsymbol{b}=[b^{(1)},b^{(2)},\cdots,b^{(n)}]^{\mathrm{T}} \tag{7.18}$$

$\boldsymbol{V}$ 为残差矢量：

$$\boldsymbol{V}=[\varepsilon^{(1)},\varepsilon^{(2)},\cdots,\varepsilon^{(n)}]^{\mathrm{T}} \tag{7.19}$$

根据最小二乘法，可解得未知参数 $\boldsymbol{X}$ 的最佳估值为

$$\hat{\boldsymbol{X}}=(\boldsymbol{G}^{\mathrm{T}}\boldsymbol{G})^{-1}\boldsymbol{G}^{\mathrm{T}}\boldsymbol{b} \tag{7.20}$$

由于接收机的概略坐标 (x_0,y_0,z_0) 可能有较大误差，在进行方程线性化时略去高阶项会引起线性化误差。此时，可以利用牛顿迭代解算，即得到第一次解后，用它作为近似值再重新解算。第 i 次迭代后，接收机的坐标更新如下：

$$\begin{aligned} x_i &= x_{i-1}+\Delta x \\ y_i &= y_{i-1}+\Delta y \\ z_i &= z_{i-1}+\Delta z \end{aligned} \tag{7.21}$$

若牛顿迭代已经收敛到了所需要的精度(如 $\sqrt{\Delta x^2+\Delta y^2+\Delta z^2}<10^{-4}$)，则终止迭代，并将当前这一次迭代后的更新值作为此次定位、定时的结果。否则，迭代次数 i 增 1，进入下一次迭代。

北斗二号卫星导航系统的导航电文中发播的星历参数为 16 个，北斗三号卫星导航系统的 B1C、B2a 信号发播的星历参数为 18 个，计算卫星位置时注意用对应的用户算法。

北斗二号卫星导航系统的导航电文中发播的电离层参数为 Klobuchar 8 参数，北斗三号卫星导航系统的 B1C、B2a 信号发播的电离层延迟改正参数为 BDGIM 9 参数，若存在双频观测值，可通过双频观测值计算出电离层延迟，具体的算法可参考双频电离层延迟改正实验。因此，计算时需要根据数据类型选择不同的模型进行电离层延迟修正。

使用不同的导航系统用于接收机的定位解算的方法和流程是一致的，只存在电离层延迟改正模型、星历参数等方面的区别，在实际定位过程中，根据接收到的导航电文选择相应的模型，即可完成定位。此外，选用与导航系统一致的常数，有助于提高定位精度。北斗系统所采用的常数：地心引力常数为 3.986004418×10^{14}，地球自转角速度为 7.292115×10^{-5} rad/s。GPS 系统：地心引力常数为 3.9860050×10^{14}，地球自转角速度为 $7.2921151467\times10^{-5}$ rad/s。

6. 实验步骤

根据四组以上的导航电文及对应的某时刻的观测数据进行接收机定位解算的步骤如图 7.5 所示，详细的说明如下。

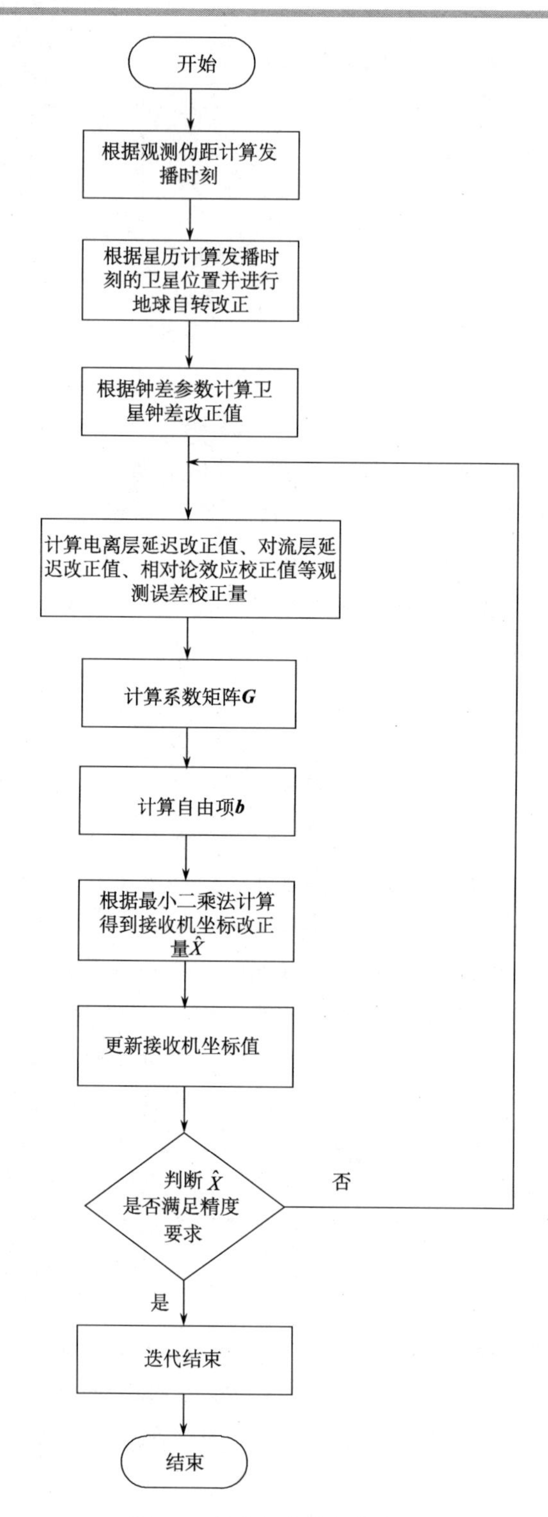

图 7.5　接收机定位解算流程

(1)根据观测伪距计算信号的传播时延，并结合接收时刻计算信号的发播时刻。

(2)根据星历计算发播时刻的卫星位置，并进行地球自转改正。

(3)根据广播电文中的钟差参数计算卫星钟钟差改正值。

(4)确定接收机的初始位置，初始位置可以是观测数据头文件中的位置，也可以是0。

(5)迭代计算接收机的位置：

① 计算电离层延迟改正值、对流层延迟改正值、相对论效应校正值等观测误差校正量；

② 计算几何距离值，根据式(7.12)、式(7.17)对观测方程进行线性化，求得系数矩阵$\boldsymbol{G}$；

③ 根据式(7.13)、式(7.18)计算自由项矢量$\boldsymbol{b}$；

④ 根据式(7.20)计算接收机位置改正量及接收机钟差$\boldsymbol{X}$；

⑤ 根据式(7.21)更新接收机位置；

⑥ 判断迭代终止条件是否满足，若满足，则结束迭代，若不满足，则进入下一次迭代。

7. 注意事项

(1)计算时注意所有时间保持在同一个时间体系中，根据电文计算卫星位置、钟差时，时间要转成北斗时的周+周内秒。

(2)根据星历参数计算卫星位置时，注意要判断卫星的类型，GEO与非GEO卫星在计算时存在一些不同。

8. 报告要求

根据接收机的概略位置、接收机接收到的北斗系统的可见星的观测数据、电文数据进行接收机定位解算（以附件形式给出可见星的相关数据）。

第 8 章

接收机定位精度评估实验

接收机利用至少 4 颗可见星的数据进行定位解算，获得接收机的位置。星站几何构型对定位精度影响非常大。本章从接收机定位精度评估出发，开展空间卫星的几何分布对定位精度的影响实验，以及各类精度因子的计算实验，使用户充分认识精度因子的意义，并掌握其计算方法。

8.1 接收机定位精度评估准则实验

1. 实验目的

(1) 认识定位精度的影响因子。
(2) 认识卫星的几何分布对定位精度的影响。
(3) 掌握精度因子的含义及作用。

2. 实验任务

利用不同几何分布的卫星进行定位，比较定位精度。

3. 实验设备

北斗/GPS 教学与实验平台。

4. 实验准备

掌握接收机定位的基本原理，完成接收机定位解算实验。

5. 实验原理

定位精度与以下两方面因素有关。

(1) 测量误差：测量误差（伪距和载波相位测量值中包含的各种误差）的方差越大，则定位误差的方差也越大。

(2) 卫星的几何分布：定位误差中的权系数矩阵完全取决于可见卫星的个数及其相对于用户的几何分布，与信号的强弱或接收机的好坏无关。权系数中的元素值越小，则测量误差被放大成定位误差的程度就越低。

星站几何构型对定位精度影响非常大，以二维测距定位情况为例说明。如图 8.1 所示，图中弧线表示测距的均值和误差区间，阴影处表示定位解算的不确定范围，箭头方向表示从用户到卫星信号的视线矢量。当测距精度一定，视线矢量互相垂直时，定位误差最小。

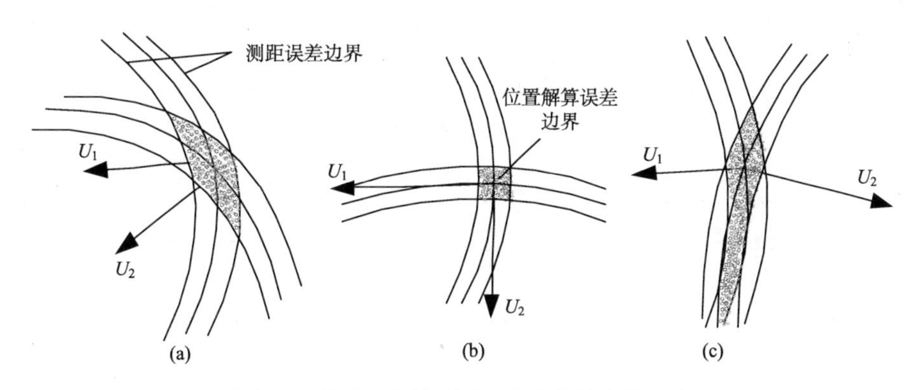

图 8.1　星站几何构型对二维定位精度的影响

对于卫星导航定位，星站几何构型的示意图如图 8.1 所示。图 8.1(b)为星站几何构型较好的示意图，卫星相对接收机的分布较均匀；图 8.1(c)为星站几何构型不良的示意图。虽然在理论上接收机定位过程中，可见卫星越多越好，但是实际中并非完全如此，因此存在最佳选型的问题。

在导航和定位中，我们使用精度因子(dilution of precision，DOP，也翻译为精度衰减因子)，来衡量观测卫星的空间几何分布对定位精度的影响。精度因子是卫星定位质量的指示器。

DOP 值作为评估卫星导航系统定位性能的重要手段之一，不仅具有测量意义，还具有明确的数学意义。在测量方面，DOP 反映了由于观测卫星与接收机空间几何布局的影响造成的伪距误差与用户位置误差间的比例系数，是评估用户位置精度的重要指标。在数学方面，DOP 作为基于最小二乘平差解的权逆阵对角线的重要组成部分，同时也是未知参数协方差对角线元素与伪距等效方差的比值，反映了观测信息对于解算的未知参数的贡献程度。几何分布越好，DOP 值就越小，而在同等用户等效距离误差下，DOP 值越小，代表星座分布结构越好，定位精度就越高。

6. 实验步骤

本实验在接收机定位解算实验的基础上开展，分 4 次选择 4 颗不同空间几何分布的卫星(例如，同轨道 4 颗；同轨道 3 颗，其他轨道 1 颗；同轨道 2 颗，其他轨道 2 颗；4 颗不同轨道)，进行定位解算，比较定位精度。

7. 注意事项

无。

8. 报告要求

分4次选择4颗不同空间几何分布的卫星进行定位解算，比较其定位精度，以表格的形式记录，见表8.1。

表8.1 定位精度与卫星空间几何分布关系记录表

序号	空间几何分布	定位精度/m
1		
2		
3		
4		

8.2 DOP计算实验

1. 实验目的

(1)认识卫星的几何分布对定位精度的影响。
(2)认识精度因子的含义。
(3)认识不同类型精度因子的区别。
(4)掌握根据卫星的几何分布计算精度因子的方法。

2. 实验任务

根据接收机位置、多颗卫星位置计算不同几何分布卫星的精度因子。

3. 实验设备

北斗/GPS教学与实验平台。

4. 实验准备

(1)阅读地心地固直角坐标系与站心坐标系的转换方法。
(2)完成接收机定位解算实验。

5. 实验原理

在导航和定位中，我们使用精度因子来衡量观测卫星的空间几何分布对定位精度的影响。精度因子是卫星位置质量的指示器。

DOP值可细分为几何精度衰减因子(Geometric Dilution of Precision，GDOP)、位置精度衰减因子(Position Dilution of Precision，PDOP)、水平精度衰减因子(Horizontal Dilution of Precision，HDOP)、垂直精度衰减因子(Vertical Dilution of Precision，VDOP)和时间精度衰减因子(Time Dilution of Precision，TDOP)。

在利用 $n(n\geqslant 4)$ 颗卫星对接收机三维位置和钟差进行解算时，方向余弦阵 $\boldsymbol{G}$ 如下：

$$\boldsymbol{G}=\begin{bmatrix} e_x^{(1)} & e_y^{(1)} & e_z^{(1)} & 1 \\ e_x^{(2)} & e_y^{(2)} & e_z^{(2)} & 1 \\ \vdots & \vdots & \vdots & \vdots \\ e_x^{(n)} & e_y^{(n)} & e_z^{(n)} & 1 \end{bmatrix} \tag{8.1}$$

$\boldsymbol{G}$ 只与各颗卫星相对于用户的几何位置有关，与信号强度及接收机的好坏无关。

在地心地固直角坐标系中的权系数矩阵定义如下，它是一个 4×4 的对称矩阵：

$$\boldsymbol{H}=(\boldsymbol{G}^{\mathrm{T}}\boldsymbol{G})^{-1} \tag{8.2}$$

如果 h_{ii} 表示权系数矩阵 $\boldsymbol{H}$ 的对角元素，那么 PDOP 值为

$$\mathrm{PDOP}=\sqrt{h_{11}+h_{22}+h_{33}} \tag{8.3}$$

TDOP 值为

$$\mathrm{TDOP}=\sqrt{h_{44}} \tag{8.4}$$

GDOP 值为

$$\mathrm{GDOP}=\sqrt{h_{11}+h_{22}+h_{33}+h_{44}} \tag{8.5}$$

为了定义水平方向与竖直方向上的定位精度因子，需要获得站心坐标系中的权系数矩阵，站心坐标系中的权系数矩阵如下：

$$\tilde{\boldsymbol{H}}=\begin{bmatrix} \boldsymbol{S} & 0 \\ \boldsymbol{0}^{\mathrm{T}} & 1 \end{bmatrix}\cdot\boldsymbol{H}\cdot\begin{bmatrix} \boldsymbol{S}^{\mathrm{T}} & 0 \\ \boldsymbol{0}^{\mathrm{T}} & 1 \end{bmatrix} \tag{8.6}$$

$\boldsymbol{S}$ 为地心地固直角坐标系转换至站心坐标系的转换矩阵：

$$\boldsymbol{S}=\begin{bmatrix} -\sin L & \cos L & 0 \\ -\sin B\cos L & -\sin B\sin L & \cos B \\ \cos B\cos L & \cos B\sin L & \sin B \end{bmatrix} \tag{8.7}$$

其中，L 为接收机在大地坐标系中的经度；B 为纬度。

如果 $\tilde{h}_{ii}$ 表示权系数矩阵 $\tilde{\boldsymbol{H}}$ 的对角元素，可以定义如下的 DOP 值：

$$\begin{aligned} \mathrm{HDOP}&=\sqrt{\tilde{h}_{11}+\tilde{h}_{22}} \\ \mathrm{VDOP}&=\sqrt{\tilde{h}_{33}} \\ \mathrm{PDOP}&=\sqrt{\tilde{h}_{11}+\tilde{h}_{22}+\tilde{h}_{33}} \\ \mathrm{TDOP}&=\sqrt{\tilde{h}_{44}} \\ \mathrm{GDOP}&=\sqrt{\tilde{h}_{11}+\tilde{h}_{22}+\tilde{h}_{33}+\tilde{h}_{44}} \end{aligned} \tag{8.8}$$

因为坐标变换不改变一个向量的长度，所以在站心坐标系计算得到的 PDOP、TDOP、GDOP 的值与在地心地固直角坐标系中得到的计算值一致。

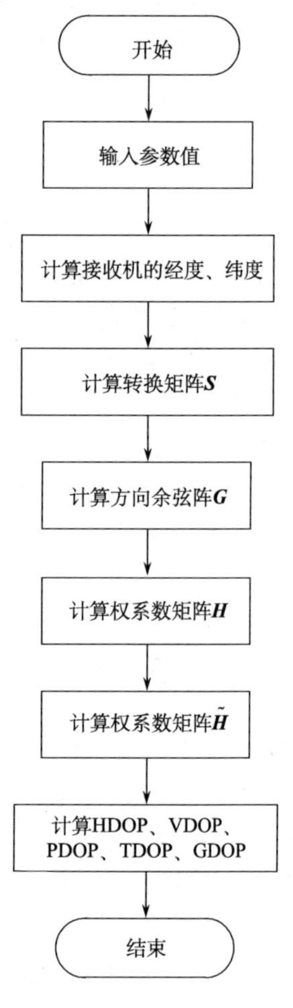

图 8.2 DOP 解算流程图

6. 实验步骤

根据实验原理和计算公式，实现 DOP 解算的流程如图 8.2 所示。

(1) 输入 CGCS2000 坐标系中的接收机位置、可见卫星位置。

(2) 根据 3.1.1 节的实验原理计算接收机的大地坐标(经度、纬度、高程)。

(3) 将接收机的经度、纬度代入式(8.7)计算地心地固直角坐标系转换至站心坐标系的转换矩阵 $\boldsymbol{S}$。

(4) 将接收机位置、可见星位置代入式(8.1)计算方向余弦阵 $\boldsymbol{G}$。

(5) 根据式(8.2)计算权系数矩阵 $\boldsymbol{H}$。

(6) 将步骤(3)计算的矩阵 $\boldsymbol{S}$、步骤(5)计算的矩阵 $\boldsymbol{H}$ 代入式(8.6)计算站心坐标系中的权系数矩阵 $\tilde{\boldsymbol{H}}$ 。

(7) 根据式(8.8)计算各类精度因子。

7. 注意事项

(1) 水平精度因子和高程精度因子需要在站心坐标系中计算。

(2) 可在进行定位解算时求解 DOP 值，因为定位解算过程已求出雅可比矩阵 $\boldsymbol{G}$。

8. 报告要求

根据接收机位置、多颗卫星位置计算不同几何分布卫星的精度因子。

实验数据可参考定位解算的数据，也可以直接根据卫星位置计算，示例如下。

接收机位置(CGCS2000)：

B：39.608600°；L：115.892488°；H：87.471737m

X：–2148744.3968m；Y：4426641.2099 m；Z：4044655.8564 m

卫星在 CGCS2000 直角坐标系中的位置如表 8.2 所示。

表 8.2 卫星位置数据示例

卫星号	X/m	Y/m	Z/m
1	7125795.1868	41472111.9328	1907.6885
2	–7488237.6519	41408196.7556	23815.4193
3	–32352974.2281	26907152.7772	56717.4397
4	–13309773.3700	22925033.0084	26936.6862

续表

卫星号	X/m	Y/m	Z/m
5	−18697243.0940	10813918.9149	15394886.8532
6	6867036.0989	14718593.6321	20999965.4348
7	−19917566.6983	37067531.2462	41145.8928

分别计算 1、2、3、4 号卫星几何分布条件下，4、5、6、7 号卫星几何分布条件下的 GDOP、PDOP、VDOP、HDOP、TDOP。

第9章 接收机测速实验

对某些用户(尤其是运动中的用户)来说，除了位置的确定，还需要航速的测定，即测定接收机(用户)的运动速度。卫星导航系统除了可以进行伪距测量，还可获得用户相对于卫星的伪距变化率。本章在接收机位置已知的条件下根据伪距变化率开展接收机速度解算实验，获得接收机的实时运动速度。

9.1 多普勒频移计算实验

1. 实验目的

(1) 认识多普勒频移产生的原理。

(2) 认识多普勒频移与卫星速度、用户速度之间的关系。

(3) 掌握多普勒频移与伪距变化率之间的关系。

(4) 掌握根据卫星星历计算卫星速度的方法。

(5) 掌握卫星时钟频率偏移的计算方法。

2. 实验任务

(1) 根据信号接收时刻、伪距观测值、卫星星历计算信号发射时刻的卫星位置。

(2) 根据卫星钟差参数、星历参数计算卫星时钟频率偏移。

(3) 根据信号接收时刻、用户运动速度、用户接收机钟漂、卫星钟差、星历参数计算多普勒频移。

3. 实验设备

北斗/GPS 教学与实验平台。

4. 实验准备

无。

5. 实验原理

在北斗卫星导航系统中，伪距变化率是通过多普勒效应求得的。根据多普勒效应产生原理，由于用户与卫星之间存在相对运动，因此用户接收到的信号频率，与卫星发射信号的标称频率存在偏移，该频率偏移称为多普勒频移。接收机测量得到多普勒频移

$f_d^{(j)}$、卫星发射的载波信号的频率 f_s 和伪距变化率 $\dot{\rho}^{(j)}$ 之间的关系如下：

$$\dot{\rho}^{(j)} = \frac{c}{f_s} \cdot f_d^{(j)} \tag{9.1}$$

其中，c 为光速。同时，也可对伪距求导得到距离变化率。事实上，经过电离层延迟和对流层延迟修正后的伪距为

$$\rho^{(j)} = \rho_0^{(j)} + c\left(\delta t_u - \delta t^s\right) + \varepsilon \tag{9.2}$$

其中，δt_u、δt^s 分别表示接收机钟差、卫星钟差。求导可得如下形式的伪距变化率：

$$\dot{\rho}^{(j)} = \dot{\rho}_0^{(j)} + \delta f_u - \delta f^{(j)} + \varepsilon_p^{(j)} \tag{9.3}$$

其中，δf_u 为接收机钟漂；$\delta f^{(j)}$ 为卫星 j 的时钟频率偏移校正量，计算公式如下：

$$\delta f^{(j)} = a_{f1} + 2a_{f2}(t - t_{\text{oc}}) + \Delta t_r \tag{9.4}$$

其中，Δt_r 为相对论效应改正，计算方法参见 5.7 节。

误差 $\varepsilon_p^{(j)}$ 中包括电离层和对流层延迟的变化率，它们的值一般很小；用户与卫星之间几何距离的变化率 $\dot{r}^{(j)}$ 可以表示为接收机与卫星的相对速度在伪距方向的投影 $\dot{\rho}_0^{(j)} = -(\boldsymbol{v}^{(j)} - \boldsymbol{v})\boldsymbol{e}^{(j)}$，其中，$\boldsymbol{v}^{(j)} = \begin{bmatrix} v_x^j & v_y^j & v_z^j \end{bmatrix}$ 为卫星运行速度，$\boldsymbol{v} = [v_x, v_y, v_z]^{\mathrm{T}}$ 是需要求解的用户运动速度，$\boldsymbol{e}^{(j)}$ 代表卫星与用户间的单位观测矢量，详细定义见 7.3 节。

由式(9.1)和式(9.3)可得多普勒频移与用户运动速度、卫星运行速度之间的关系：

$$\frac{c}{f_s} \cdot f_d^{(j)} = -(\boldsymbol{v}^{(j)} - \boldsymbol{v})\boldsymbol{e}^{(j)} + \delta f_u - \delta f^{(j)} + \varepsilon_p^{(j)} \tag{9.5}$$

6. 实验步骤

根据接收机位置、速度、钟漂参数、卫星星历计算某时刻接收机端的多普勒频移的实现流程如图 9.1 所示。

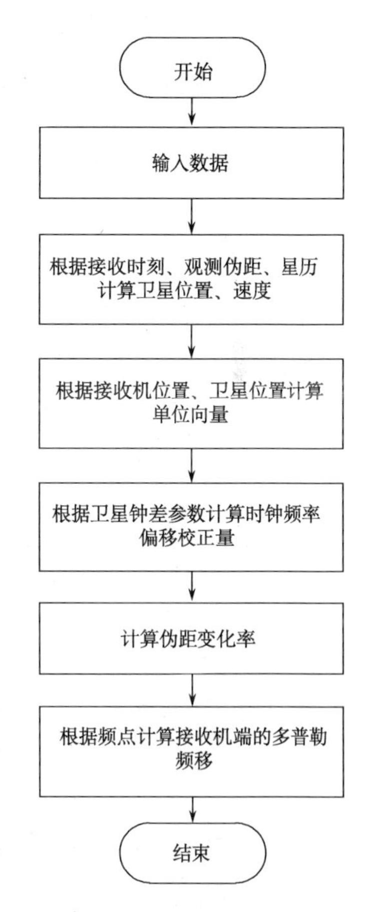

图 9.1　多普勒频移计算流程图

(1) 输入接收信号的频率，接收机的位置、速度、钟漂，卫星星历、钟差参数，以及信号接收时刻。

(2) 根据信号接收时刻、观测伪距计算卫星信号发射时刻，进而计算卫星在发射时刻的位置、速度。根据星历计算卫星位置可参考 4.5.2 节，根据星历计算卫星速度可参考《北斗卫星导航定位原理与方法》一书 6.4.2 节。

(3) 将接收机位置、卫星位置代入式(7.12)计算单位向量。

(4) 将卫星钟差参数、星历参数代入式(9.4)计算卫星的时钟频率偏移校正量。

(5)根据式(9.3)计算伪距变化率。

(6)根据式(9.5)计算接收机端的多普勒频移。

7. 注意事项

该实验需要在接收机位置、速度、钟漂已知的条件下开展。

8. 报告要求

根据一组卫星星历、钟差，用户位置、速度、接收机钟漂，卫星信号接收时刻计算用户端的多普勒频移。

以北斗二号 B1I 信号 MEO 卫星为例，星历参数数据示例如表 7.2 所示。

卫星钟差参数如表 9.1 所示。

表 9.1　卫星钟差数据示例

参数	t_{oe}	a_0	a_1	a_2
取值	388800.000	0.000471252016723005	$2.61479726455351\times10^{-12}$	$4.00558305466653\times10^{-25}$

用户位置为(–2148744.3969，4426641.2099，4044655.8564)(CGCS2000)，单位为 m；速度为(3.0，5.0，1.0)，单位为 m/s；用户接收机钟漂为 $0.488853402203\times10^{-11}$，单位为 s/s；计算 t_k=420500.00 时刻用户端的多普勒频移。

9.2　北斗接收机测速解算实验

1. 实验目的

(1)了解北斗卫星导航系统的组成及主要功能。

(2)认识多普勒频移产生的原理。

(3)掌握多普勒频移与伪距变化率之间的关系。

(4)学习北斗接收机的测速原理及流程。

(5)掌握北斗接收机的测速解算方法。

2. 实验任务

根据接收机位置，多颗北斗可见卫星的星历、钟差数据，多普勒、伪距观测数据等计算接收机的速度。

3. 实验设备

北斗/GPS 教学与实验平台。

4. 实验准备

(1)阅读根据北斗卫星星历计算特定时刻的卫星位置、速度的相关资料。

(2) 阅读根据接收机位置、卫星位置计算雅可比矩阵的相关资料。

(3) 阅读卫星时钟频率偏移校正的相关资料。

5. 实验原理

根据式(9.5)可得如下公式:

$$\boldsymbol{v}\boldsymbol{e}^{(j)}+\delta f_u=(\dot{\rho}^{(j)}+\boldsymbol{v}^{(j)}\boldsymbol{e}^{(j)}+\delta f^{(j)})-\varepsilon_p^{(j)} \tag{9.6}$$

等号左边为接收机的 $\boldsymbol{v}$ 和 δf_u，为未知量。N 个卫星测量值可组成如下一个矩阵方程：

$$\boldsymbol{G}\begin{bmatrix} v_x \\ v_y \\ v_z \\ \delta f_u \end{bmatrix}=\boldsymbol{b}+\varepsilon_p \tag{9.7}$$

上述定速方程式中的矩阵 $\boldsymbol{G}$ 为定位中的雅可比矩阵，自由项 $\boldsymbol{b}$ 中的第 j 个分量等于校正后的多普勒频移 $\dot{\rho}^{(j)}+\delta f^{(j)}$ 加上卫星运行速度的投影 $\boldsymbol{v}^{(j)}\boldsymbol{e}^{(j)}$。

采用最小二乘法对上述矩阵方程进行求解，获得接收机的速度。

6. 实验步骤

根据接收机位置、卫星星历、钟差参数、多普勒频移、伪距观测数据计算某时刻的接收机速度的实现流程如图9.2所示。

(1) 利用北斗/GPS 教学与实验平台接收一段时间的卫星导航信号，获得信号接收点对北斗卫星导航系统的可见星的观测数据和星历数据。

(2) 根据信号接收时刻、观测伪距计算卫星信号发射时刻，进而计算卫星在发射时刻的位置、速度。根据星历计算卫星位置可参考4.5.2节，根据星历计算卫星速度可参考《北斗卫星导航定位原理与方法》一书的6.4.2节。

(3) 将接收机位置、卫星位置代入式(7.12)计算单位向量。

(4) 将卫星钟差参数、星历参数代入式(9.4)计算卫星的时钟频率偏移校正量。

(5) 将多普勒频移观测量代入式(9.1)计算伪距变化率。

(6) 根据式(9.6)计算单颗卫星的自由项(即方程式

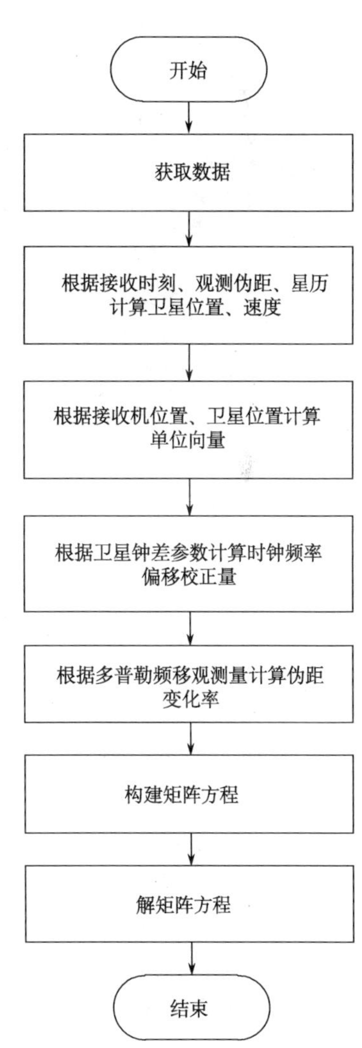

图9.2 接收机速度计算流程图

的右边)，根据多颗卫星的观测量构建矩阵方程。

(7)采用最小二乘法解算矩阵方程，获得接收机的速度。

7. 注意事项

(1)计算过程中各个参量值统一以米/秒为单位。

(2)测速是在已知接收机位置的条件下开展的。

(3)计算得到卫星的位置，进行下一步计算时需考虑地球自转效应改正。

(4)在根据星历计算卫星位置时需要考虑各参数的单位。

(5)根据星历参数计算 GEO 卫星位置时需要进行–5°的旋转。

(6)根据星历计算卫星位置时采用 CGCS2000 坐标系及椭球定义的地球引力常数和地球自转速率。

图 9.3　北斗/GPS 教学与实验平台界面截图 1

8. 报告要求

根据接收机的位置、接收机接收到的北斗系统的可见星的观测数据、电文数据进行接收机测速解算。利用北斗/GPS 教学与实验平台接收北斗卫星导航系统的可见星信息，由于可见卫星数较多，以附件的形式给出单个时刻的可见星的观测数据、电文数据，附件名为 bddata.txt。计算该时刻的接收机速度，并与北斗/GPS 教学与实验平台给出的结果(图 9.3)进行比较，进而判断编写算法的正确性。

9.3　GPS 接收机测速解算实验

1. 实验目的

(1)了解 GPS 卫星导航系统的组成及主要功能。

(2)认识多普勒频移产生的原理。

(3)掌握多普勒频移与伪距变化率之间的关系。

(4)学习 GPS 接收机的测速原理及流程。

(5)掌握 GPS 接收机的测速解算方法。

2. 实验任务

(1)根据接收机位置，多颗 GPS 可见卫星的星历数据，多普勒、伪距观测数据等计算接收机的速度。

(2)比较利用 GPS 系统进行测速与利用北斗系统进行测速的异同。

3. 实验设备

北斗/GPS 教学与实验平台。

4. 实验准备

(1) 阅读根据 GPS 卫星星历计算特定时刻的卫星位置、速度的相关资料。
(2) 阅读根据接收机位置、卫星位置计算雅可比矩阵的相关资料。
(3) 阅读卫星时钟频率偏移校正的相关资料。

5. 实验原理

GPS 接收机观测数据(可见星的伪距、多普勒频移观测数据，可见星的星历、钟差数据)、接收机位置等进行测速的原理及实验流程同北斗接收机。

6. 注意事项

(1) 计算过程中各个参量值统一以米/秒为单位。
(2) 测速是在已知接收机位置的条件下开展的。
(3) 计算得到卫星的位置，进行下一步计算时需要考虑地球自转效应改正。
(4) 在根据星历计算卫星位置时需要考虑各参数的单位。
(5) 根据星历计算卫星位置时采用 WGS84 坐标系及椭球定义的地心引力常数和地球自转速率。

7. 报告要求

根据接收机的位置、接收机接收到的北斗系统的可见星的观测数据、电文数据进行接收机测速解算。利用北斗/GPS 教学与实验平台接收 GPS 的可见星信息，由于可见卫星数较多，以附件的形式给出单个时刻的可见星的观测数据、电文数据，附件名为 gpsdata.txt。计算该时刻的接收机速度，并与北斗/GPS 教学与实验平台给出的结果(图 9.4)进行比较。

图 9.4　北斗/GPS 教学与实验平台界面截图 2

第10章 接收机授时实验

除了导航用户，还有一些用户对时间测定与时间同步提出了要求，利用卫星导航信号进行时间传递，不仅可以获得较高的定时精度，而且设备简单，具有全球覆盖、全天候等优点。卫星导航授时被人们广泛采用，成为国际时间比对的主要手段。本章在接收机位置已知的条件下开展单向测量授时，获得接收机的钟差。

10.1 北斗接收机授时解算实验

1. 实验目的

(1) 了解北斗卫星导航系统的组成及主要功能。

(2) 学习北斗接收机单向授时原理及流程。

(3) 掌握北斗接收机的单向授时解算方法。

(4) 能够在已知接收机位置的条件下根据单颗北斗可见星的观测信息计算接收机的钟差。

2. 实验任务

根据接收机位置，单颗北斗可见卫星的导航电文数据、伪距观测数据计算接收机的钟差。

3. 实验设备

北斗/GPS 教学与实验平台。

4. 实验准备

(1) 完成根据北斗卫星星历计算特定时刻卫星位置的实验。

(2) 完成根据北斗钟差参数计算特定时刻卫星钟差的实验。

(3) 完成电离层延迟改正、对流层延迟改正实验。

5. 实验原理

通过北斗系统进行授时，主要有单向测量授时技术和共视测量授时技术两种，本实验采用单向测量授时技术。当观测卫星数≥4 时，通过定位解算可以得到接收机钟差，实现与系统时间的同步。如果接收机位置已知，只观测一颗可见卫星即可实现授时，伪距测量公式(单位统一为米)如下：

$$\rho^{(i)}=\sqrt{\left(x^{(i)}-x_u\right)^2+\left(y^{(i)}-y_u\right)^2+\left(z^{(i)}-z_u\right)^2}+c\left(\delta t_u-\delta t^{s(i)}\right)+\delta\rho_{\text{Ion}}^{(i)}+\delta\rho_{\text{Tro}}^{(i)}+\varepsilon^{(i)} \tag{10.1}$$

其中，(x_u,y_u,z_u)为接收机位置，为已知量；$\left(x^{(i)},y^{(i)},z^{(i)}\right)$为卫星位置，可根据星历计算得到；$\delta t^{s(i)}$为卫星钟差，可根据钟差参数计算得到；$\delta\rho_{\text{Tro}}^{(i)}$为对流层延迟误差，$\delta\rho_{\text{Ion}}^{(i)}$为电离层延迟误差，可根据导航电文给出的参数或精确模型进行计算。根据一颗可见卫星的导航电文、伪距观测数据可得接收机钟差计算公式(单位为米)：

$$c\cdot\delta t_u=\rho^{(i)}-\sqrt{\left(x^{(i)}-x_u\right)^2+\left(y^{(i)}-y_u\right)^2+\left(z^{(i)}-z_u\right)^2}+c\cdot\delta t^{s(i)}-(\delta\rho_{\text{Ion}}^{(i)}+\delta\rho_{\text{Tro}}^{(i)}) \tag{10.2}$$

δt_u为以秒为单位的接收机钟差。

6. 实验步骤

根据接收机位置、卫星星历、钟差参数、伪距观测数据进行某时刻的北斗接收机授时解算流程如图 10.1 所示。

(1) 利用北斗/GPS 教学与实验平台接收一段时间的卫星导航信号，获得信号接收点对北斗卫星导航系统的可见星的观测数据和星历数据，保存为文件 bddata.txt。

(2) 选择一颗可见卫星(即选择使用哪颗卫星的数据进行接收机钟差解算)。

(3) 根据信号接收时刻、伪距观测值、卫星星历计算信号发射时刻的卫星位置。

(4) 根据信号接收时刻、伪距观测值、卫星钟差参数计算信号发射时刻的卫星钟差。

(5) 根据接收机位置、卫星位置计算电离层、对流层延迟误差，详细计算流程参见第 5 章。

(6) 根据式(10.2)计算以米为单位的接收机钟差，除以光速后可得以秒为单位的接收机钟差。

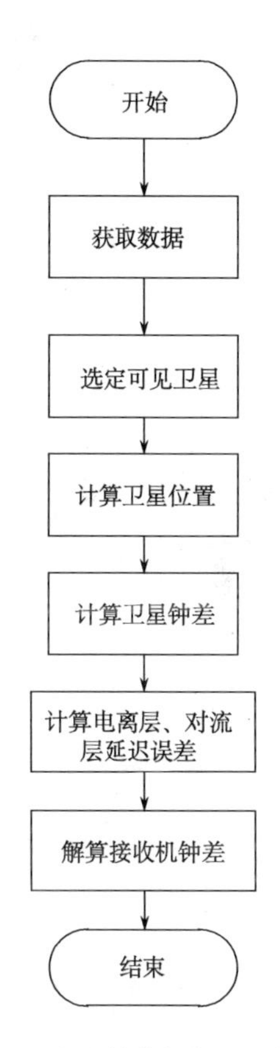

图 10.1　北斗接收机授时解算流程

7. 注意事项

(1) 计算过程中各个参量值统一以米为单位。

(2) 授时是在已知接收机位置的条件下开展的。

(3) 计算得到卫星的位置，进行下一步计算时需要考虑地球自转效应改正。

(4) 在根据星历计算卫星位置时需考虑各参数的单位。

(5) 根据星历参数计算 GEO 卫星位置时需要进行–5°的旋转。

(6) 根据星历计算卫星位置时采用 CGCS2000 坐标系及椭球定义的地心引力常数和

地球自转速率。

8. 报告要求

根据接收机的位置，接收机接收到的北斗系统的单颗可见星的观测数据、电文数据进行接收机测速解算。利用北斗/GPS 教学与实验平台接收北斗卫星导航系统的可见星信息，由于可见星数量较多，以附件的形式给出单个时刻的可见星的观测数据、电文数据，附件名为 bddata.txt。选取任一可见星的伪距、导航电文数据计算该时刻的接收机钟差，并与北斗/GPS 教学与实验平台给出的结果(图 10.2)进行比较。

图 10.2　北斗/GPS 教学与实验平台利用北斗授时解算界面截图

10.2　GPS 接收机授时解算实验

1. 实验目的

(1) 了解 GPS 卫星导航系统的组成及主要功能。
(2) 学习 GPS 接收机单向授时原理及流程。
(3) 掌握 GPS 接收机的单向授时解算方法。
(4) 能够在已知接收机位置的条件下根据 GPS 单颗可见星的观测信息计算接收机的钟差。

2. 实验任务

根据接收机位置、单颗可见卫星的导航电文数据、伪距观测数据计算接收机的钟差。

3. 实验设备

北斗/GPS 教学与实验平台。

4. 实验准备

(1) 完成根据 GPS 卫星星历计算特定时刻卫星位置的实验。
(2) 完成根据 GPS 钟差参数计算特定时刻卫星钟差的实验。
(3) 完成电离层延迟改正、对流层延迟改正实验。

5. 实验原理

GPS 接收机根据观测数据(可见星的伪距、载波相位观测数据、星历数据)、接收机位置等信息解算 GPS 接收机钟差的原理及实现流程同北斗接收机授时解算。

6. 注意事项

(1) 计算过程中各个参量值统一以米为单位。
(2) 授时是在已知接收机位置的条件下开展的。
(3) 计算得到卫星的位置，进行下一步计算时需考虑地球自转效应改正。
(4) 在根据星历计算卫星位置时需要考虑各参数的单位。
(5) 根据星历计算卫星位置时采用 WGS84 坐标系及椭球定义的地心引力常数和地球自转速率。

7. 报告要求

根据接收机的位置，接收机接收到的 GPS 系统的单颗可见星的观测数据、电文数据进行接收机测速解算。利用北斗/GPS 教学与实验平台接收 GPS 卫星导航系统的可见星信息，由于可见星数量较多，以附件的形式给出单个时刻的可见星的观测数据、电文数据，附件名为 gpsdata.txt。选取任一可见星的伪距、导航电文数据计算该时刻的接收机钟差，并与北斗/GPS 教学与实验平台给出的结果(图 10.3)进行比较。

图 10.3　北斗/GPS 教学与实验平台利用 GPS 授时解算界面截图

第 11 章 NMEA0183 语句功能实验

卫星导航接收机利用可见卫星的观测量进行定位，输出可见卫星信息、定位结果等信息。NMEA0183 是一套定义接收机输出的标准信息，大多数常见的 GNSS 接收机、GNSS 数据处理软件、导航软件都遵守或者至少兼容这个协议。本章围绕 NMEA0183 语句的类型、获取方法、解析方法开展实验，使用户实时获得可见卫星的高度角、方位角、信噪比等信息以及用户自身的位置、速度信息。

11.1 NMEA0183 语句获取实验

1. 实验目的

(1) 了解接收机向 PC 传送实时数据的方式。
(2) 认识 NMEA0183 语句类型及结构特点。
(3) 掌握获取 NMEA0183 语句的方法。

2. 实验任务

根据要求获取指定类型的 NMEA0183 语句。

3. 实验设备

北斗/GPS 教学与实验平台。

4. 实验准备

无。

5. 实验原理

NMEA0183 协议是美国国家海洋电子协会(National Marine Electronics Association)为统一海洋导航规范而制定的标准，该格式标准已经成为国际通用的一种格式，协议的内容在兼容 NMEA0180 和 NMEA0182 的基础上，增加了 GPS、测深仪、罗经方位系统等多种设备接口和通信协议定义，同时还允许一些特定厂商对其设备通信自定协议(例如，Garmin GPS、Deso 20 等)。NMEA0183 定义了若干代表不同含义的语句，每个语句实际上是一个 ASCII 码串。这种码直观，易于识别和应用。在实验中，不需要了解

NMEA0183 通信协议的全部信息，仅需要从中挑选出需要的那部分定位数据，其余的信息忽略掉。

卫星导航接收机根据 NMEA0183 协议的标准规范，将位置、速度等信息通过串口传送到 PC、PDA 等设备。NMEA0183 协议是卫星导航接收机应当遵守的标准协议，也是目前卫星导航接收机上使用最广泛的协议，大多数常见的卫星导航接收机、数据处理软件、导航软件都遵守或者至少兼容这个协议。

NMEA0183 协议定义的语句非常多，但是常用的或者说兼容性最广的语句只有 GGA、GSA、GSV、RMC、VTG、GLL 等。

6. 实验步骤

本实验通过设置北斗/GPS 教学与实验平台采集 NMEA0183 语句，具体实验步骤如下。

(1) 连接外置天线和北斗/GPS 教学与实验平台。

(2) 双击图标启动北斗/GPS 教学与实验平台，弹出图 11.1 所示的北斗/GPS 教学与实验平台主界面，单击右上角的“接收机”按钮。

图 11.1　北斗/GPS 教学与实验平台主界面

(3) 选择“单点定位与差分”模块→“实验教程”→“NMEA 语句解析”实验，单击“开始实验”按钮，配置接收机的端口和波特率，单击“采集数据”按钮，即可在“NMEA 实验数据”框内看到实时采集的各类 NMEA 语句，如图 11.2 所示。

(4) 采集一段时间，单击“保存实验数据”按钮，即可将采集的 NMEA 语句保存为文本文件。

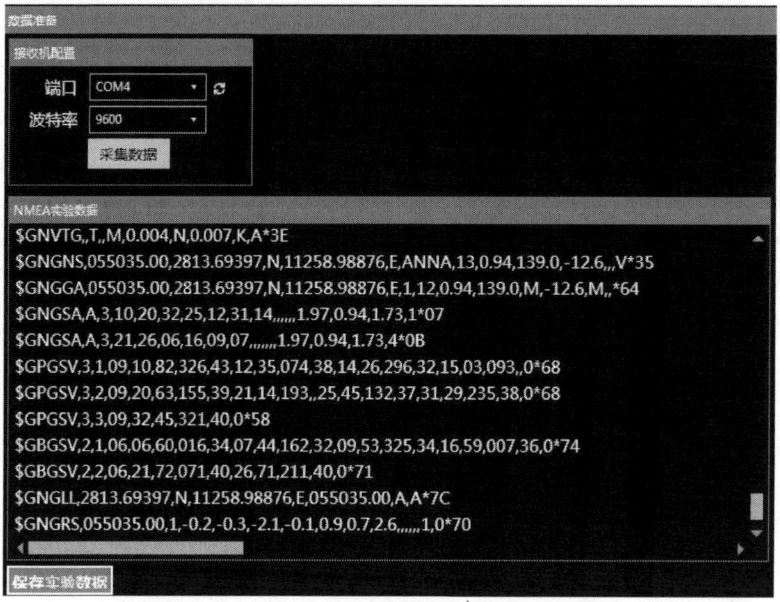

图 11.2　NMEA 语句采集界面

7. 注意事项

无。

8. 报告要求

使用接收机接收北斗、GPS 的 GGA、GSA、GSV、RMC、VTG、GLL 等 NMEA0183 语句。

11.2　NMEA0183 常用语句解析实验

1. 实验目的

(1) 掌握常用的 NMEA0183 语句及其功能。
(2) 掌握常用的 NMEA0183 语句的解析方法。

2. 实验任务

(1) 掌握常用的 NMEA0183 语句的使用方法。
(2) 解析常用的 NMEA0183 语句，提取有效数据。

3. 实验设备

北斗/GPS 教学与实验平台。

4. 实验准备

无。

5. 实验原理

NMEA0183 格式数据串的所有数据都采用 ASCII 文本字符表示，数据传输以“$”开头，后面是语句头。语句头由五个字母组成，分为两部分，前两个字母表示“系统 ID”，即表示该语句属于何种系统或设备，后三个字母表示“语句 ID”，表示该语句是关于什么方面的数据。语句头后是数据体，包含不同的数据体字段，语句末尾为校验码(可选)，以回车换行符结束，也就是 ACSII 字符“回车”(十六进制的 0D)和“换行”(十六进制的 0A)。每行语句最多包含 82 个字符(包括回车换行符和“$”符号)。数据字段以逗号分隔识别，空字段保留逗号。示例如下：

$GPRMC,,,,,,,,,,,,*hh

其中，GP 表示该语句是 GPS 的，RMC 表示该语句输出的是 GPS 定位信息，后面是数据体。最后校验码*hh 是用作校验的数据。在通常使用时，它并不是必需的，但是当周围环境中有较强的电磁干扰时，则推荐使用。

随着各种卫星导航系统增多，每种报文的报头不一样，如 GPS 的报文头为 GP，GLONASS 的报文头为 GL，中国北斗卫星导航系统(BDS)的报文头为 BD，对于多系统联合定位(双星或者多星)的报文头为 GN，如$GPGGA、$GLGGA、$BDGGA、$GNGGA。

NMEA0183 协议定义的语句非常多，但是常用的或者说兼容性最广的语句如表 11.1 所示。

表 11.1　NMEA0183 常用语句

序号	语句简称	语句类型	语句内容
1	GSA	DOP and Active Satellites 当前卫星信息	语句标识头，定位模式，定位类型，1～12 信道正在使用的卫星 PRN 码编号，PDOP 综合位置精度因子，HDOP 水平精度因子，VDOP 垂直精度因子，校验值。分别用 17 个逗号进行分隔
2	GGA	Global Positioning System Fix Data 定位信息	语句标识头，世界时间，纬度，纬度半球，经度，经度半球，定位质量指示，使用卫星数量，水平精确度，海拔，高度单位，大地水准面高度，差分 GPS 数据期限，差分参考基站标号，校验和结束标记。分别用 14 个逗号进行分隔
3	GSV	Satellites in View 可见卫星信息	语句标识头，本次语句总数目，本条是本次的第几条，可见卫星总数，PRN 码，卫星仰角，卫星方位角，信噪比，校验值
4	RMC	Recommended Minimum Specific GPS/TRANSIT Data 推荐定位信息	语句标识头，世界时间，定位状态，纬度，纬度半球，经度，经度半球，速度，方位角，世界时日期，磁偏角，磁偏角方向，校验值
5	VTG	Track Made Good and Ground Speed 地面速度信息	语句标识头，运动角度，真北参照系，磁北参照系，水平运动速度，节，水平运动速度，公里/时，校验值
6	GLL	Geographic Position 地理定位信息	语句标识头，纬度，纬度半球，经度，经度半球，世界时间，状态，校验值

6. 实验步骤

根据 NMEA0183 协议的标准规范中各电文类型的编码规则解析语句的流程如图 11.3 所示。

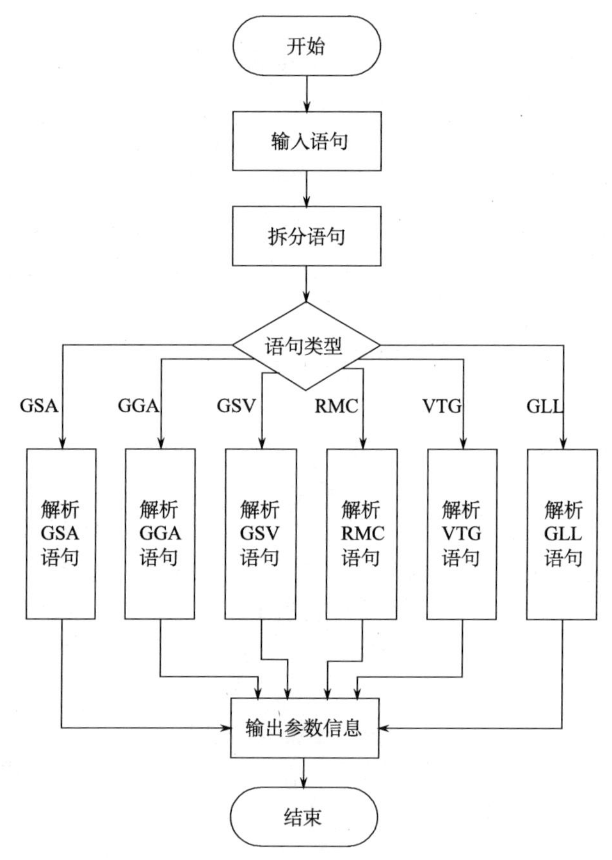

图 11.3　NMEA0183 语句解析流程

(1) 输入 NMEA0183 语句。

(2) 以逗号为分隔符，拆分语句。

(3) 取第一个字段的第三个字符，判断该语句属于哪个系统；取第一个字段的后三个字符，判断该语句属于哪种类型。

(4) 根据语句类型获取其中的数据。

(5) 和北斗/GPS 教学与实验平台中的语句解析结果(图 11.4)进行比较。

7. 注意事项

(1) 解析 NMEA0183 语句前需要给定被解析语句的年、月、日信息。

(2) 世界时间的形式为 hhmmss.sss(时分秒)。

(3) 纬度的形式为 ddmm.mmmm(度分)。

(4) 经度的形式为 ddmm.mmmm(度分)。

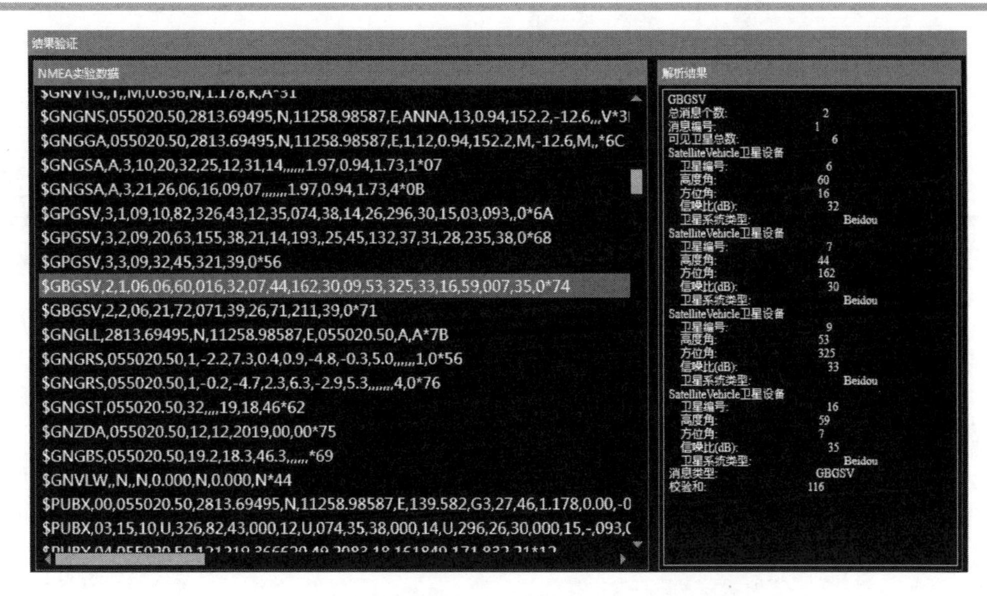

图 11.4　北斗/GPS 教学与实验平台语句解析结果

(5)提取数据时需要将特定形式的数据进行转换，统一单位。

8. 报告要求

解析 NMEA0183 语句获得所需的信息。示例如表 11.2 所示。

表 11.2　NMEA0183 语句示例

NMEA 语句	获取内容
$GPGSA,A,3,01,20,19,13,,,,,,,,,40.4,24.4,32.2*0A	定位模式，定位类型，PDOP、HDOP、VDOP
$GPGGA,092204.999,4250.5589,S,14718.5084,E,1,04,24.4,19.7,M,,,,0000*1F	时刻，纬度，经度，海拔，使用的卫星数，定位状态
$GPGSV,3,1,10,20,78,331,45,01,59,235,47,22,41,069,,13,32,252,45*70	当前可见星总数，所有可见星的信息(包括PRN 码、卫星仰角、方位角、信噪比)
$GPRMC,024813.640,A,3158.4608,N,11848.3737,E,10.05,324.27,150706,,,A*50	状态，UTC 时刻，经度，纬度，方位角，速度
$GPVTG,213.710,T,213.710,M,0.304,N,0.563,K,A*24	运动角度，水平运动速度
$GPGLL,4250.5589,S,14718.5084,E,092204.999,A*2D	状态，UTC 时间，纬度，经度

第 12 章 接收机数据文件输出与读取实验

RINEX 是一种在卫星导航测量中普遍采用的标准数据格式，采用文本形式存储接收机观测值、导航电文、气象参数等数据。如何从 RINEX 文件中提取需要的数据是开展数据处理工作的前提。本章围绕 RINEX 文件读取、RINEX 文件输出以及 RINEX 文件应用开展实验，使用户能够根据需求获取 RINEX 文件中的数据并利用获取的数据实现接收机定位解算。

12.1 RINEX 文件读取实验

12.1.1 观测值文件读取

1. 实验目的

(1) 了解 IGS 提供的产品类型。
(2) 认识 RINEX 观测值文件的组成及结构特点。
(3) 掌握观测值文件的数据读取方法。
(4) 能够根据观测值文件获得指定卫星的伪距、载波相位等数据。

2. 实验任务

根据观测数据文件获取指定卫星指定时刻的伪距、载波相位等观测数据。

3. 实验设备

北斗/GPS 教学与实验平台。

4. 实验准备

(1) 阅读 RINEX 文件的命名规则及结构特点。
(2) 阅读观测数据文件格式说明。

5. 实验原理

接收机在野外进行卫星观测时，通常将采集的数据记录在接收机的内部存储器或可移动的存储介质中。在完成观测后，将采集数据传输到计算机中，以便进行分析处理，传输到计算机中的数据一般采用接收机厂商定义的专有格式以二进制文件的形式进行存储。专有格式具有存储效率高、各类信息齐全的特点。但是，常用的数据处理分析软件能够识别的数据格式有限，因此，若要分析处理或使用接收机采集的数据，需先其转换为数据处理分析软件能够识别的格式。

RINEX 是一种在卫星导航测量中普遍采用的标准数据格式，该格式采用文本文件形式存储数据，数据记录格式与接收机的制造厂商和具体型号没有关系。几乎所有厂商都提供将其专有格式文件转换为 RINEX 格式文件的工具，几乎所有的数据处理软件也都能够直接读取 RINEX 格式的数据。

RINEX 格式观测数据文件存放的是观测过程中每一观测历元所观测到的卫星及载波相位、伪距和多普勒等类型的观测值数据等。目前，RINEX 格式的观测数据文件的版本包括 2.10、2.11、3.00、3.01、3.02 几种类型，均包含文件头和数据记录两部分。其文件头存放有文件的创建日期、单位名、测站名、天线信息、测站近似坐标、观测值数量及类型、观测历元间隔等信息。数据记录部分为按照历元依次存放的观测数据或过程中所发生事件的信息。每个历元的数据包含两部分：第一部分为“历元/卫星或事件标志”，用于存放该观测历元时刻的时标及在该历元所观测到的卫星的数据及列表或表明事件性质的标志，通常为该历元数据的第一行；第二部分为“观测值”，用于存放在该历元所采集到的所有观测值，所占行数与在该历元中观测到的卫星的数量有关。2.10 版本的 RINEX 格式观测数据文件示例如图 12.1 所示。

```
     2.10           OBSERVATION DATA    Mixed(MIXED)        RINEX VERSION / TYPE
cnvtToRINEX 2.17.0  convertToRINEX OPR  02-Oct-15 00:02 UTC PGM / RUN BY / DATE
----------------------------------------------------------- COMMENT
BJFS                                                        MARKER NAME
21601M001                                                   MARKER NUMBER
GNSS Observer       CASM                                    OBSERVER / AGENCY
4922K35365          TRIMBLE NETR8       4.17                REC # / TYPE / VERS
21353141            TRM59800.00     SCIS                    ANT # / TYPE
 -2148744.0648  4426640.1141  4044655.1083                  APPROX POSITION XYZ
        0.0465        0.0000        0.0000                  ANTENNA: DELTA H/E/N
     1     1     0                                          WAVELENGTH FACT L1/2
     6    C1    C2    L1    L2    P1    P2                  # / TYPES OF OBSERV
  2015    10     1     0     0    0.0000000     GPS         TIME OF FIRST OBS
  2015    10     1    23    59   30.0000000     GPS         TIME OF LAST OBS
     0                                                      RCV CLOCK OFFS APPL
    16                                                      LEAP SECONDS
    55                                                      # OF SATELLITES
CARRIER PHASE MEASUREMENTS: PHASE SHIFTS REMOVED            COMMENT
                                                            END OF HEADER  文件头结束标志
 15 10  1  0  0  0.0000000  0 18G01G04G07G08G11G13G16G19G22G27G28G30
                                R11R12R14R22R23R24
  21330221.180 7                 112091008.717 7  87343733.25549
  21330231.83649
  20493520.344 7                 107694114.224 7  83917557.76749
  20493527.59049
  20433463.227 7                 107378627.672 7  83671624.29349
  20433469.95749
  21014369.664 7                 110431221.669 7  86050368.08449
  21014379.07049
  20398082.078 7                 107192595.840 7  83526749.79049
  20398088.07449
  25063984.063 1                 131712250.12211
```

图 12.1　2.10 版本的 RINEX 格式观测数据文件示例

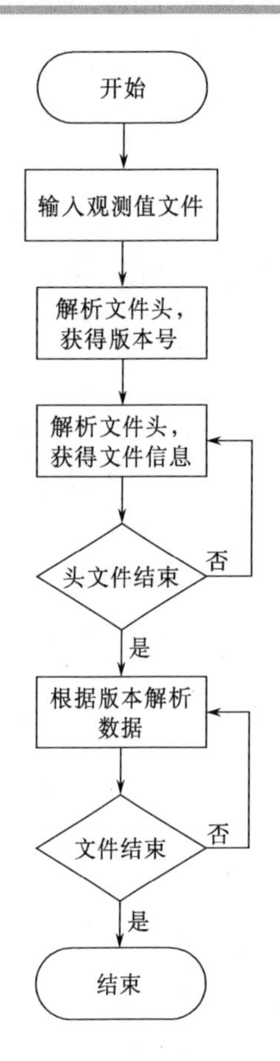

图 12.2 RINEX 格式观测数据文件解析流程

6. 实验步骤

RINEX 格式观测数据文件解析流程如图 12.2 所示。

(1) 从 IGS 数据中心下载某一天的 RINEX 格式的观测数据文件。

(2) 根据 RINEX 格式观测数据文件的文件头格式读取文件头数据，获得观测系统所属的卫星系统、文件版本号、观测数据的类型、观测时段等信息。

(3) 是否读取到“END OF HEADER”，是，则文件头结束；否，继续读取文件头数据。

(4) 在 RINEX 格式观测数据文件的数据记录部分，按组记录，单个时刻的所有可见星的观测数据为一组，读取数据记录部分时按组读取，详细的数据格式可参考《北斗卫星导航定位原理与方法》一书。

(5) 每完成一组数据，判断是否读取至文件尾，是，则结束读文件；否，则继续按组读取数据。

7. 注意事项

无。

```
URUM0010.15o
     2.11           OBSERVATION DATA    M (MIXED)           RINEX VERSION / TYPE
TEQC  2014OCT13                         20150103 13:49:58UTCPGM / RUN BY / DATE
LINUX 2.4.20-8|PENTIUM IV|GCC -STATIC|LINUX|486/DX+         COMMENT
TEQC  2014OCT13                         20150103 13:26:21UTCCOMMENT
LINUX 2.4.20-8|PENTIUM IV|GCC -STATIC|LINUX|486/DX+         COMMENT
TEQC  2014OCT13                         20150103 13:26:17UTCCOMMENT
BIT 2 OF LLI FLAGS DATA COLLECTED UNDER A/S CONDITION       COMMENT
URUM                                                        MARKER NAME
21612M001                                                   MARKER NUMBER
GFZ                 GFZ                                     OBSERVER / AGENCY
01127               TPS NETG3           4.0P1               REC # / TYPE / VERS
383-0170            TPSCR3_GGD      NONE                    ANT # / TYPE
   193031.2854  4606855.9474  4393315.7337                  APPROX POSITION XYZ
        0.0460        0.0000        0.0000                  ANTENNA: DELTA H/E/N
     1     1                                                WAVELENGTH FACT L1/2
 SNR IS MAPPED TO RINEX SNR FLAG VALUE [0-9]                COMMENT
  L1 & L2: MIN(MAX(INT(SNR_DBHZ/6), 0), 9)                  COMMENT
PSEUDORANGE SMOOTHING CORRECTIONS NOT APPLIED               COMMENT
    16                                                      LEAP SECONDS
     7    L1    L2    C1    P1    P2    S1    S2            # / TYPES OF OBSERV
    30.000                                                  INTERVAL
  2015    01    01    00    00   00.000                     TIME OF FIRST OBS
  2015    01    01    23    59   30.000                     TIME OF LAST OBS
                                                            END OF HEADER
```

图 12.3 URUM0010.15o 文件截图

8. 报告要求

从 IGS 下载中心下载 RINEX 格式观测数据文件，并读取其中的有效数据。示例如下。

从 ftp://cddis.gsfc.nasa.gov 网站下载 RINEX 格式观测数据文件，如 URUM0010. 15o，文件头如图 12.3 所示，从文件中提取表 12.1 所示信息。

表 12.1　URUM0010.15o 文件提取信息

序号	提取信息名称	信息内容
1	观测数据所属的卫星系统	
2	跳秒	
3	本数据文件中存储的不同观测值类型的数量	
4	本数据文件存储的观测值类型	
5	本数据文件观测值的间隔	
6	本数据文件观测值的起止时刻	
7	某一时刻 G29 号卫星的观测值	

12.1.2　导航电文文件读取

1. 实验目的

(1) 了解 IGS 提供的产品类型。
(2) 认识 RINEX 导航电文文件的组成及结构特点。
(3) 掌握导航电文文件的数据读取方法。
(4) 能够根据导航电文文件获得指定卫星的星历数据。

2. 实验任务

根据导航电文文件获取指定卫星的星历数据。

3. 实验设备

北斗/GPS 教学与实验平台。

4. 实验准备

(1) 阅读 RINEX 文件的命名规则及结构特点。
(2) 阅读导航电文文件格式说明。

5. 实验原理

导航电文文件存放的是所观测到卫星钟差改正模型的参数及卫星的轨道数据等。目前，RINEX 格式导航电文文件的版本包括 2.10、2.11、3.00、3.01、3.02 几种类型，均包含文件头和数据记录两部分。导航电文文件的文件头中包含了电离层参数、用于计算UTC时间的钟差参数以及跳秒等。数据记录节中为按卫星和参考时刻存放的各颗卫星的时钟和轨道数据。2.10版本的导航电文文件示例如图12.4所示。

6. 实验步骤

RINEX格式的导航电文文件的读取也分为文件头和数据记录两部分，流程与观测值文件的读取流程类似，数据记录部分单颗卫星单个时刻的数据为一组，按组读取数据，详细的数据格式可参考《北斗卫星导航定位原理与方法》一书。

```
     2.10           NAVIGATION DATA     GPS(GPS)            RINEX VERSION / TYPE
cnvtToRINEX 2.17.0  convertToRINEX OPR  02-Oct-15 00:02 UTC PGM / RUN BY / DATE
------------------------------------------------------------ COMMENT
    0.2235D-07  0.7451D-08 -0.1192D-06 -0.5960D-07          ION ALPHA
    0.1290D+06  0.0000D+00 -0.2621D+06  0.2621D+06          ION BETA
    0.186264514923D-08-0.177635683940D-14   589824       72 DELTA-UTC: A0,A1,T,W
    17                                                      LEAP SECONDS
                                                            END OF HEADER
 7 15 10 01 00 00  0.0 0.483822077513D-03-0.795807864051D-12 0.000000000000D+00
    0.390000000000D+02-0.262500000000D+01 0.477377027526D-08-0.960063775104D+00
   -0.178813934326D-06 0.899270374794D-02 0.164657831192D-05 0.515369172668D+04
    0.345600000000D+06 0.178813934326D-06-0.102307136273D+01-0.577419996262D-07
    0.968717801590D+00 0.351687500000D+03-0.269748779068D+01-0.857035698977D-08
   -0.140720147273D-09 0.100000000000D+01 0.186400000000D+04 0.000000000000D+00
    0.240000000000D+01 0.000000000000D+00-0.111758708954D-07 0.390000000000D+02
    0.338418000000D+06 0.400000000000D+01 0.000000000000D+00 0.000000000000D+00
28 15 10 01 00 00  0.0 0.471252016723D-03 0.261479726760D-11 0.000000000000D+00
    0.680000000000D+02-0.124187500000D+03 0.351657505089D-08 0.265872399453D+01
   -0.628270208836D-05 0.197336890269D-01 0.105779618025D-04 0.515370460510D+04
    0.345600000000D+06 0.221654772758D-06 0.717627617328D-01-0.558793544769D-07
    0.989606151994D+00 0.185625000000D+03-0.165719418682D+01-0.733566270265D-08
   -0.393944980818D-09 0.100000000000D+01 0.186400000000D+04 0.000000000000D+00
    0.340000000000D+01 0.000000000000D+00-0.111758708954D-07 0.680000000000D+02
    0.341808000000D+06 0.400000000000D+01 0.000000000000D+00 0.000000000000D+00
```

电离层参数

文件头结束标志

图 12.4 RINEX 格式导航电文文件示例

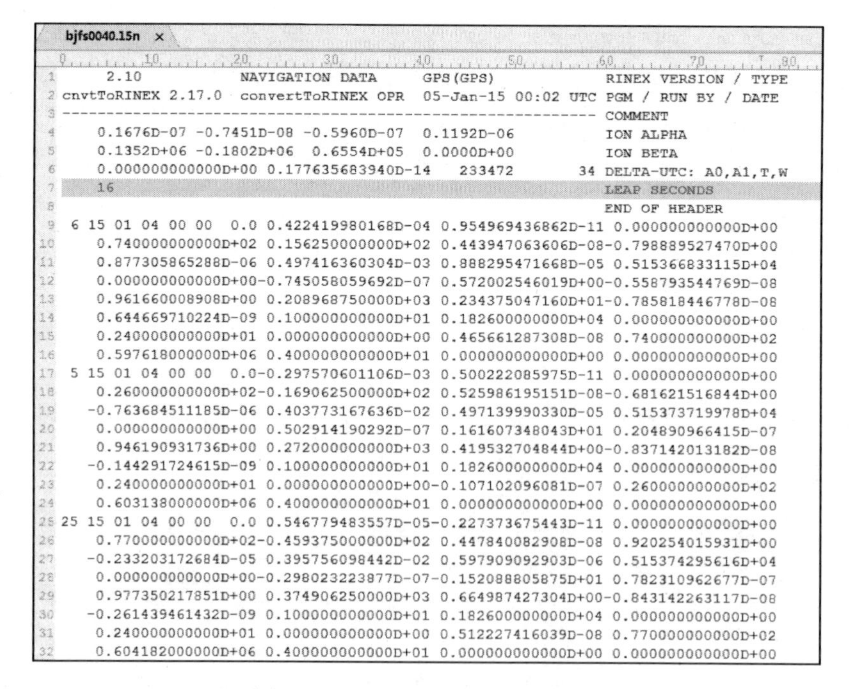

```
bjfs0040.15n
     2.10           NAVIGATION DATA     GPS(GPS)            RINEX VERSION / TYPE
cnvtToRINEX 2.17.0  convertToRINEX OPR  05-Jan-15 00:02 UTC PGM / RUN BY / DATE
------------------------------------------------------------ COMMENT
    0.1676D-07 -0.7451D-08 -0.5960D-07  0.1192D-06          ION ALPHA
    0.1352D+06 -0.1802D+06  0.6554D+05  0.0000D+00          ION BETA
    0.000000000000D+00 0.177635683940D-14   233472       34 DELTA-UTC: A0,A1,T,W
    16                                                      LEAP SECONDS
                                                            END OF HEADER
 6 15 01 04 00 00  0.0 0.422419980168D-04 0.954969436862D-11 0.000000000000D+00
    0.740000000000D+02 0.156250000000D+02 0.443947063606D-08-0.798889527470D+00
    0.877305865288D-06 0.497416360304D-03 0.888295471668D-05 0.515366833115D+04
    0.000000000000D+00-0.745058059692D-07 0.572002546019D+00-0.558793544769D-08
    0.961660008908D+00 0.208968750000D+03 0.234375047160D+01-0.785818446778D-08
    0.644669710224D-09 0.100000000000D+01 0.182600000000D+04 0.000000000000D+00
    0.240000000000D+01 0.000000000000D+00 0.465661287308D-08 0.740000000000D+02
    0.597618000000D+06 0.400000000000D+01 0.000000000000D+00 0.000000000000D+00
 5 15 01 04 00 00  0.0-0.297570601106D-03 0.500222085975D-11 0.000000000000D+00
    0.260000000000D+02-0.169062500000D+02 0.525986195151D-08-0.681621516844D+00
   -0.763684511185D-06 0.403773167636D-02 0.497139990330D-05 0.515373719978D+04
    0.000000000000D+00 0.502914190292D-07 0.161607348043D+01 0.204890966415D-07
    0.946190931736D+00 0.272000000000D+03 0.419532704844D+00-0.837142013182D-08
   -0.144291724615D-09 0.100000000000D+01 0.182600000000D+04 0.000000000000D+00
    0.240000000000D+01 0.000000000000D+00-0.107102096081D-07 0.260000000000D+02
    0.603138000000D+06 0.400000000000D+01 0.000000000000D+00 0.000000000000D+00
25 15 01 04 00 00  0.0 0.546779483557D-05-0.227373675443D-11 0.000000000000D+00
    0.770000000000D+02-0.459375000000D+02 0.447840082908D-08 0.920254015931D+00
   -0.233203172684D-05 0.395756098442D-02 0.597909092903D-06 0.515374295616D+04
    0.000000000000D+00-0.298023223877D-07-0.152088805875D+01 0.782310962677D-07
    0.977350217851D+00 0.374906250000D+03 0.664987427304D+00-0.843142263117D-08
   -0.261439461432D-09 0.100000000000D+01 0.182600000000D+04 0.000000000000D+00
    0.240000000000D+01 0.000000000000D+00 0.512227416039D-08 0.770000000000D+02
    0.604182000000D+06 0.400000000000D+01 0.000000000000D+00 0.000000000000D+00
```

图 12.5 BJFS00400.15n 文件截图

7. 注意事项

存储的数据都明确规定了数据类型及所占位数，读取时要严格按照位数来读取。

8. 报告要求

从 IGS 下载中心下载 RINEX 格式导航电文文件，并读取其中的有效数据。示例如下。

从 ftp://cddis.gsfc.nasa.gov 网站下载 RINEX 格式导航电文文件，如 BJFS00400.15n，文件头如图 12.5 所示，从文件中提取如表 12.2 所示信息。

表 12.2 BJFS00400.15n 文件提取信息

序号	提取信息名称	信息内容
1	电离层参数	
2	跳秒	
3	用于计算 UTC 时间的参数——多项式系数(A_0，A_1)	
4	用于计算 UTC 时间的参数——UTC 数据的参考时刻及参考周数	
5	2 号卫星各时刻的时钟改正模型参数	
6	2 号卫星各时刻的轨道数据	

12.1.3 气象参数文件读取

1. 实验目的

(1) 了解 IGS 提供的产品类型。
(2) 认识 RINEX 文件的组成及结构特点。
(3) 掌握气象参数文件的数据读取方法。
(4) 能够根据气象参数文件获取指定时刻所需的气温、气压等参数。

2. 实验任务

根据气象参数文件获取指定时刻所需的气温、气压等参数。

3. 实验设备

北斗/GPS 教学与实验平台。

4. 实验准备

(1) 阅读 RINEX 文件的命名规则及结构特点。
(2) 阅读气象参数文件格式说明。

5. 实验原理

气象参数文件，存放的是观测过程中每隔一段时间在测站天线附近所测定的干温、相对湿度和气压等数据。RINEX 格式气象参数文件的文件头中包含存储的气象观测值的数量及类型，文件创建时间及单位等信息。数据记录中为历元时刻及对应的气象观测数据。气象参数文件示例如图 12.6 所示。

6. 报告要求

从 IGS 下载中心下载 RINEX 格式气象参数文件，并读取其中的有效数据。示例如下。

从 ftp://cddis.gsfc.nasa.gov 网站下载 RINEX 格式气象参数文件，如 URUM0010.15m，文件头如图 12.7 所示，说明该文件中提供的气象参数的数量及类型，并对各气象参数的变化趋势作曲线图。

```
     2.10           MET DATA                                    RINEX VERSION / TYPE
cnvtToRINEX 2.17.0  convertToRINEX OPR   02-Oct-15 00:02 UTC PGM / RUN BY / DATE
------------------------------------------------------------ COMMENT
BJFS                                                        MARKER NAME
21601M001                                                   MARKER NUMBER
     3    PR    TD    HR    观测数据类型的数量及其列表          # / TYPES OF OBSERV
 -2148744.0648  4426640.1141  4044655.1083          0.0465 PR SENSOR POS XYZ/H 传感器的位置坐标
                                                            END OF HEADER
 15 10 01 00 00 00 1003.3    13.4   100.0
 15 10 01 00 00 30 1003.3    13.4   100.0
```

图 12.6　RINEX 格式气象参数文件示例

```
urum0010.15m
 1      2.1           METEOROLOGICAL DATA                     RINEX VERSION / TYPE
 2 meteo_read 1.0     GFZ Potsdam           01-Jan-2015 00:02 PGM / RUN BY / DATE
 3 urum                                                       MARKER NAME
 4                           Sensor ID: : D1050003            COMMENT
 5      3     PR     TD     HR                                # / TYPES OF OBSERV
 6                                                            END OF HEADER
 7  15 01  1 00 00 00  916.9  -11.1    77.8
 8  15 01  1 00 05 00  916.9  -11.1    77.6
 9  15 01  1 00 10 00  916.9  -11.0    77.7
10  15 01  1 00 15 00  916.9  -10.5    77.3
11  15 01  1 00 20 00  916.8  -10.3    76.3
12  15 01  1 00 25 00  916.9  -10.3    75.4
13  15 01  1 00 30 00  916.8  -10.2    74.7
14  15 01  1 00 35 00  916.7  -10.2    74.3
15  15 01  1 00 40 00  916.7  -10.6    74.1
16  15 01  1 00 45 00  916.8  -10.4    74.9
17  15 01  1 00 50 00  916.7  -10.4    74.4
18  15 01  1 00 55 00  916.8  -10.3    73.9
19  15 01  1 01 00 00  916.7  -10.3    73.4
20  15 01  1 01 05 00  916.6  -10.5    73.3
21  15 01  1 01 10 00  916.7  -10.3    73.8
22  15 01  1 01 15 00  916.6  -10.2    73.4
23  15 01  1 01 20 00  916.6  -10.4    73.1
24  15 01  1 01 25 00  916.7  -10.2    73.2
```

图 12.7　URUM0010.15m 文件截图

12.2　RINEX 文件应用实验

1. 实验目的

(1) 认识常用的 RINEX 文件及其作用。
(2) 能够根据导航电文文件计算指定时刻的卫星位置。
(3) 能够根据用户的 RINEX 文件解算用户在指定时刻的位置。

2. 实验任务

(1) 根据导航电文文件计算给定时刻的卫星位置。
(2) 根据用户的 RINEX 文件(观测数据文件、导航电文文件、气象参数文件)解算给定时刻的用户位置。

3. 实验设备

北斗/GPS 教学与实验平台。

4. 实验准备

(1) 阅读 RINEX 文件(观测数据文件、导航电文文件、气象参数文件)的存储特点，能够获取需要的数据信息。
(2) 掌握卫星导航定位原理及方法。

5. 实验原理

本实验需要在第 7 章接收机定位解算实验以及 12.1 节 RINEX 文件读取实验的基础上开展，接收机定位所需的观测数据从观测数据文件(.o)中获取，可见卫星的位置、钟差根据导航电文文件(.n)计算；然后即可利用以上数据进行定位解算。各文件的输出数据及计算流程如图 12.8 所示。

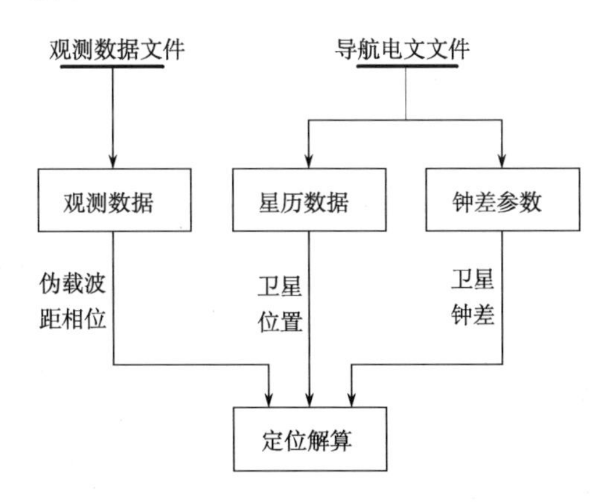

图 12.8　RINEX 文件应用流程

6. 实验步骤

无。

7. 注意事项

从 IGS 网上下载的观测数据文件、导航电文文件必须匹配，即同一站点同一天的数据。

8. 报告要求

根据从 IGS 网下载的某一站点同一天的观测数据文件、导航电文文件计算该天某时刻的站点位置。

作为扩展，可计算观测数据文件中所有观测数据对应时刻的站点位置。

第三部分　卫星导航高精度数据处理实验

在第二部分介绍的利用一台接收机的单系统(北斗或 GPS)伪距观测值实现实时定位方法受卫星星历误差和卫星信号在传播过程中的大气延迟误差等的影响显著，定位精度较低。但诸多行业/领域需要获得用户的高精度位置，如航天器轨道测定、导弹外弹道测量、航空摄影测量定位等。多系统融合定位通过增加时空基准点个数、RTK 通过提供差分基准点、精密单点定位(Precise Point Positioning，PPP)通过精密星历文件等提高定位精度，为高精度应用领域提供满足需求的三维位置数据。在该部分通过具体的实验操作，使用户掌握卫星导航高精度数据处理的原理及实现方法，能够获得高精度的数据处理结果。

第 13 章 多系统融合定位实验

随着全球卫星导航系统的建设日趋完善和成熟，用户都可以不受限制地使用多星座提供的多频观测信息来进行定位、导航、定时(PNT)应用。因此，多卫星导航系统(Multi-GNSS)融合定位是全球卫星导航系统发展的必然趋势。本章主要通过北斗系统与其他系统的融合定位解算实验使用户掌握多系统融合定位解算的原理、实现流程，并比较分析多系统融合定位与单系统定位的精度。

13.1 多系统时间同步实验

13.1.1 BDT 与 UTC 同步实验

1. 实验目的

(1) 了解北斗时(BDT)与协调世界时(UTC)之间的关系。
(2) 了解导航电文中 BDT 与 UTC 的时间同步参数的意义及作用。
(3) 掌握 BDT 与 UTC 之间精确时间偏差的计算方法。

2. 实验任务

根据导航电文中 BDT 与 UTC 的时间同步参数计算两个时间系统之间的精确时间偏差。

3. 实验设备

北斗/GPS 教学与实验平台。

4. 实验准备

(1) 阅读《北斗卫星导航系统空间信号接口控制文件-公开服务信号(2.1 版)》中的 5.2.4.17 与 UTC 时间同步参数小节的相关内容。
(2) 记录有 BDT 与 UTC 的时间同步参数的导航电文文件。
(3) 从 IERS 网站下载跳秒信息。

5. 实验原理

北斗卫星导航系统的导航电文中直接播发 BDT-UTC 时间同步参数，该参数反映了北斗时(BDT)与协调世界时(UTC)之间的关系。BDT-UTC 时间同步参数的定义及特性说明见表 13.1。

表 13.1 BDT-UTC 时间同步参数

序号	参数	定义	单位
1	$A_{0\mathrm{UTC}}$	BDT 相对于 UTC 的钟差	s
2	$A_{1\mathrm{UTC}}$	BDT 相对于 UTC 的钟速	s/s
3	Δt_{LS}	新的闰秒生效前 BDT 相对于 UTC 的累积闰秒改正数	s
4	$\mathrm{WN}_{\mathrm{LSF}}$	新的闰秒生效的周计数	周
5	DN	新的闰秒生效的周内日计数	天
6	Δt_{LSF}	新的闰秒生效后 BDT 相对于 UTC 的累积闰秒改正数	s

系统向用户广播 UTC 参数及新的闰秒生效的周计数和新的闰秒生效的周内日计数，用户可获得误差不大于 1μs 的 UTC。BDT 和 UTC 的时间偏差计算方法分为以下三种情况。

(1)若用户当前时刻处在 DN+2/3 之前，或者当指示闰秒生效的周数 $\mathrm{WN}_{\mathrm{LSF}}$ 与周内天计数 DN 已经过去，并且用户当前时间处在 DN+5/4 之后时，UTC 和 BDT 之间的变换关系如下：

$$t_{\mathrm{UTC}} = \left(t_{\mathrm{E}} - \Delta t_{\mathrm{UTC}}\right) \bmod 86400 \tag{13.1}$$

$$\Delta t_{\mathrm{UTC}} = \Delta t_{\mathrm{LS}} + A_{0\mathrm{UTC}} + A_{1\mathrm{UTC}} t_{\mathrm{E}} \tag{13.2}$$

其中，t_{E} 是指用户计算的 BDT，取周内秒计数部分。

(2)用户当前的系统时刻处于闰秒生效的周计数 $\mathrm{WN}_{\mathrm{LSF}}$ 与周内天计数 DN+2/3 到 DN+5/4 之间，则 UTC 和 BDT 之间的变换关系如下：

$$t_{\mathrm{UTC}} = W \bmod \left(86400 + \Delta t_{\mathrm{LSF}} - \Delta t_{\mathrm{LS}}\right) \tag{13.3}$$

$$W = \left[\left(t_{\mathrm{E}} - \Delta t_{\mathrm{UTC}} - 43200\right) \bmod 86400\right] + 43200 \tag{13.4}$$

其中，Δt_{UTC} 的计算方法同第一种情况。

6. 实验步骤

根据 BDT 与 UTC 的时间同步参数计算当前 BDT 对应的 UTC 的实现流程如图 13.1 所示。

(1)输入格里高利历形式的 BDT。

(2)计算 BDT 的周、周内秒，计算方法参考 2.3.1 节的实验。

(3)判断周内秒 t_{E} 和新的闰秒生效的周内日计数之间的关系，如果 $t_{\mathrm{E}} < (\mathrm{DN} + 2/3) \cdot 86400$，则根据式(13.1)和式(13.2)计算 t_{UTC}；否则根据式(13.3)和式(13.4)计算 t_{UTC}。

(4)如果 $(\mathrm{DN} + 2/3) \cdot 86400 < t_{\mathrm{E}} < (\mathrm{DN} + 5/4) \cdot 86400$，则根据式(13.5)和式(13.6)计算 t_{UTC}。

(5)将周、周内秒形式的 t_{UTC} 转为格里高利历，计算方法参考 2.3.1 节。

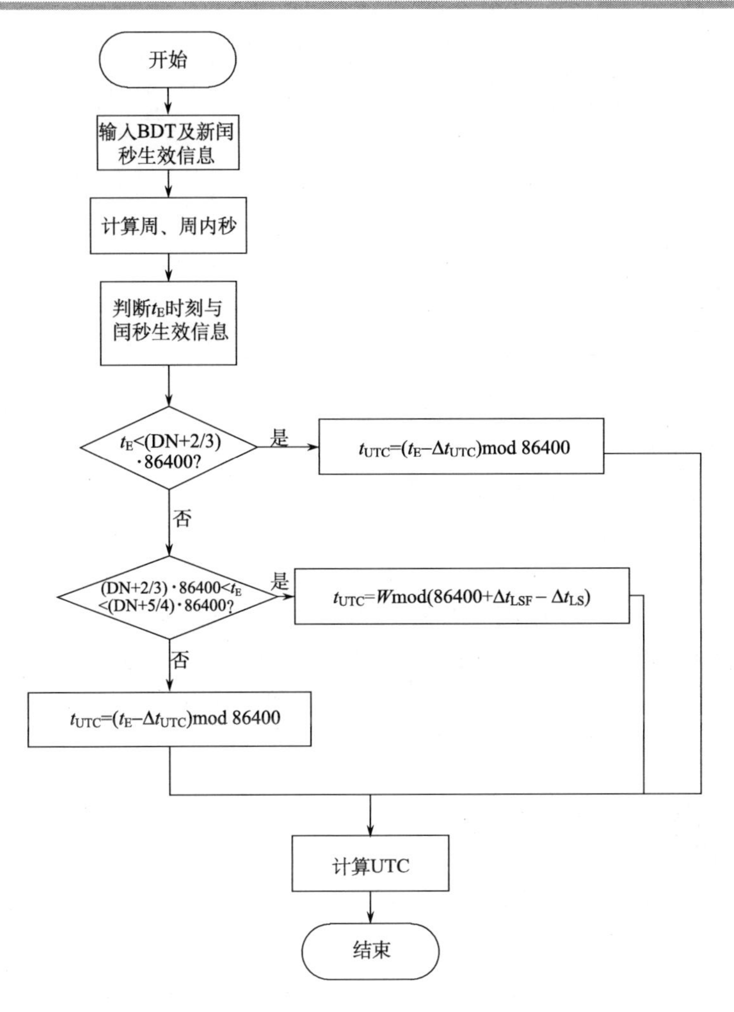

图 13.1　根据 BDT 计算 UTC 流程

7. 注意事项

(1) 在导航电文文件中一般只给出了 BDT 相对于 UTC 的误差信息，累积闰秒改正数及其对应时刻可从 IGS 网站下载相关信息。

(2) 从 IERS 下载的跳秒信息为 UTC 与 TAI 之间的累积跳秒信息，需要转换为 BDT 相对于 UTC 的累积跳秒信息。

8. 报告要求

根据导航电文中播发的 BDT 与 UTC 的时间同步参数计算 BDT 某个时刻对应的 UTC。输入参数示例如表 13.2 所示。

表 13.2 BDT 与 UTC 的时间同步数据示例

序号	参数	数值
1	A_{0UTC}	$2.7939677238\times10^{-9}$
2	A_{1UTC}	$2.042810365\times10^{-14}$
3	Δt_{LS}	3
4	WN_{LSF}	574
5	DN	0
6	Δt_{LSF}	4

计算 2016-05-01 15:00:00.000(BDT)对应的 UTC 时刻。

13.1.2 BDT 与其他 GNSS 时间同步实验

1. 实验目的

(1) 了解北斗时(BDT)与其他 GNSS 之间的关系。
(2) 了解导航电文中 BDT 与其他 GNSS 的时间同步参数的意义及作用。
(3) 掌握 BDT 与其他 GNSS 之间精确时间偏差的计算方法。

2. 实验任务

根据导航电文中 BDT 与其他 GNSS(以 GPS 为例)的时间同步参数计算两个时间系统之间的精确时间偏差。

3. 实验设备

北斗/GPS 教学与实验平台。

4. 实验准备

(1) 阅读北斗卫星导航系统空间信号接口控制文件　公开服务信号(2.1 版)中的 5.2.4.18 与 GPS 时间同步参数小节的相关内容。
(2) 记录有 BDT 与 GPS 的时间同步参数的导航电文文件。

5. 实验原理

BDT 与 GPS 时间之间的同步参数说明如表 13.3 所示。

表 13.3 BDT 与 GPS 时间之间的同步参数

序号	参数	定义	单位
1	A_{0GPS}	BDT 相对于 GPS 时间的钟差	ns
2	A_{1GPS}	BDT 相对于 GPS 时间的钟速	ns/s

北斗时与 GPS 时之间的换算公式如下：

$$t_{GPS} = t_E - \Delta t_{GPS} + 14s \quad (13.7)$$

$$\Delta t_{GPS} = A_{0GPS} + A_{1GPS} t_E \quad (13.8)$$

其中，t_E 指用户计算的 BDT，取周内秒计数部分。

6. 实验步骤

根据 BDT、BDT 与 GPS 时间之间的同步参数计算 GPS 时的实现流程如图 13.2 所示。

(1) 输入格里高利历形式的 BDT。

(2) 计算 BDT 的周、周内秒，计算方法参考 2.3.1 节的实验。

(3) 根据式(13.8)计算北斗时与 GPS 时之间的时差。

(4) 根据式(13.7)计算 t_{GPS}，并转换为格里高利历形式，计算方法参考 2.3.1 节。

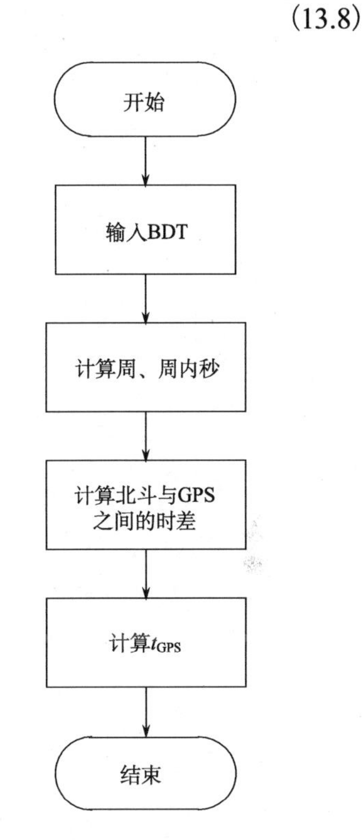

图 13.2　根据 BDT 计算 GPS 时的流程图

7. 注意事项

根据式(13.8)计算的北斗时与 GPS 时之间的时差的小数部分，单位为 ns，计算时需转换为 s。

8. 报告要求

根据导航电文中播发的 BDT 与 GPS 的时间同步参数计算 BDT 某个时刻对应的 GPS 时刻。输入参数示例如表 13.4 所示。

表 13.4　BDT 与 GPS 的时间同步参数数据示例

序号	参数	数值/s
1	A_{0GPS}	$2.7939677238 \times 10^{-9}$
2	A_{1GPS}	$2.042810365 \times 10^{-14}$

计算 2016-05-01 15:00:00.000(BDT)对应的 GPS 时刻。

13.2　多系统融合定位解算实验

13.2.1　北斗+GPS 双系统融合定位实验

1. 实验目的

(1) 了解北斗卫星导航系统、GPS 单系统定位存在的缺点。

(2) 了解北斗+GPS 双系统融合定位的优点。

(3) 认识北斗+GPS 双系统融合定位时需要解决的问题。

(4) 能够利用一台接收机某一时刻的北斗、GPS 观测数据和星历数据进行双系统融合定位。

2. 实验任务

(1) 利用一台接收机某一时刻的北斗、GPS 观测数据和星历数据进行双系统融合定位解算，并计算定位误差。

(2) 分别计算北斗、GPS 单系统下的定位误差，并与双系统融合定位下的定位误差进行比较。

3. 实验设备

北斗/GPS 教学与实验平台。

4. 实验准备

(1) 掌握 GPS 时间系统与北斗时间系统之间的转换关系。

(2) 掌握 WGS84 与 CGCS2000 坐标系之间的转换关系。

(3) 掌握北斗、GPS 单系统下的定位解算方法，能够实现单系统下的定位解算。

5. 实验原理

北斗和 GPS 组合应用，卫星和测距信号的数量都大大增加，可大幅提升各个导航性能指标，降低单一星座的应用风险。由于接收机的时钟源的精度远不如作为卫星导航系统时钟源的原子钟，故接收机与卫星导航系统的时间同步中，总存在难以预计和校正的接收机钟差。

假设 $\delta t_{u,\mathrm{BD}}$、$\delta t_{u,\mathrm{GPS}}$ 为值未知的待求解接收机钟差量，那么经过时空基准统一及电离层、对流层等误差校正的北斗、GPS 伪距观测方程分别为

$$\begin{aligned} \rho_0^{(j_{\mathrm{BD}})} + c \cdot \delta t_{u,\mathrm{BD}} &= \rho_c^{(j_{\mathrm{BD}})} - \varepsilon_\rho^{(j_{\mathrm{BD}})} \\ \rho_0^{(k_{\mathrm{GPS}})} + c \cdot \delta t_{u,\mathrm{GPS}} &= \rho_c^{(k_{\mathrm{GPS}})} - \varepsilon_\rho^{(k_{\mathrm{GPS}})} \end{aligned} \tag{13.9}$$

其中，ρ_c 为经过校正后的伪距；ρ_0 为卫星与用户接收机之间的实际几何距离；ε_ρ 为随机误差。

若有 N 颗北斗卫星与 M 颗 GPS 卫星共同参与定位，我们可以建立如下的线性化之后的 GNSS 融合定位矩阵：

$$\boldsymbol{b} = \begin{bmatrix} b^{(j_{\mathrm{BD}})} \\ b^{(k_{\mathrm{GPS}})} \end{bmatrix} = \begin{bmatrix} (\boldsymbol{e}^{(j_{\mathrm{BD}})})^{\mathrm{T}} & 1 & 0 \\ (\boldsymbol{e}^{(k_{\mathrm{GPS}})})^{\mathrm{T}} & 0 & 1 \end{bmatrix} \begin{bmatrix} \Delta \boldsymbol{x} \\ c \cdot \delta t_{u,\mathrm{BD}} \\ c \cdot \delta t_{u,\mathrm{GPS}} \end{bmatrix} + \tilde{\varepsilon}_\rho \tag{13.10}$$

其中，b 为观测伪距与当前预测的接收机位置和卫星位置距离之差；$\boldsymbol{b}$ 为各颗卫星残差的向量；$\Delta \boldsymbol{x}$ 为接收机真实位置在各方向上与当前估计的接收机位置的偏差量；$\boldsymbol{e}$ 为接收

机与卫星视线方向上的单位向量。

为表示得更清楚，线性化之后的 GNSS 融合定位矩阵式可写成：

$$\boldsymbol{b}=\begin{bmatrix}\boldsymbol{H}'_{\mathrm{BD}} & \mathbf{1}_{\mathrm{BD}} & 0\\ \boldsymbol{H}'_{\mathrm{GPS}} & 0 & \mathbf{1}_{\mathrm{GPS}}\end{bmatrix}\begin{bmatrix}\Delta\boldsymbol{x}\\ c\cdot\delta t_{u,\mathrm{BD}}\\ c\cdot\delta t_{u,\mathrm{GPS}}\end{bmatrix}+\varepsilon_{\rho} \tag{13.11}$$

其中，$\boldsymbol{H}$ 为观测矩阵：

$$\boldsymbol{H}'_{\mathrm{BD}}=\begin{bmatrix}(\boldsymbol{e}^{(1_{\mathrm{BD}})})^{\mathrm{T}}\\ \vdots\\ (\boldsymbol{e}^{(N_{\mathrm{BD}})})^{\mathrm{T}}\end{bmatrix} \tag{13.12}$$

GPS 的观测矩阵与此相似。

线性化之后的 GNSS 融合定位矩阵可以进一步简化为

$$\boldsymbol{b}=\boldsymbol{G}\begin{bmatrix}\Delta\boldsymbol{x}\\ c\cdot\delta t_{u,\mathrm{BD}}\\ c\cdot\delta t_{u,\mathrm{GPS}}\end{bmatrix}+\varepsilon_{\rho} \tag{13.13}$$

其中，$\boldsymbol{G}$ 为方向余弦阵。

当前，接收机真实位置在各方向上与当前估计的接收机位置的偏差量以及接收机对各系统的钟差均为未知数，下面将对其求解。

当北斗与 GPS 均参与定位且总的观测方程数等于 5 个时，通过式(13.14)便可解算出所有未知数：

$$\begin{bmatrix}\Delta\boldsymbol{x}\\ c\cdot\delta t_{u,\mathrm{BD}}\\ c\cdot\delta t_{u,\mathrm{GPS}}\end{bmatrix}=\boldsymbol{G}^{-1}\boldsymbol{b} \tag{13.14}$$

当北斗与 GPS 均参与定位且总的观测方程数不少于 5 个时，通过最小二乘法便可求出观测方程的最佳解，公式如下：

$$\begin{bmatrix}\Delta\boldsymbol{x}\\ c\cdot\delta t_{u,\mathrm{BD}}\\ c\cdot\delta t_{u,\mathrm{GPS}}\end{bmatrix}=(\boldsymbol{G}^{\mathrm{T}}\boldsymbol{G})^{-1}\boldsymbol{G}^{\mathrm{T}}\boldsymbol{b} \tag{13.15}$$

6. 实验步骤

本实验可通过以下两种方式进行。

(1)借助 RTKLib 提供的开源代码(为便于开展实验，将其封装为动态库，作为实验资源提供)，编写调用代码实现北斗+GPS 双系统融合定位解算。

① 使用 VS 建立“Win32 控制台应用程序”，并在头文件中定义相关结构体；

② 根据动态库中提供的接口说明，在 main 函数中定义变量并赋值，定位模式设置为单点定位，参与定位解算的系统选择北斗+GPS(即 prcopt_t 类型的变量中的 navsys 参数赋值为 33)调用接口函数，利用广播星历和观测数据解算接收机位置，获得北斗+GPS

双系统融合定位结果文件；

③ 将 navsys 参数依次赋值为 1(利用 GPS)、32(利用北斗卫星导航系统)，进行定位解算，获得单系统下的定位结果文件。

(2)根据实验原理自主编写算法，实现北斗+GPS 双系统融合定位解算。

根据北斗+GPS 双系统的观测数据、导航电文等信息进行北斗+GPS 双系统融合定位解算流程如图 13.3 所示。

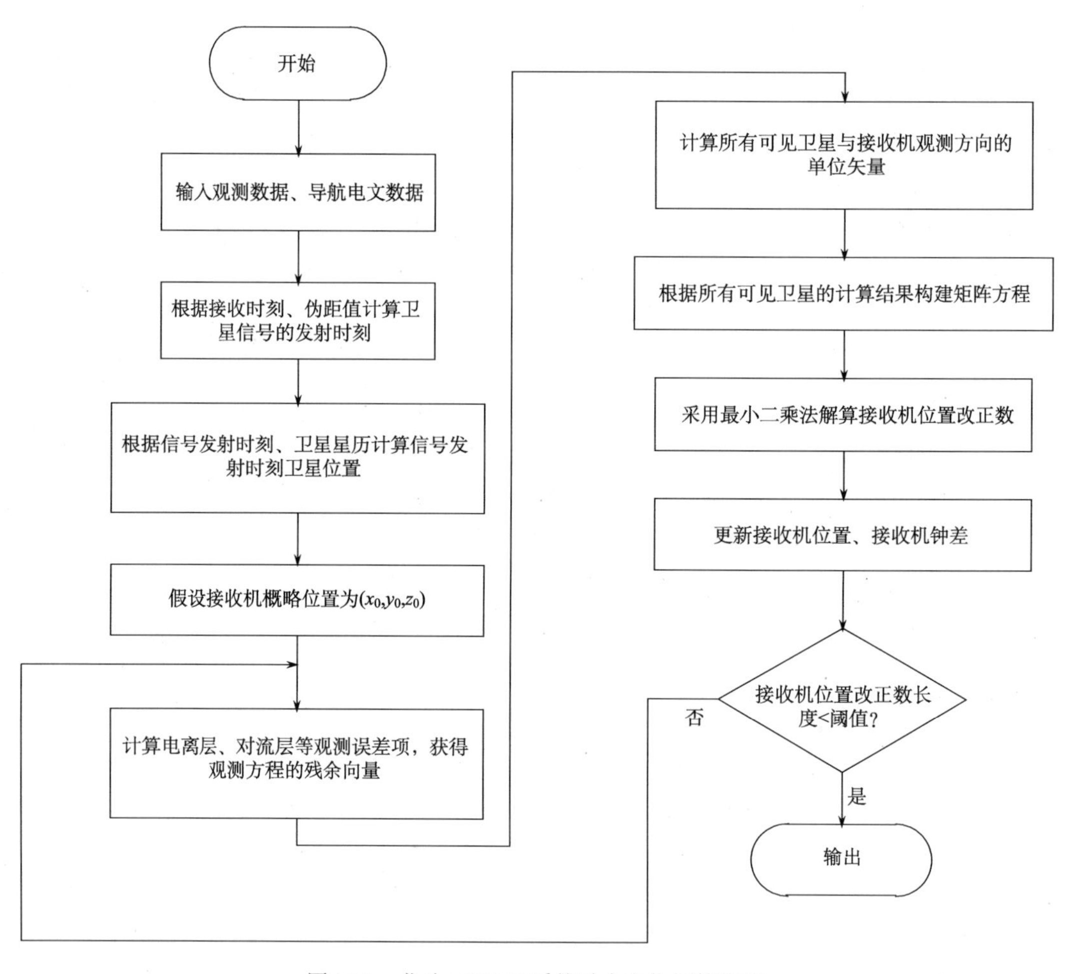

图 13.3　北斗+GPS 双系统融合定位解算流程

① 输入北斗+GPS 双系统下的观测数据、导航电文；

② 根据信号接收时刻、伪距值计算卫星信号的发射时刻；

③ 根据信号的发射时刻、卫星星历计算信号发射时刻的卫星位置；

④ 初始化接收机位置，设置概略位置(可默认为(0,0,0))；

⑤ 根据接收机位置、卫星位置等计算电离层、对流层等观测误差项，获得观测方程的残余向量；

⑥ 计算卫星与接收机观测方向的单位矢量；

⑦ 针对每颗可见卫星，进行步骤②～步骤⑥的操作，构建矩阵方程；

⑧ 采用最小二乘法解算矩阵方程，获得接收机的位置改正数；

⑨ 更新接收位置、钟差；

⑩ 判断接收机位置改正数的长度是否小于设定阈值，若是，则输出接收机位置、钟差；若否，则返回至步骤⑤继续执行。

7. 注意事项

(1) RTKLib 中北斗+GPS 双系统定位解算时获得以 GPS 时间为基准的接收机钟差，以及北斗时与 GPS 时之间的系统偏差(据此即可获得北斗时间系统中的接收机钟差)。

(2) 北斗和 GPS 两个系统间的同步参数作为未知数进行求解。

(3) 北斗、GPS 两个系统播发的星历数据是以各自的时间系统为基准的，需要先进行时间转换。

8. 报告要求

根据接收机的概略位置，接收机接收到的北斗、GPS 的可见星的观测数据、电文数据进行双系统融合接收机定位解算(以附件形式给出可见星的相关数据)，并进行以下比较。

(1) 比较单系统、双系统融合定位下的定位结果及位置标准差。

(2) 比较北斗单系统、双系统融合定位中的接收机钟差(以北斗时间系统为基准)。

(3) 分析定位时位置标准差与可见星总数的关系。

13.2.2　北斗+GLONASS 双系统融合定位实验

1. 实验目的

(1) 了解北斗卫星导航系统、GLONASS 单系统定位存在的缺点。

(2) 了解北斗+GLONASS 双系统融合定位的优点。

(3) 认识北斗+GLONASS 双系统融合定位时需要解决的问题。

(4) 能够利用一台接收机某一时刻的北斗、GLONASS 观测数据和星历数据进行双系统融合定位。

2. 实验任务

(1) 利用一台接收机某一时刻的北斗、GLONASS 观测数据和星历数据进行双系统融合定位解算，并计算定位误差。

(2) 分别计算北斗、GLONASS 单系统下的定位误差，并与双系统融合定位下的定位误差进行比较。

3. 实验设备

北斗/GPS 教学与实验平台。

4. 实验准备

(1)掌握 GLONASS 时间系统与北斗时间系统之间的转换关系。
(2)掌握 PZ90 与 CGCS2000 坐标系之间的转换关系。
(3)掌握北斗、GLONASS 单系统下的定位解算方法,能够实现单系统下的定位解算。

5. 实验原理

北斗和 GLONASS 组合应用，卫星和测距信号的数量都大大增加，可大幅提升各个导航性能指标，降低单一星座的应用风险。由于接收机的时钟源的精度远不如作为卫星导航系统时钟源的原子钟，故接收机与卫星导航系统的时间同步中，总存在难以预计和校正的接收机钟差。

与“北斗+GPS 双系统融合定位实验”类似，若有 N 颗北斗卫星与 M 颗 GLONASS 卫星共同参与定位，我们可以建立如下的线性化之后的 GNSS 融合定位矩阵：

$$\boldsymbol{b}=\begin{bmatrix} b^{(j_{\mathrm{BD}})} \\ b^{(k_{\mathrm{GLONASS}})} \end{bmatrix}=\begin{bmatrix} (\boldsymbol{e}^{(j_{\mathrm{BD}})})^{\mathrm{T}} & 1 & 0 \\ (\boldsymbol{e}^{(k_{\mathrm{GLONASS}})})^{\mathrm{T}} & 0 & 1 \end{bmatrix}\begin{bmatrix} \Delta\boldsymbol{x} \\ c\cdot\delta t_{u,\mathrm{BD}} \\ c\cdot\delta t_{u,\mathrm{GLONASS}} \end{bmatrix}+\varepsilon_{\rho} \tag{13.16}$$

采用如下矩阵形式表示：

$$\boldsymbol{b}=\boldsymbol{G}\begin{bmatrix} \Delta\boldsymbol{x} \\ c\cdot\delta t_{u,\mathrm{BD}} \\ c\cdot\delta t_{u,\mathrm{GLONASS}} \end{bmatrix}+\varepsilon_{\rho} \tag{13.17}$$

当北斗与 GLONASS 均参与定位且总的观测方程数等于 5 个时，通过式(13.18)便可解算出所有未知数：

$$\begin{bmatrix} \Delta\boldsymbol{x} \\ c\cdot\delta t_{u,\mathrm{BD}} \\ c\cdot\delta t_{u,\mathrm{GLONASS}} \end{bmatrix}=\boldsymbol{G}^{-1}\boldsymbol{b} \tag{13.18}$$

当北斗与 GLONASS 均参与定位且总的观测方程数不少于 5 个时，通过最小二乘法便可求出观测方程的最佳解，公式如下：

$$\begin{bmatrix} \Delta\boldsymbol{x} \\ c\cdot\delta t_{u,\mathrm{BD}} \\ c\cdot\delta t_{u,\mathrm{GLONASS}} \end{bmatrix}=(\boldsymbol{G}^{\mathrm{T}}\boldsymbol{G})^{-1}\boldsymbol{G}^{\mathrm{T}}\boldsymbol{b} \tag{13.19}$$

6. 实验步骤

本实验可通过以下两种方式进行。

(1)借助 RTKLib 提供的开源代码(为便于开展实验，将其封装为动态库，作为实验资源提供)，编写调用代码实现北斗+GLONASS 双系统融合定位解算。

① 使用 VS 建立“Win32 控制台应用程序”，并在头文件中定义相关结构体；

② 根据动态库中提供的接口说明，在 main 函数中定义变量并赋值，定位模式设置为单点定位，参与定位解算的系统选择北斗+GLONASS(即 prcopt_t 类型的变量中的 navsys 参数赋值为 36)调用接口函数，利用广播星历和观测数据解算接收机位置，获得北斗+GLONASS 双系统融合定位结果文件；

③ 将 navsys 参数依次赋值为 4(利用 GLONASS 系统)、32(利用北斗系统)，进行定位解算，获得单系统下的定位结果文件。

(2)根据实验原理自主编写算法，实现北斗+GLONASS 双系统融合定位解算，其实现流程与北斗+GPS 双系统融合定位的流程类似。

7. 注意事项

(1)RTKLib 中北斗+GLONASS 双系统定位解算时分别获得 GLONASS 时间系统、北斗时间系统中的接收机钟差。

(2)北斗和 GLONASS 两个系统间的同步参数作为未知数进行求解。

(3)北斗、GLONASS 两个系统播发的星历数据是以各自的时间系统为基准的，需先进行时间转换。

8. 报告要求

根据接收机的概略位置，接收机接收到的北斗、GLONASS 的可见星的观测数据、电文数据进行双系统融合接收机定位解算(以附件形式给出可见星的相关数据)，并进行以下比较。

(1)比较单系统、北斗+GLONASS 双系统融合定位下的定位结果及位置标准差。

(2)比较北斗+GLONASS、北斗+GPS 两种双系统融合定位下的定位结果及位置标准差。

(3)比较北斗+GLONASS、北斗+GPS 两种双系统融合定位中的接收机钟差(以北斗时间系统为基准)。

(4)分析定位时位置标准差与可见星总数的关系。

13.2.3 北斗+Galileo 双系统融合定位实验

1. 实验目的

(1)了解北斗系统、Galileo 系统单系统定位存在的缺点。

(2)了解北斗+Galileo 双系统融合定位的优点。

(3)认识北斗+Galileo 双系统融合定位时需要解决的问题。

(4)能够利用一台接收机某一时刻的北斗、Galileo 观测数据和星历数据进行双系统融合定位。

2. 实验任务

(1)利用一台接收机某一时刻的北斗、Galileo 观测数据和星历数据进行双系统融合定位解算，并计算定位误差。

(2)分别计算北斗、Galileo 单系统下的定位误差，并与双系统融合定位下的定位误差进行比较。

3. 实验设备

北斗/GPS 教学与实验平台。

4. 实验准备

(1)掌握 Galileo 时间系统与北斗时间系统之间的转换关系。
(2)掌握 GTRF 与 CGCS2000 坐标系之间的转换关系。
(3)掌握北斗、Galileo 单系统下的定位解算方法，能够实现单系统下的定位解算。

5. 实验原理

北斗和 Galileo 组合应用，卫星和测距信号的数量都大大增加，可大幅提升各个导航性能指标，降低单一星座的应用风险。由于接收机的时钟源的精度远不如作为卫星导航系统时钟源的原子钟，故接收机与卫星导航系统的时间同步中，总存在难以预计和校正的接收机钟差。

与“北斗+GPS 双系统融合定位实验”类似，若有 N 颗北斗卫星与 M 颗 Galileo 卫星共同参与定位，我们可以建立如下的线性化之后的 GNSS 融合定位矩阵：

$$\boldsymbol{b}=\begin{bmatrix} b^{(j_{\mathrm{BD}})} \\ b^{(k_{\mathrm{Galileo}})} \end{bmatrix}=\begin{bmatrix} (\boldsymbol{e}^{(j_{\mathrm{BD}})})^{\mathrm{T}} & 1 & 0 \\ (\boldsymbol{e}^{(k_{\mathrm{Galileo}})})^{\mathrm{T}} & 0 & 1 \end{bmatrix}\begin{bmatrix} \Delta\boldsymbol{x} \\ c\cdot\delta t_{u,\mathrm{BD}} \\ c\cdot\delta t_{u,\mathrm{Galileo}} \end{bmatrix}+\varepsilon_{\rho} \tag{13.20}$$

采用如下矩阵形式表示：

$$\boldsymbol{b}=\boldsymbol{G}\begin{bmatrix} \Delta\boldsymbol{x} \\ c\cdot\delta t_{u,\mathrm{BD}} \\ c\cdot\delta t_{u,\mathrm{Galileo}} \end{bmatrix}+\varepsilon_{\rho} \tag{13.21}$$

当北斗与 Galileo 均参与定位且总的观测方程数等于 5 个时，通过式(13.22)便可解算出所有未知数：

$$\begin{bmatrix} \Delta\boldsymbol{x} \\ c\cdot\delta t_{u,\mathrm{BD}} \\ c\cdot\delta t_{u,\mathrm{Galileo}} \end{bmatrix}=\boldsymbol{G}^{-1}\boldsymbol{b} \tag{13.22}$$

当北斗与 Galileo 均参与定位且总的观测方程数不少于 5 个时，通过最小二乘法便可求出观测方程的最佳解，公式如下：

$$\begin{bmatrix} \Delta\boldsymbol{x} \\ c\cdot\delta t_{u,\mathrm{BD}} \\ c\cdot\delta t_{u,\mathrm{Galileo}} \end{bmatrix}=(\boldsymbol{G}^{\mathrm{T}}\boldsymbol{G})^{-1}\boldsymbol{G}^{\mathrm{T}}\boldsymbol{b} \tag{13.23}$$

6. 实验步骤

本实验可通过以下两种方式进行。

(1) 借助 RTKLib 提供的开源代码(为便于开展实验，将其封装为动态库，作为实验资源提供)，编写调用代码实现北斗+Galileo 双系统融合定位解算。

① 使用 VS 建立“Win32 控制台应用程序”，并在头文件中定义相关结构体；

② 根据动态库中提供的接口说明，在 main 函数中定义变量并赋值，定位模式设置为单点定位，参与定位解算的系统选择北斗+Galileo(即 prcopt_t 类型的变量中的 navsys 参数赋值为 40)调用接口函数，利用广播星历和观测数据解算接收机位置，获得北斗+Galileo 双系统融合定位结果文件；

③ 将 navsys 参数依次赋值为 8(利用 Galileo 系统)、32(利用北斗系统)，进行定位解算，获得单系统下的定位结果文件。

(2) 根据实验原理自主编写算法，实现北斗+Galileo 双系统融合定位解算，其实现流程与北斗+GPS 双系统融合定位的流程类似。

7. 注意事项

(1) RTKLib 中北斗+Galileo 双系统定位解算时分别获得北斗时间系统、Galileo 时间系统中的接收机钟差。

(2) 北斗和 Galileo 两个系统间的同步参数作为未知数进行求解。

(3) 北斗、Galileo 两个系统播发的星历数据是以各自的时间系统为基准的，需先进行时间转换。

8. 报告要求

根据接收机的概略位置，接收机接收到的北斗、Galileo 的可见星的观测数据、电文数据进行双系统融合接收机定位解算(以附件形式给出可见星的相关数据)，并进行以下比较：

(1) 比较单系统、北斗+Galileo 双系统融合定位下的定位结果及位置标准差。

(2) 比较北斗+Galileo、北斗+GLONASS、北斗+GPS 三种双系统融合定位下的定位结果及位置标准差。

(3) 比较北斗+Galileo、北斗+GLONASS、北斗+GPS 三种双系统融合定位中的接收机钟差(以北斗时间系统为基准)。

(4) 分析定位时位置标准差与可见星总数的关系。

13.2.4　北斗+GPS +Galileo 三系统融合定位实验

1. 实验目的

(1) 了解北斗系统、GPS、Galileo 系统单系统定位存在的缺点。

(2) 了解北斗+GPS+Galileo 三系统融合定位的优点。

(3) 认识北斗+GPS+Galileo 三系统融合定位时需要解决的问题。

(4) 能够利用一台接收机某一时刻的北斗、GPS、Galileo 观测数据和星历数据进行三系统融合定位。

2. 实验任务

(1) 利用一台接收机某一时刻的北斗、GPS、Galileo 观测数据和星历数据进行双系统融合定位解算，并计算定位误差。

(2) 分别计算北斗、GPS、Galileo 单系统下的定位误差，并与三系统融合定位下的定位误差进行比较。

3. 实验设备

北斗/GPS 教学与实验平台。

4. 实验准备

(1) 掌握 GPS 时间系统、北斗时间系统、Galileo 时间系统之间的转换关系。

(2) 掌握 WGS84、CGCS2000、GTRF 坐标系之间的转换关系。

(3) 掌握北斗、GPS、Galileo 单系统下的定位解算方法，能够实现单系统下的定位解算。

5. 实验原理

北斗、GPS 和 Galileo 三系统组合应用，卫星和测距信号的数量都大大增加，可大幅提升各个导航性能指标，降低单一星座的应用风险。由于接收机的时钟源的精度远不如作为卫星导航系统时钟源的原子钟，故接收机与卫星导航系统的时间同步中，总存在难以预计和校正的接收机钟差。

与"北斗+GPS 双系统融合定位实验"类似，若有 N 颗北斗卫星、M 颗 GPS 卫星、S 颗 Galileo 卫星共同参与定位，我们可以建立如下的线性化之后的 GNSS 融合定位矩阵：

$$\boldsymbol{b}=\begin{bmatrix} b^{(i_{\mathrm{GPS}})} \\ b^{(j_{\mathrm{BD}})} \\ b^{(k_{\mathrm{Galileo}})} \end{bmatrix}=\begin{bmatrix} (\boldsymbol{e}^{(i_{\mathrm{GPS}})})^{\mathrm{T}} & 1 & 0 & 0 \\ (\boldsymbol{e}^{(j_{\mathrm{BD}})})^{\mathrm{T}} & 0 & 1 & 0 \\ (\boldsymbol{e}^{(j_{\mathrm{Galileo}})})^{\mathrm{T}} & 0 & 0 & 1 \end{bmatrix}\begin{bmatrix} \Delta\boldsymbol{x} \\ c\cdot\delta t_{u,\mathrm{GPS}} \\ c\cdot\delta t_{u,\mathrm{BD}} \\ c\cdot\delta t_{u,\mathrm{Galileo}} \end{bmatrix}+\varepsilon_{\rho} \tag{13.24}$$

采用如下矩阵形式表示：

$$\boldsymbol{b}=\boldsymbol{G}\begin{bmatrix} \Delta\boldsymbol{x} \\ c\cdot\delta t_{u,\mathrm{GPS}} \\ c\cdot\delta t_{u,\mathrm{BD}} \\ c\cdot\delta t_{u,\mathrm{Galileo}} \end{bmatrix}+\varepsilon_{\rho} \tag{13.25}$$

当北斗、GPS、Galileo 均参与定位且总的观测方程数等于 6 个时，通过式(13.26)

便可解算出所有未知数：

$$\begin{bmatrix} \Delta\boldsymbol{x} \\ c\cdot\delta t_{u,\mathrm{GPS}} \\ c\cdot\delta t_{u,\mathrm{BD}} \\ c\cdot\delta t_{u,\mathrm{Galileo}} \end{bmatrix} = \boldsymbol{G}^{-1}\boldsymbol{b} \tag{13.26}$$

当北斗、GPS、Galileo 均参与定位且总的观测方程数不少于 6 个时，通过最小二乘法便可求出观测方程的最佳解，公式如下：

$$\begin{bmatrix} \Delta\boldsymbol{x} \\ c\cdot\delta t_{u,\mathrm{GPS}} \\ c\cdot\delta t_{u,\mathrm{BD}} \\ c\cdot\delta t_{u,\mathrm{Galileo}} \end{bmatrix} = (\boldsymbol{G}^{\mathrm{T}}\boldsymbol{G})^{-1}\boldsymbol{G}^{\mathrm{T}}\boldsymbol{b} \tag{13.27}$$

6. 实验步骤

本实验可通过以下两种方式进行。

(1) 借助 RTKLib 提供的开源代码(为便于开展实验，将其封装为动态库，作为实验资源提供)，编写调用代码实现北斗、GPS、Galileo 三系统融合定位解算。

① 使用 VS 建立“Win32 控制台应用程序”，并在头文件中定义相关结构体；

② 根据动态库中提供的接口说明，在 main 函数中定义变量并赋值，定位模式设置为单点定位，参与定位解算的系统选择北斗、GPS、Galileo(即 prcopt_t 类型的变量中的 navsys 参数赋值为 41) 调用接口函数，利用广播星历和观测数据解算接收机位置，获得北斗、GPS、Galileo 三系统融合定位结果文件；

③ 将 navsys 参数依次赋值为 1(利用 GPS 系统)、8(利用 Galileo 系统)、32(利用北斗系统)，进行定位解算，获得单系统下的定位结果文件。

(2) 根据实验原理自主编写算法，实现北斗、GPS、Galileo 双系统融合定位解算，其实现流程与北斗+GPS 双系统融合定位的流程类似。

7. 注意事项

(1) RTKLib 中北斗、GPS、Galileo 三系统定位解算时获得以 GPS 时间为基准的接收机钟差，以及北斗时与 GPS 时、Galileo 时和 GPS 时之间的系统偏差(据此可计算北斗时间系统、Galileo 时间系统中的接收机钟差)。

(2) 北斗、GPS、Galileo 系统播发的星历数据是以各自的时间系统为基准的，需先进行时间转换。

8. 报告要求

根据接收机的概略位置，接收机接收到的北斗、GPS、Galileo 的可见星的观测数据、电文数据进行三系统融合接收机定位解算(以附件形式给出可见星的相关数据)，并进行以下比较。

(1)比较单系统、三系统融合定位下的定位结果及位置标准差。

(2)比较三系统定位与双系统定位结果的精度。

(3)比较三系统融合定位与双系统融合定位中的接收机钟差(以北斗时间系统为基准)。

(4)分析定位时位置标准差与可见星总数的关系。

13.2.5 全球四系统融合定位实验

1. 实验目的

(1)了解北斗卫星导航系统、GPS、Galileo、GLONASS 单系统定位存在的缺点。

(2)了解北斗+GPS+Galileo+GLONASS 四系统融合定位的优点。

(3)认识北斗+GPS+Galileo+GLONASS 四系统融合定位时需要解决的问题。

(4)能够利用一台接收机某一时刻的北斗、GPS、Galileo、GLONASS 观测数据和星历数据进行四系统融合定位。

2. 实验任务

(1)利用一台接收机某一时刻的北斗、GPS、Galileo、GLONASS 观测数据和星历数据进行双系统融合定位解算，并计算定位误差。

(2)分别计算北斗、GPS、Galileo、GLONASS 单系统下的定位误差，并与四系统融合定位下的定位误差进行比较。

(3)比较双系统融合定位误差与四系统融合定位误差。

(4)比较三系统融合定位误差与四系统融合定位误差。

3. 实验设备

北斗/GPS 教学与实验平台。

4. 实验准备

(1)掌握 GPS 时间系统、北斗时间系统、Galileo 时间系统、GLONASS 时间系统之间的转换关系。

(2)掌握 WGS84、CGCS2000、GTRF、PZ90 坐标系之间的转换关系。

(3)掌握北斗、GPS、Galileo、GLONASS 单系统下的定位解算方法，能够实现单系统下的定位解算。

5. 实验原理

北斗、GPS 和 Galileo、GLONASS 四系统组合应用，卫星和测距信号的数量都大大增加，可大幅提升各个导航性能指标，降低单一星座的应用风险。由于接收机的时钟源的精度远不如作为卫星导航系统时钟源的原子钟，故接收机与卫星导航系统的时间同步中，总存在难以预计和校正的接收机钟差。

与“北斗+GPS 双系统融合定位实验”类似，若有 N 颗北斗卫星、M 颗 GPS 卫星、S 颗 Galileo 卫星、T 颗 GLONASS 卫星共同参与定位，我们可以建立如下的线性化之后的 GNSS 融合定位矩阵：

$$\boldsymbol{b}=\begin{bmatrix} b^{(i_{\text{GPS}})} \\ b^{(j_{\text{BD}})} \\ b^{(k_{\text{Galileo}})} \\ b^{(l_{\text{GLONASS}})} \end{bmatrix}=\begin{bmatrix} (\boldsymbol{e}^{(i_{\text{GPS}})})^{\text{T}} & 1 & 0 & 0 & 0 \\ (\boldsymbol{e}^{(j_{\text{BD}})})^{\text{T}} & 0 & 1 & 0 & 0 \\ (\boldsymbol{e}^{(k_{\text{Galileo}})})^{\text{T}} & 0 & 0 & 1 & 0 \\ (\boldsymbol{e}^{(l_{\text{GLONASS}})})^{\text{T}} & 0 & 0 & 0 & 1 \end{bmatrix}\begin{bmatrix} \Delta\boldsymbol{x} \\ c\cdot\delta t_{u,\text{GPS}} \\ c\cdot\delta t_{u,\text{BD}} \\ c\cdot\delta t_{u,\text{Galileo}} \\ c\cdot\delta t_{u,\text{GLONASS}} \end{bmatrix}+\varepsilon_{\rho} \tag{13.28}$$

采用如下矩阵形式表示：

$$\boldsymbol{b}=\boldsymbol{G}\begin{bmatrix} \Delta\boldsymbol{x} \\ c\cdot\delta t_{u,\text{GPS}} \\ c\cdot\delta t_{u,\text{BD}} \\ c\cdot\delta t_{u,\text{Galileo}} \\ c\cdot\delta t_{u,\text{GLONASS}} \end{bmatrix}+\varepsilon_{\rho} \tag{13.29}$$

当北斗、GPS、Galileo、GLONASS 均参与定位且总的观测方程数等于 7 个时，通过式(13.30)便可解算出所有未知数：

$$\begin{bmatrix} \Delta\boldsymbol{x} \\ c\cdot\delta t_{u,\text{GPS}} \\ c\cdot\delta t_{u,\text{BD}} \\ c\cdot\delta t_{u,\text{Galileo}} \\ c\cdot\delta t_{u,\text{GLONASS}} \end{bmatrix}=\boldsymbol{G}^{-1}\boldsymbol{b} \tag{13.30}$$

当北斗、GPS、Galileo、GLONASS 均参与定位且总的观测方程数不少于 7 个时，通过最小二乘法便可求出观测方程的最佳解，公式如下：

$$\begin{bmatrix} \Delta\boldsymbol{x} \\ c\cdot\delta t_{u,\text{GPS}} \\ c\cdot\delta t_{u,\text{BD}} \\ c\cdot\delta t_{u,\text{Galileo}} \\ c\cdot\delta t_{u,\text{GLONASS}} \end{bmatrix}=(\boldsymbol{G}^{\text{T}}\boldsymbol{G})^{-1}\boldsymbol{G}^{\text{T}}\boldsymbol{b} \tag{13.31}$$

6. 实验步骤

本实验可通过以下两种方式进行。

(1)借助 RTKLib 提供的开源代码(为便于开展实验，将其封装为动态库，作为实验资源提供)，编写调用代码实现北斗、GPS、Galileo、GLONASS 四系统融合定位解算。

① 使用 VS 建立“Win32 控制台应用程序”，并在头文件中定义相关结构体；

② 根据动态库中提供的接口说明，在 main 函数中定义变量并赋值，定位模式设置为单点定位，参与定位解算的系统选择北斗、GPS、Galileo、GLONASS（即 prcopt_t 类型的变量中的 navsys 参数赋值为 45）调用接口函数，利用广播星历和观测数据解算接收机位置，获得北斗、GPS、Galileo、GLONASS 四系统融合定位结果文件；

③ 将 navsys 参数依次赋值为 1（利用 GPS 系统）、4（利用 GLONASS 系统）、8（利用 Galileo 系统）、32（利用北斗系统），进行定位解算，获得单系统下的定位结果文件。

（2）根据实验原理自主编写算法，实现北斗、GPS、Galileo、GLONASS 四系统融合定位解算，其实现流程与北斗+GPS 双系统融合定位的流程类似。

7. 注意事项

（1）RTKLib 中北斗、GPS、Galileo、GLONASS 四系统定位解算时获得以 GPS 时间为基准的接收机钟差，以及在此钟差基础上的偏差（分属于北斗系统、Galileo 系统、GLONASS 系统）。

（2）北斗、GPS、Galileo、GLONASS 系统播发的星历数据是以各自的时间系统为基准的，需分别计算当前接收时刻对应的北斗、GPS 、Galileo 的周+周内秒和 GLONASS 时刻。

8. 报告要求

根据接收机的概略位置，接收机接收到的北斗、GPS、GLONASS、Galileo 的可见星的观测数据、电文数据进行四系统融合接收机定位解算（以附件形式给出可见星的相关数据），并进行以下比较：

（1）比较单系统、四系统融合定位下的定位结果及位置标准差。

（2）比较双系统与四系统融合定位下的定位结果及位置标准差。

（3）比较三系统定位与四系统定位结果的精度。

（4）比较北斗单系统、北斗+××双系统、北斗+GPS+Galileo 三系统、四系统定位中的接收机钟差（以北斗时间系统为基准）。

（5）分析定位时位置标准差与可见星总数的关系。

第 14 章
实时差分定位实验

实时动态(red-time kinematic，RTK)是一项以载波相位观测量为基础的实时差分精密相对定位技术，它能获得厘米级的定位精度，在农业、建筑和工程测绘等方面有着重要应用。本章首先通过 RTCM 协议解析实验使用户了解基准站向流动站传输数据使用的数据协议及解析方法，然后通过 RTK 解算、整周模糊度解算两个实验使用户掌握 RTK 高精度数据处理的实现流程，获得接收机的精确位置。

14.1 RTCM 协议解析实验

1. 实验目的

(1) 了解 RTCM 协议的应用场景。
(2) 认识 RTCM 协议的类型及作用。
(3) 掌握 RTCM 协议常用电文类型的解析方法。

2. 实验任务

根据 RTCM 协议格式对常用的电文类型进行解析，获得电文中包含的数据。

3. 实验设备

北斗/GPS 教学与实验平台。

4. 实验准备

阅读《RTCM STANDARD 10403.3》协议。

5. 实验原理

差分系统由基准站、流动站和数据链三部分组成，数据链的作用是将基准站的数据信息以某种标准差分协议传输给用户。国际海运事业无线电技术委员会(Radio Technical Committee for Marine Services，RTCM)于 1983 年 11 月为全球推广应用差分 GPS 业务设立了 RTCM SC 104(The RTCM Special Committee 104, RTCM 专门委员会)，以便论证用于提供差分 GPS 业务的各种方法，并制定标准差分协议。1985 年 RTCM 发表了 RTCM V1.0 版本的建议文件，经过大量的实验研究，在丰富的研究基础上，对文件版本不断进行升级和修改，1990 年 1 月颁布了 V2.0，该版本提高了差分改正数的抗差性能，增大了可用信息量，差分定位精度由 V1.0 版本的 8～10m 提高到了 5m，通常可达到 2～3m。为了适应载波相位差分 GPS 的需要，RTCM 于 1994 年公布了 V2.1 版本，其基本数据格式未变，增加了几个支持实时动态定位(RTK)的新电文。在 1998 年又发布了 V2.2 版本，它增加了支持 GLONASS 的差分导航电文，主要存储在新增的信息类别 31～36 中。2001 年又发布了 V2.3 版本，定义了电文信息类别 23 和 24，它的实时动态定位精度小于 5cm。2004 年 RTCM 相继发布了 RTCM V3.0 版本，增加了用于传输网络差分改正数的电文。后又分别于 2013 年 2 月、2016 年 10 月发布了 RTCM V3.2 和 RTCM V3.3 版本，增加其他卫星导航系统的差分协议，如北斗、Galileo 等，用于进一步完善差分系统的需求。目前，RTCM 3.0 作为一种新的 GPS 数据通信格式，其下两个最新的子版本为 RTCM V3.2 和 RTCM V3.3。RTCM 差分协议在差分系统中的应用如图 14.1 所示。

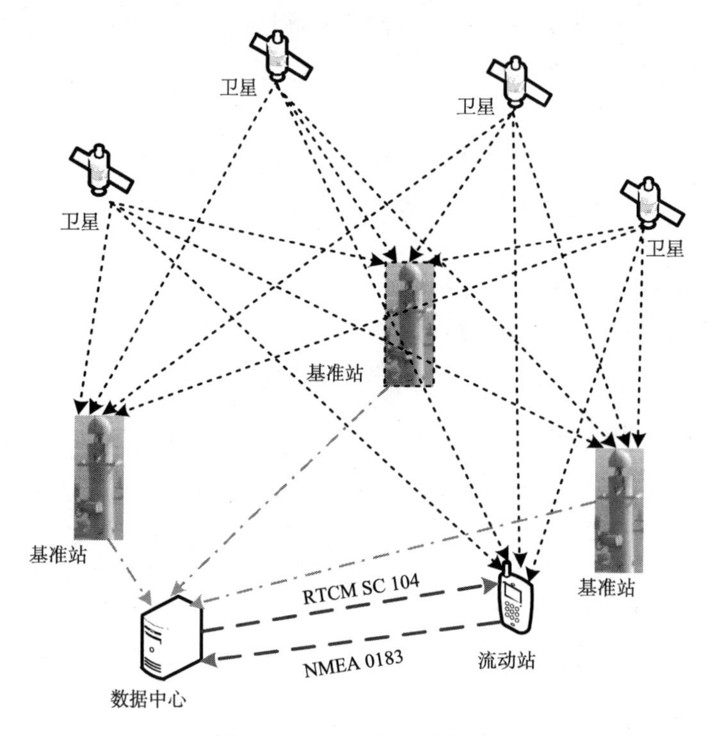

图 14.1　RTCM 协议的应用

RTCM SC 104 数据格式的电文类型如表 14.1 所示。

表 14.1　RTCM SC 104 电文类型

电文类型	状态	主要内容
1	固定	DGPS 数据：L1 C/A 码伪距改正数及其变化率(距离变化改正值)
2	固定	ΔDGPS 数据：ΔL1 C/A 码伪距改正数和 Δ 距离变化改正率
3	固定	基准站的三维 WGS84 坐标值
4	试用	基准站数据

续表

电文类型	状态	主要内容
5	固定	GPS 卫星星座的健康工作状况
6	固定	空帧
7	固定	信标历书：播发 DGPS 数据的无线电信标台位置、频率、识别号、服务范围和工作状态
8	试用	伪卫星历书：播发 DGPS 数据的伪卫星名称、位置、识别号、服务范围和工作状态
9	固定	部分 GPS 卫星的 DGPS 数据，即电文 1 用于分组发送的数据格式
10	保留	DGPS 数据：L1 P 码和 L2 P 码伪距改正数及其变化率
11	保留	DGPS 数据：L2 C/A 码伪距改正数及其变化率，以及 ΔDGPS 数据
12	保留	伪卫星基准站的相关参数
13	试用	DGPS 数据发射机的位置和概略距离
14	固定	测地辅助电文
15	固定	电离层/对流层时延改正模型参数
16	固定	专用的 ASCII 电文
17	试用	GPS 卫星的星历和历书
18	固定	未改正的 RTK 载波相位测量观测值
19	固定	未改正的 RTK 伪距测量观测值
20	固定	RTK 载波相位测量改正数
21	固定	RTK/Hi-Acc 伪距测量改正数
22	试用	扩展的基准站参数
23	试用	天线类型定义
24	试用	基准站：天线参考点(Antenna Reference Point, ARP)参数
25,26	—	未定义
27	试用	DGPS 信标历书
28～30	—	未定义
31	试用	GLONASS 差分改正数
32	试用	差分 GLONASS 基准站参数
33	试用	GLONASS 星座健康信息
34	试用	GLONASS 部分差分改正设置(N>1) GLONASS 空帧(N≤1)
35	试用	GLONASS 信标历书
36	试用	GLONASS 专用信息
37	试用	GNSS 系统时偏
38～58	—	未定义
59	试用	专用信息
60～63	备用	其他用途信息

RTCM 差分协议共定义了 63 种电文，每种电文帧长为 N+2 个字，每个字由 30bit 组成，其中电文头两个字称为通用电文，第 25～30 位是奇偶校验位。电文信息包含在 N 个字中，N 随电文类型不同也不相同，同类电文可能由于卫星个数不同也不相同。每个

帧的前两个字称为报头，报头的内容如图 14.2 所示，报头的第一个字包含 8bit 的同步头，由固定序列组成，后面是 6bit 的帧标志，用于标志基准站；报头的第二个字的前 13bit(修正 *Z* 计数)包含电文的时间基准，接下来 3bit 形成序列号，它按每个帧增加，并用于验证帧同步。帧长度是标志下一帧的开始所必需的，因为帧长度是随电文类型和卫星个数而改变的。3bit 的基准站健康状况表示基准值是否正常工作以及基准站的传输是否被监测到。

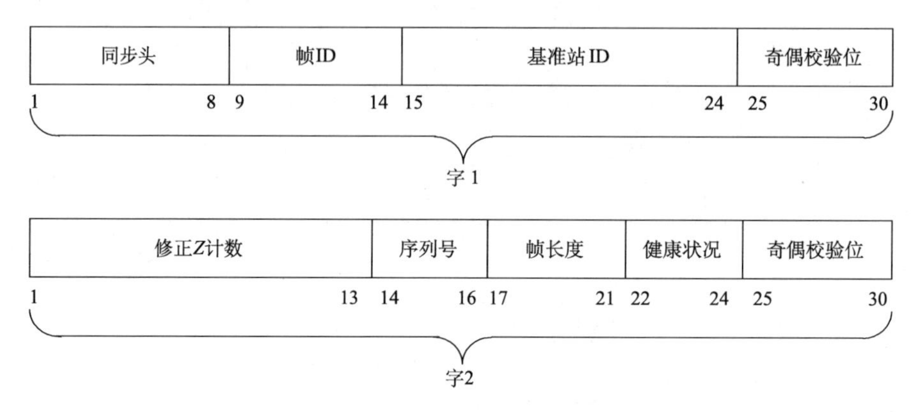

图 14.2　RTCM 差分协议电文报头

RTCM 3.0 的电文类型如表 14.2 所示。

表 14.2　RTCM 3.0 电文类型

电文类型	内容
1001	GPS L1 相位观测量
1002	GPS L1 扩展相位观测量
1003	GPS L1/L2 相位观测量
1004	GPS L1/L2 扩展相位观测量
1005	基准站参数(天线参考点)
1006	基准站参数(天线高度)
1007	天线参数
1008	天线参数(序列号)
1009	GLONASS L1 相位观测量
1010	GLONASS L1 扩展相位观测量
1011	GLONASS L1/L2 相位观测量
1012	GLONASS L1/L2 扩展相位观测量
1013	测地辅助电文
1014～1017	增补电文(用于网络 RTK)
1019	GPS 星历
1020	GLONASS 星历
4088～4095	专用电文

6. 实验步骤

(1)使用 VS 建立“Win32 控制台应用程序”，并在头文件中定义相关结构体。

(2)在程序的入口点文件中根据《RTCM STANDARD 10403.3》协议中各电文类型的编码规则编写其解码函数。

(3)在主函数中定义变量，调用步骤(2)编写的解码函数实现电文的解码。

7. 注意事项

(1)电文中前 24bit 存储固定信息。

(2)解码时应考虑数据域的比例因子。

(3)RTCM 3.0 电文以字节的形式存储。

8. 报告要求

编写 RTCM 3.0 的各类型电文的解码函数，将解析得到的数据与原始数据比较，判断编写的解码函数的正确性。

以 RTCM 3.0 电文类型为 1005 的电文为例，编码后以字节形式存储的电文见附件“rtcmnav.txt”。

解码后的数据基准如表 14.3 所示。

表 14.3　解码后的数据基准

参数类型		参数值
站编号		5
天线参考点坐标	*X*/m	–2148744.3969
	Y/m	4426641.2099
	Z/m	4044655.8564

14.2　RTK 解算实验

1. 实验目的

(1)了解 RTK 定位的优点和解算条件。

(2)掌握 RTK 定位解算的流程和原理。

(3)能够根据基准站的观测信息进行移动站实时精密定位解算。

2. 实验任务

根据给定的基准站和流动站的观测数据及基准站的坐标解算流动站的位置。

3. 实验设备

北斗/GPS 教学与实验平台。

4. 实验准备

(1) 了解载波相位观测值及其组成部分。
(2) 了解 RTK 的原理及解算流程。
(3) 掌握整周模糊度的解算方法。

5. 实验原理

已知基准站 r 的坐标为 (X_r, Y_r, Z_r)，设流动站 u 的坐标为 (X_u, Y_u, Z_u)，卫星 j、k 的坐标分别为 (X^j, Y^j, Z^j)，(X^k, Y^k, Z^k)。可得双差观测方程为

$$\phi_{ur}^{jk} = \lambda^{-1}[(\rho_u^j - \rho_r^j) - (\rho_u^k - \rho_r^k)] + N_{ur}^{jk} + \varepsilon_{\phi,ru}^{jk} \tag{14.1}$$

式(14.1)为非线性方程，N_{ur}^{jk} 为双差整周模糊度，在流动站近似坐标 (X_{u0}, Y_{u0}, Z_{u0}) 处一阶泰勒展开并忽略误差项，相应的坐标改正数为 $(\delta X_u, \delta Y_u, \delta Z_u)$，则几何距离 ρ_u^j 和 ρ_u^k 可以线性化为

$$\rho_u^j = \rho_{u0}^j - (l_u^j \delta X_u + m_u^j \delta Y_u + n_u^j \delta Z_u) \tag{14.2}$$

$$\rho_u^k = \rho_{u0}^k - (l_u^k \delta X_u + m_u^k \delta Y_u + n_u^k \delta Z_u) \tag{14.3}$$

其中

$$\begin{aligned}
\rho_r^j &= \sqrt{(X^j - X_r)^2 + (Y^j - Y_r)^2 + (Z^j - Z_r)^2} \\
\rho_r^k &= \sqrt{(X^k - X_r)^2 + (Y^k - Y_r)^2 + (Z^k - Z_r)^2} \\
\rho_{u0}^j &= \sqrt{(X^j - X_{u0})^2 + (Y^j - Y_{u0})^2 + (Z^j - Z_{u0})^2} \\
\rho_{u0}^k &= \sqrt{(X^k - X_{u0})^2 + (Y^k - Y_{u0})^2 + (Z^k - Z_{u0})^2}
\end{aligned} \tag{14.4}$$

将 ρ_u^j 和 ρ_u^k 的线性化表达式代入双差观测方程，可得到双差观测方程的线性化形式：

$$\phi_{ur}^{jk} = \lambda^{-1}\left[\left(\rho_{u0}^j - \rho_r^j\right) - \left(\rho_{u0}^k - \rho_r^k\right)\right] - \lambda^{-1}\begin{bmatrix} l_u^j - l_u^k \\ m_u^j - m_u^k \\ n_u^j - n_u^k \end{bmatrix}\left[\delta X_u, \delta Y_u, \delta Z_u\right] + N_{ur}^{jk} \tag{14.5}$$

令

$$\begin{bmatrix} l_u^{jk} \\ m_u^{jk} \\ n_u^{jk} \end{bmatrix} = \begin{bmatrix} l_u^j - l_u^k \\ m_u^j - m_u^k \\ n_u^j - n_u^k \end{bmatrix} = \begin{bmatrix} \dfrac{X^j - X_{u0}}{\rho_{u0}^j} - \dfrac{X^k - X_{u0}}{\rho_{u0}^k} \\ \dfrac{Y^j - Y_{u0}}{\rho_{u0}^j} - \dfrac{Y^k - Y_{u0}}{\rho_{u0}^k} \\ \dfrac{Z^j - Z_{u0}}{\rho_{u0}^j} - \dfrac{Z^k - Z_{u0}}{\rho_{u0}^k} \end{bmatrix} \tag{14.6}$$

则双差方程又可以写为

$$\phi_{ur}^{jk} = -\lambda^{-1}(l_u^{jk}\delta X_u + m_u^{jk}\delta Y_u + n_u^{jk}\delta Z_u) + N_{ur}^{jk} + \lambda^{-1}[(\rho_{u0}^j - \rho_r^j) - (\rho_{u0}^k - \rho_r^k)] \quad (14.7)$$

记 $L_{ur}^{jk} = \phi_{ur}^{jk} - \lambda^{-1}[(\rho_{u0}^j - \rho_r^j) - (\rho_{u0}^k - \rho_r^k)]$，则式(14.7)又可写为误差方程形式：

$$v^k = \lambda^{-1}[l_u^{jk}, m_u^{jk}, n_u^{jk}]\begin{bmatrix}\delta X_u \\ \delta Y_u \\ \delta Z_u\end{bmatrix} - N_{ur}^{jk} + L_{ur}^{jk} \quad (14.8)$$

若有 n+1 个卫星编号为 0,1,2,3,…,n，并选取 0 号卫星为基准卫星，则一个历元可组成观测方程矩阵：

$$\begin{bmatrix} v^1 \\ v^2 \\ \vdots \\ v^n \end{bmatrix} = \frac{1}{\lambda}\begin{bmatrix} l_u^{01} & m_u^{01} & n_u^{01} \\ l_u^{02} & m_u^{02} & n_u^{02} \\ \vdots & \vdots & \vdots \\ l_u^{0n} & m_u^{0n} & n_u^{0n} \end{bmatrix}\begin{bmatrix}\delta X_u \\ \delta Y_u \\ \delta Z_u\end{bmatrix} + \begin{bmatrix} 1 & & & \\ & 1 & & \\ & & \ddots & \\ & & & 1 \end{bmatrix}\begin{bmatrix} N_{ur}^{01} \\ N_{ur}^{02} \\ \vdots \\ N_{ur}^{0n} \end{bmatrix} + \begin{bmatrix} L_{ur}^{01} \\ L_{ur}^{02} \\ \vdots \\ L_{ur}^{0n} \end{bmatrix} \quad (14.9)$$

对于式(14.9)方程个数为 n 个，未知数个数为 3+n 个，在不发生周跳和失锁的情况下，双差整周模糊度不变，则用多个历元的数据组成误差方程即可对 3+n 个待估参量进行估值和求解。

设历元时刻 t，式(14.9)可以写为

$$\boldsymbol{v}(t) = \boldsymbol{a}(t)\delta\boldsymbol{X}_u(t) + \boldsymbol{b}(t)\Delta\nabla\boldsymbol{N} + \Delta\nabla\boldsymbol{L}(t) \quad (14.10)$$

其中

$$\boldsymbol{v}(t) = [v^1, v^2, \cdots, v^n]^{\mathrm{T}}$$

$$\underset{n\times 3}{\boldsymbol{a}(t)} = \lambda^{-1}\begin{bmatrix} l_u^{01}(t), m_u^{01}(t), n_u^{01}(t) \\ l_u^{02}(t), m_u^{02}(t), n_u^{02}(t) \\ \vdots \\ l_u^{0n}(t), m_u^{0n}(t), n_u^{0n}(t) \end{bmatrix}$$

$$\delta\boldsymbol{X}_u(t) = [\delta X_u(t), \delta Y_u(t), \delta Z_u(t)]^{\mathrm{T}}$$

$$\underset{n\times n}{\boldsymbol{b}(t)} = \begin{bmatrix} 1 & & & \\ & 1 & & \\ & & \ddots & \\ & & & 1 \end{bmatrix}$$

$$\Delta\nabla\boldsymbol{N} = [N_{ur}^{01}, N_{ur}^{02}, \cdots, N_{ur}^{0n}]^{\mathrm{T}}$$

$$\Delta\nabla\boldsymbol{L}(t) = [L_{ur}^{01}(t), L_{ur}^{02}(t), \cdots, L_{ur}^{0n}(t)]^{\mathrm{T}}$$

若同步观测的历元的个数为 m，则相应误差方程组为

$$\boldsymbol{V} = (\boldsymbol{A}, \boldsymbol{B})\begin{bmatrix}\delta\boldsymbol{X} \\ \Delta\nabla\boldsymbol{N}\end{bmatrix} + \boldsymbol{L} \quad (14.11)$$

其中

$$\underset{(n\cdot m)\times(3)}{\boldsymbol{A}} = [\boldsymbol{a}(t_1), \boldsymbol{a}(t_2), \cdots, \boldsymbol{a}(t_m)]^{\mathrm{T}}$$

$$\underset{(n\cdot m)\times(n)}{\boldsymbol{B}} = [\boldsymbol{b}(t_1), \boldsymbol{b}(t_2), \cdots, \boldsymbol{b}(t_m)]^{\mathrm{T}}$$

$$\underset{(n\cdot m)\times(1)}{\boldsymbol{L}} = [\Delta\nabla\boldsymbol{L}(t_1), \Delta\nabla\boldsymbol{L}(t_2), \cdots, \Delta\nabla\boldsymbol{L}(t_m)]^{\mathrm{T}}$$

$$\underset{(3\cdot m)\times(1)}{\delta\boldsymbol{X}} = [\delta\boldsymbol{X}_u(t_1), \delta\boldsymbol{X}_u(t_2), \cdots, \delta\boldsymbol{X}_u(t_m)]^{\mathrm{T}}$$

$$\underset{(n\cdot m)\times(1)}{\boldsymbol{V}} = [\boldsymbol{v}(t_1), \boldsymbol{v}(t_2), \cdots, \boldsymbol{v}(t_m)]^{\mathrm{T}}$$

设

$$\boldsymbol{G} = [\boldsymbol{A}, \boldsymbol{B}]$$

$$\delta\boldsymbol{X} = [\delta\boldsymbol{X}, \Delta\nabla\boldsymbol{N}]$$

因此，相应的方程的解为

$$\delta\boldsymbol{X} = -(\boldsymbol{G}^{\mathrm{T}}\boldsymbol{P}\boldsymbol{G})^{-1}\boldsymbol{G}^{\mathrm{T}}\boldsymbol{P}\boldsymbol{L}$$

其中，$\boldsymbol{P}$ 为观测值的权矩阵。

上式求解的 $\delta\boldsymbol{X}$ 是用最小二乘求得的“浮点解”，即解出来的估值中双差模糊度是浮点数，因而此解是不准确的，要想得到最优解，需要首先想办法求解出方程中卫星的模糊度的整数值，然后对用户坐标进行估值，这样求解得到最优解即“整数解”（在模糊度为整数解的前提下得到用户坐标）。所以要想准确求解 RTK 的双差方程，首要的问题是求解方程中的双差模糊度。RTK 定位解算的基本流程如图 14.3 所示。

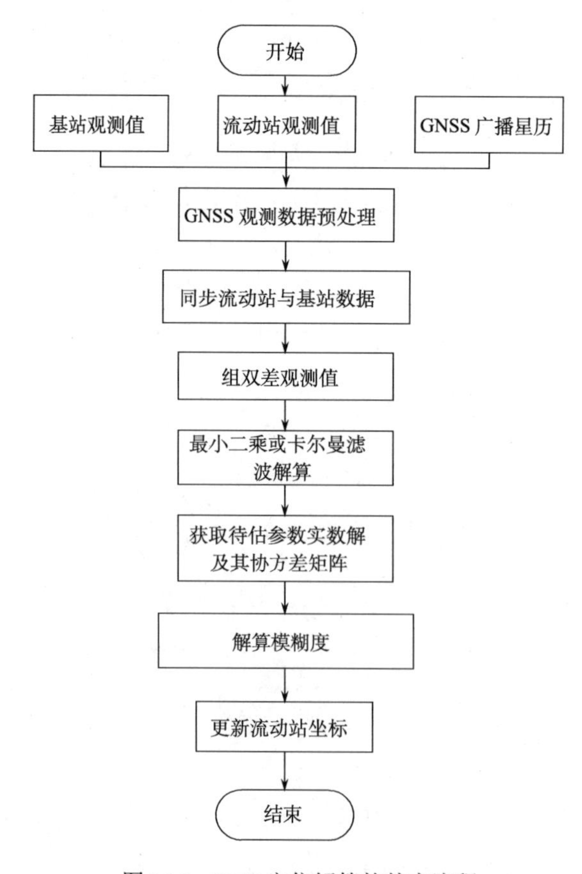

图 14.3　RTK 定位解算的基本流程

6. 实验步骤

本实验借助 RTKLib 提供的开源代码(为便于开展实验，将其封装为动态库，作为实验资源提供；读者也可直接利用 RTKLib 开源代码进行 RTK 解算)，编写调用代码实现移动站在结合自身观测数据及基准站观测数据的条件下的定位解算。

(1) 使用 VS 建立“Win32 控制台应用程序”，并在头文件中定义相关结构体。

(2) 根据动态库中提供的接口说明，在 main 函数中定义变量并赋值，定位模式设置为 Static(基于载波相位的静态定位)或 Kinematic(基于载波相位的动态定位)，输入基准站的观测值文件、广播星历文件，以及移动站的观测值文件，调用接口函数，实现移动站根据自身观测数据及基准站发送的观测数据进行实时动态差分定位的功能。

7. 注意事项

利用载波相位观测值进行定位需要解算整周模糊度，并获得整周模糊度的整数解。

8. 报告要求

移动站接收机根据获得的观测值数据文件、广播星历文件，以及接收到的基准站的数据文件(以附件形式给出相关数据)进行 RTK 解算，并进行以下分析。

(1) 获得 RTK 结果文件，分析定位结果的精度。

(2) 移动站进行单点定位，比较单点定位和 RTK 的位置误差。

14.3　整周模糊度解算实验

1. 实验目的

(1) 认识整周模糊度。

(2) 认识载波相位观测值的组成。

(3) 掌握整周模糊度的解算方法。

2. 实验任务

解算原始 GNSS 载波相位观测值中的模糊度。

3. 实验设备

北斗/GPS 教学与实验平台。

4. 实验准备

(1) 学习载波相位差分观测值的组成及表示。

(2) 掌握 RTK 解算的基本原理及流程。

5. 实验原理

以周为单位的载波相位测量方程可以表示为

$$\phi(t)=\lambda^{-1}\left(\rho_0-I_\phi+T_\phi\right)+\frac{c}{\lambda}\left(\Delta t_u-\Delta t^s\right)+N+\varepsilon_\phi \tag{14.12}$$

其中，ρ_0 为发射时刻的卫星位置至接收时刻用户位置间的几何距离；I_ϕ、T_ϕ 分别为电离层和对流层延迟；λ 为载波波长；c 为光速；Δt_u 为接收机钟与系统基准时间(北斗时)的偏差，即接收机钟差；Δt^s 为卫星钟与系统基准时间的偏差，即卫星钟差；N 为整周模糊度；ε_ϕ 为载波相位测量噪声。

由于原始的载波相位测量观测值中含有整周模糊度，在确定出模糊度之前，它并不是完整的卫星与接收机之间的距离观测值。只有确定出整周模糊度，才能转换成毫米级精度的距离观测值，从而实现高精度定位。

模糊度的解算一般分两步：首先通过一定的算法求解出整周模糊度，然后再验证所解得的整周模糊度的正确性。

由 RTK 解算实验可知，流动站相对定位的误差方程可表示为$\boldsymbol{V}=(\boldsymbol{A},\boldsymbol{B})\begin{bmatrix}\delta\boldsymbol{X}\\ \Delta\nabla\boldsymbol{N}\end{bmatrix}+\boldsymbol{L}$，为简化表达，将 $\delta\boldsymbol{X}$ 记为 $\boldsymbol{X}$，$\Delta\nabla\boldsymbol{N}$ 记为 $\boldsymbol{N}$，则有如下表达形式：

$$\boldsymbol{V}=(\boldsymbol{A},\boldsymbol{B})\begin{bmatrix}\boldsymbol{X}\\ \boldsymbol{N}\end{bmatrix}+\boldsymbol{L} \tag{14.13}$$

根据最小二乘准则：

$$(\boldsymbol{AX}+\boldsymbol{BN}+\boldsymbol{L})^{\mathrm{T}}\boldsymbol{P}(\boldsymbol{AX}+\boldsymbol{BN}+\boldsymbol{L})=\min(N\in\mathbf{Z}^m,X\in\mathbf{R}^n) \tag{14.14}$$

由于模糊度整数约束 $N\in\mathbf{Z}^m$，式(14.14)实际上属于整数最小二乘问题，求解过程一般可分为三个步骤。首先解算模糊度的实数解，相应方程为

$$\begin{bmatrix}\boldsymbol{A}^{\mathrm{T}}\boldsymbol{PA} & \boldsymbol{A}^{\mathrm{T}}\boldsymbol{PB}\\ \boldsymbol{B}^{\mathrm{T}}\boldsymbol{PA} & \boldsymbol{B}^{\mathrm{T}}\boldsymbol{PB}\end{bmatrix}\cdot\begin{bmatrix}\hat{\boldsymbol{X}}\\ \hat{\boldsymbol{N}}\end{bmatrix}=\begin{bmatrix}-\boldsymbol{A}^{\mathrm{T}}\boldsymbol{PL}\\ -\boldsymbol{B}^{\mathrm{T}}\boldsymbol{PL}\end{bmatrix} \tag{14.15}$$

可简写为

$$\begin{bmatrix}\boldsymbol{N}_{11} & \boldsymbol{N}_{12}\\ \boldsymbol{N}_{21} & \boldsymbol{N}_{22}\end{bmatrix}\cdot\begin{bmatrix}\hat{\boldsymbol{X}}\\ \hat{\boldsymbol{N}}\end{bmatrix}=\begin{bmatrix}\boldsymbol{U}_1\\ \boldsymbol{U}_2\end{bmatrix} \tag{14.16}$$

解法方程可获得 $\boldsymbol{X}$ 和 $\boldsymbol{N}$ 的实数估值及其协方差矩阵：

$$\begin{aligned}
&\hat{\boldsymbol{N}}=(\boldsymbol{N}_{22}-\boldsymbol{N}_{21}\boldsymbol{N}_{11}^{-1}\boldsymbol{N}_{12})^{-1}\cdot(\boldsymbol{U}_2-\boldsymbol{N}_{21}\boldsymbol{N}_{11}^{-1}\boldsymbol{U}_1)\\
&\boldsymbol{Q}_{\hat{N}}=(\boldsymbol{N}_{22}-\boldsymbol{N}_{21}\boldsymbol{N}_{11}^{-1}\boldsymbol{N}_{12})^{-1}\\
&\hat{\boldsymbol{X}}=\boldsymbol{N}_{11}^{-1}(\boldsymbol{U}_1-\boldsymbol{N}_{12}\hat{\boldsymbol{N}})\\
&\boldsymbol{Q}_{\hat{X}}=\boldsymbol{N}_{11}^{-1}+\boldsymbol{N}_{11}^{-1}\boldsymbol{N}_{12}\,\Sigma_{\hat{a}}\,\boldsymbol{N}_{21}\boldsymbol{N}_{11}^{-1}\\
&\boldsymbol{Q}_{\hat{X}\hat{N}}=-\boldsymbol{N}_{11}^{-1}\boldsymbol{N}_{12}\,\Sigma_{\hat{N}}
\end{aligned} \tag{14.17}$$

其次，将模糊度实数解 $\hat{\boldsymbol{N}}$ 通过下式固定为整数 $\boldsymbol{N}$：

$$(\hat{\boldsymbol{N}}-\boldsymbol{N})^{\mathrm{T}} Q_{\hat{N}}^{-1}(\hat{\boldsymbol{N}}-\boldsymbol{N})=\min \ (\boldsymbol{N} \in \mathbf{Z}^{m}) \tag{14.18}$$

最后，将整数模糊度 $\hat{\boldsymbol{N}}$ 回代，计算整数模糊度条件下的非模糊度参数解 $\boldsymbol{X}$:

$$\begin{aligned} \boldsymbol{X} &= \boldsymbol{N}_{11}^{-1}(\boldsymbol{U}_1-\boldsymbol{N}_{12}\hat{\boldsymbol{N}}) \\ &= \hat{\boldsymbol{X}}+\boldsymbol{N}_{11}^{-1}\boldsymbol{N}_{12}(\hat{\boldsymbol{N}}-\boldsymbol{N}) \\ &= \hat{\boldsymbol{X}}-\Sigma_{\hat{X}\hat{N}}\Sigma_{\hat{N}}(\hat{\boldsymbol{N}}-\boldsymbol{N}) \\ \boldsymbol{Q}_X &= \boldsymbol{N}_{11}^{-1}=\boldsymbol{Q}_{\hat{X}}-\boldsymbol{Q}_{\hat{X}\hat{N}}\boldsymbol{Q}_{\hat{N}}^{-1}\boldsymbol{Q}_{\hat{N}\hat{X}} \end{aligned} \tag{14.19}$$

上式显示了固定模糊度对其他参数的影响。

目前已有的模糊度解算方法大致可分为以下四类。

(1) 专门操作的模糊度求解。即通过一些特殊操作来获得整周模糊度，典型方法包括已知基线法、交换天线法以及两次设站等方法，目前已很少使用。

(2) 观测域内的模糊度搜索。随着宽巷、超宽巷技术的出现，该方法的使用得到巨大发展，宽巷(B_1、B_2 组合)、超宽巷(B_3、B_2 组合)观测值的波长分别达到 84.967cm 和 488.42cm，因此短时平滑就可得到正确模糊度。但这类方法需要双频观测数据，因此系统的硬件成本较高，不利于系统普及。

(3) 坐标域内的模糊度搜索。典型方法是模糊度函数法，它利用余弦函数对 2π 整数倍不敏感的特性，将模糊度域内的搜索转化为坐标域内的搜索，但计算量通常较大。

(4) 模糊度域内的模糊度搜索。这类方法的理论基础是整数最小二乘估计，典型算法包括快速模糊度结算法(FARA 算法)、最小二乘模糊度搜索算法(LSAST 算法)、快速模糊度搜索滤波算法(FASF 算法)及 LAMBDA(Least-squares Ambiguity Decorrelation Adjustment)算法。

其中，LAMBDA 算法就是具有代表性的一种方法。LAMBDA 算法，全称为最小二乘模糊度降相关判定，其核心思想是对整周模糊度的协方差矩阵进行整周高斯变换，通过 Z 变换降低各个模糊度参数之间的相关性，从而缩小模糊度搜索空间，提高搜索的成功率和效率。LAMBDA 算法不但有着较好的性能，而且它的理论体系也较完善，因此被广为接受。LAMBDA 算法可以分为五步，如图 14.4 所示，下面分别对每个步骤进行详细说明。

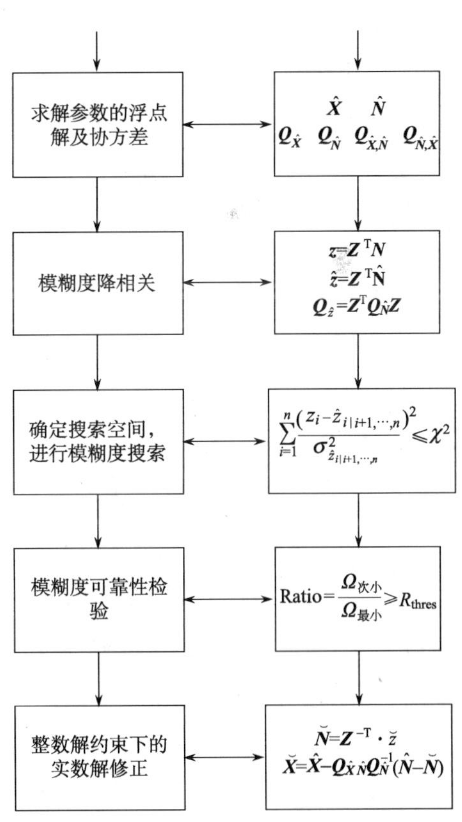

图 14.4　LAMBDA 算法流程

1) 忽略模糊度的整数特性求解待估参数的浮点解及其协方差。

直接用最小二乘或卡尔曼滤波算法解算载

波相位测量方程的待估参数及其协方差。

2）模糊度降相关处理

搜索空间是一个多维超椭球体，为了减小搜索空间，提高模糊度搜索的效率和质量，必须降低模糊度之间的相关性，采用降相关的方法将多维超椭球体转换为近似正椭球，从而大大缩小搜索空间，提高搜索效率。

3）模糊度搜索

整个模糊度的搜索过程呈一个多叉树的形态，但所有子树没有共同的根，如图 14.5 所示。首先确定第 n 级 z_n 的左右边界，可以得到多个模糊度候选整数值，从中选择一个并以此为基础确定下一级 z_{n-1} 的左右边界，也可以得到 $n-1$ 级的多个模糊度候选整数值，从中选择一个值为基础依次往下进行，若进行到第 i 级时发现 z_i 没有整数值可取，则说明本搜索分支无效，退回到上一级第 $i+1$ 级，并从 z_{i+1} 的候选值中再选一个候选值，继续往下搜索。当搜索到达第 1 级确定一个 z_1 后，意味着这条搜索分支的终结，此时可以得到一组完整的模糊度候选矢量。当不断向上回溯到第 n 级并遍历完所有候选值后，就可以得到搜索空间内的所有组模糊度候选矢量，搜索全部结束，并且可以得到每组候选矢量的目标值残差平方和，最小残差平方和最小的那组候选矢量在通过可靠性检验后即可确定为最终的模糊度解。

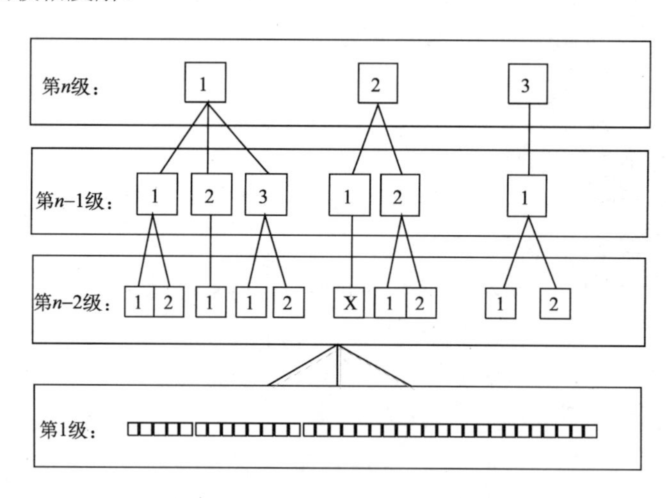

图 14.5　LAMBDA 算法的搜索过程

对于同级的所有候选模糊度值，搜索顺序有多种，若采用“由左至右”的顺序，则候选值的选择顺序由边界左边依次滑动到边界右边；若采用“围绕中心”的交互式搜索，则以 $\hat{z}_{i|i+1,\cdots,n}$ 为中心向两边延伸，顺序为 $[\hat{z}_{i|i+1,\cdots,n}]$、$[\hat{z}_{i|i+1,\cdots,n}]-1$、$[\hat{z}_{i|i+1,\cdots,n}]+1$、$[\hat{z}_{i|i+1,\cdots,n}]-2$、$[\hat{z}_{i|i+1,\cdots,n}]+2$、……搜索的目的是找到使目标函数达到最小值的模糊度矢量，为了快速找到这个矢量，可以对搜索空间进行不断压缩，每得到一组模糊度候选矢量，也会得到一个目标函数值，将该值与当前的 χ^2 进行比较，若该值小于当前值，则将该值作为新的搜索空间边界赋给 χ^2。若在反复压缩搜索空间后，模糊度取不到一组完整的候选矢量，则上一个候选矢量即最终所求解。

4) 模糊度可靠性检验

模糊度的可靠性检验是指对搜索得到的一组模糊度矢量进行假设检验以确定最终拒绝还是接受。为了检验过程的简便性，一般都采用 Ratio 法，选取搜索取得的模糊度候选矢量及其对应的残差平方和的次小值和最小值，计算二者的比值即 Ratio 值，并且设定阈值进行检测：

$$\text{Ratio} = \frac{\Omega_{\text{次小}}}{\Omega_{\text{最小}}} \geqslant R_{\text{thres}} \tag{14.20}$$

Ratio 是一个大于 1 的数，阈值 R_{thres} 一般可设为 2 或 3，若 Ratio 大于阈值，则表明搜索取得的最优解具有较高的可靠性，应选择接受，为正确解，反之，则表明最优解可靠性较低，应选择拒绝。

5) 整数解约束下的实数解修正

模糊度检验通过后，需要进行反变换恢复原始的模糊度值，进而对待估参数中的实数参数进行重新修正。

6) 实验步骤

本实验可通过以下两种方式进行。

(1) 借助 RTKLib 提供的开源代码(为便于开展实验，将其封装为动态库，作为实验资源提供；读者也可直接使用开源代码开展实验)，编写调用代码实现移动站在结合自身观测数据及基准站观测数据的条件下的双差整周模糊度解算。

① 使用 VS 建立“Win32 控制台应用程序”，并在头文件中定义相关结构体；

② 定位模式设置为 Static(基于载波相位的静态定位)或 Kinematic(基于载波相位的动态定位)，输入基准站的观测值文件、广播星历文件，以及移动站的观测值文件，调用接口函数，实现双差整周模糊度的解算，输出整周模糊度的整数解。

(2) 根据实验原理自主编写算法，实现求解双差整周模糊度的功能，具体实验流程参考实验原理部分。

6. 实验步骤

无。

7. 注意事项

本实验解算结果为双差整周模糊度，且解算结果为整数。

8. 报告要求

移动站接收机根据获得的观测值数据文件、广播星历文件，以及接收到的基准站的数据文件(数据文件同 RTK 解算实验)进行双差整周模糊度解算，并进行以下分析：比较整周模糊度的值为整数和浮点数两种情况下的定位精度。

第 15 章

精密单点定位实验

精密单点定位(precise point positioning，PPP)是一种利用单台导航接收机、精密星历和卫星钟差，基于载波相位观测值进行定位的高精度定位方法，精度可达厘米级甚至毫米级。它集成了标准单点定位和相对定位的技术优点，是导航定位技术中继实时动态定位技术后出现的又一次技术革命。本章通过实验使用户掌握精密星历与钟差文件的获取、数据读取方法，PPP 中需要修正的天线相位中心变化、相位缠绕等精细误差的校正模型，以及 PPP 的实现流程。

15.1 sp3 精密星历与钟差获取实验

1. 实验目的

(1) 了解精密星历与精密钟差的特点和时效性。
(2) 掌握精密星历、精密钟差数据的获取方法。

2. 实验任务

根据时刻点获取对应的精密星历和精密钟差文件。

3. 实验设备

联网的 PC 或北斗/GPS 教学与实验平台设备。

4. 实验准备

无。

5. 实验原理

精密星历、精密钟差是由若干卫星跟踪站的观测数据，经事后处理算得的供卫星精密定位等使用的卫星轨道、卫星钟差信息。

sp3 精密星历数据格式的全称是标准产品第 3 号(Standard Product #3)，它是一种在卫星大地测量中广泛采用的数据格式，由美国国家大地测量委员会(National Geodetic Survey, NGS)提出，专门用于存储导航卫星的精密轨道数据。

IGS 官方提供的精密钟差有两种，一种 30s 间隔，一种 5min 间隔，包括卫星钟差和 IGS 监测站的钟差。

IGS 的产品是基于 CODE、GFZ、JPL 等数据分析中心之前各自提供的精密星历和钟差得到的，由于各数据分析中心采用的基准不完全相容，为避免混用不同数据处理中心的产品而引起的系统性偏差，IGS 官方进行了综合处理，推出 IGS 最终产品。

关于精密星历和精密钟差数据，IGS 提供三种类型的产品：IGS(事后精密产品)、IGR(快速精密产品)、IGU(预报精密产品)，三种产品的相关指标如表 15.1 所示。

表 15.1 三种精密星历和精密钟差的指标

名称	时延	更新率	采样率	精度
事后精密星历	12～18 天	每周四	15 min	约 2cm
事后卫星&地面站钟差	12～18 天	每周四	卫星：30s/5min 地面站：5min	75 ps RMS 20 ps Sdev
快速精密星历	17～41 h	每天 17 UTC	15 min	约 2.5cm
快速卫星&地面站钟差	17～41 h	每天 17 UTC	5 min	约 75 ps RMS 约 25 ps Sdev
预报精密星历	实时	25 s	5～60s	约 5cm
预报卫星钟差	实时	25 s	15 min	约 5ns

精密星历、精密钟差数据可从常用的 3 个数据中心的 FTP 网站进行下载，3 个官方网站如下。

(1) CDDIS: Greenbelt, MD, USA，ftp://cddis.gsfc.nasa.gov。

(2) SOPAC: San Diego, CA, USA，ftp://garner.ucsd.edu。

(3) KASI: Daejon, Republic of Korea，ftp://nfs.kasi.re.kr。

6. 实验步骤

(1) 将目标时刻转换为 GPS 周+周内秒，然后根据周内秒计算周内天数，0 表示星期日，1～6 表示星期一～星期六。

(2) 根据目标时刻从数据分析中心网站进行数据下载。

7. 注意事项

无。

8. 报告要求

从 FTP 网站获取精密星历数据文件、精密钟差文件。

15.2 sp3 精密星历文件读取实验

1. 实验目的

(1) 了解 IGS 提供的产品类型。

(2)认识 sp3 精密星历文件的组成及结构特点。

(3)掌握 sp3 精密星历文件的数据读取方法。

(4)能够根据精密星历文件获得指定卫星在某个时刻的坐标数据。

2. 实验任务

根据 sp3 精密星历文件获取指定卫星在某个时刻的坐标数据。

3. 实验设备

北斗/GPS 教学与实验平台。

4. 实验准备

掌握 sp3 精密星历文件的获取。

5. 实验原理

IGS 提供的精密星历采用 sp3 格式，其存储方式为 ASCII 文本文件，文件扩展名为“sp3”，内容包括文件头以及数据记录两部分，文件体中每隔 15 min 给出 1 组卫星的位置，有时还给出卫星的速度。实际解算中可以进行内插或拟合，得到卫星发射信号时刻所处位置。sp3 精密星历文件的文件头包含文件版本号、轨道数据首历元的时间、数据历元间隔、文件中具有数据卫星的 PRN 号、数据的精度指数及注释等。

图 15.1 是 igs17570.sp3 文件部分内容。

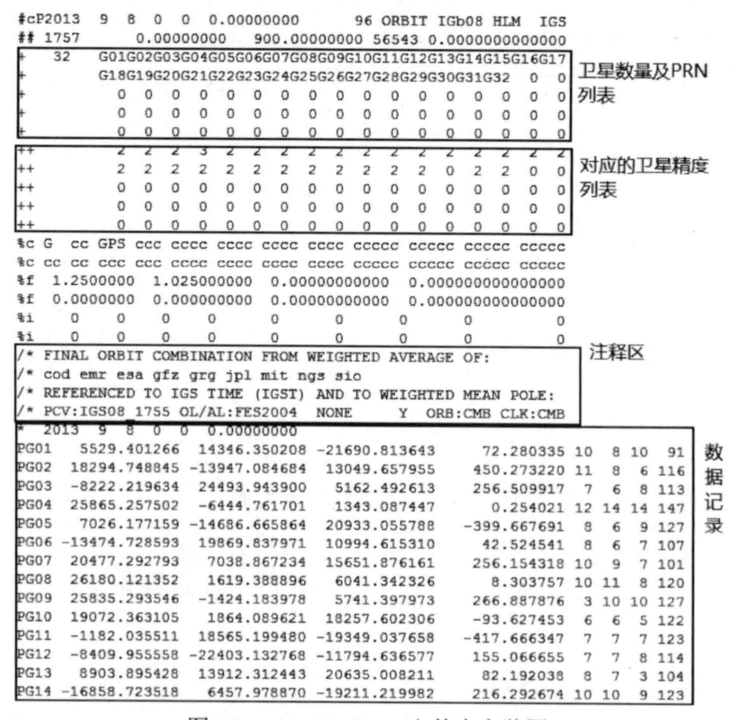

```
#cP2013  9  8  0  0  0.00000000      96 ORBIT IGb08 HLM  IGS
## 1757      0.00000000   900.00000000 56543 0.0000000000000
+   32   G01G02G03G04G05G06G07G08G09G10G11G12G13G14G15G16G17
+        G18G19G20G21G22G23G24G25G26G27G28G29G30G31G32  0  0
+          0  0  0  0  0  0  0  0  0  0  0  0  0  0  0  0  0
+          0  0  0  0  0  0  0  0  0  0  0  0  0  0  0  0  0
+          0  0  0  0  0  0  0  0  0  0  0  0  0  0  0  0  0
++         2  2  2  3  2  2  2  2  2  2  2  2  2  2  2  2  2
++         2  2  2  2  2  2  2  2  2  2  2  2  0  2  2  0  0
++         0  0  0  0  0  0  0  0  0  0  0  0  0  0  0  0  0
++         0  0  0  0  0  0  0  0  0  0  0  0  0  0  0  0  0
++         0  0  0  0  0  0  0  0  0  0  0  0  0  0  0  0  0
%c G  cc GPS ccc cccc cccc cccc cccc ccccc ccccc ccccc ccccc
%c cc cc ccc ccc cccc cccc cccc cccc ccccc ccccc ccccc ccccc
%f  1.2500000  1.025000000  0.00000000000  0.000000000000000
%f  0.0000000  0.000000000  0.00000000000  0.000000000000000
%i    0    0    0    0      0      0      0      0         0
%i    0    0    0    0      0      0      0      0         0
/* FINAL ORBIT COMBINATION FROM WEIGHTED AVERAGE OF:
/* cod emr esa gfz grg jpl mit ngs sio
/* REFERENCED TO IGS TIME (IGST) AND TO WEIGHTED MEAN POLE:
/* PCV:IGS08 1755 OL/AL:FES2004  NONE     Y  ORB:CMB CLK:CMB
*  2013  9  8  0  0  0.00000000
PG01   5529.401266  14346.350208 -21690.813643     72.280335 10  8 10  91
PG02  18294.748845 -13947.084684  13049.657955    450.273220 11  8  6 116
PG03  -8222.219634  24493.943900   5162.492613    256.509917  7  6  8 113
PG04  25865.257502  -6444.761701   1343.087447      0.254021 12 14 14 147
PG05   7026.177159 -14686.665864  20933.055788   -399.667691  8  6  9 127
PG06 -13474.728593  19869.837971  10994.615310     42.524541  8  6  7 107
PG07  20477.292793   7038.867234  15651.876161    256.154318 10  9  7 101
PG08  26180.121352   1619.388896   6041.342326      8.303757 10 11  8 120
PG09  25835.293546  -1424.183978   5741.397973    266.887876  3 10 10 127
PG10  19072.363105   1864.089621  18257.602306    -93.627453  6  6  5 122
PG11  -1182.035511  18565.199480 -19349.037658   -417.666347  7  7  7 123
PG12  -8409.955558 -22403.132768 -11794.636577    155.066655  7  7  8 114
PG13   8903.895428  13912.312443  20635.008211     82.192038  8  7  3 104
PG14 -16858.723518   6457.978870 -19211.219982    216.292674 10 10  9 123
```


图 15.1　igs17570.sp3 文件内容截图

6. 实验步骤

sp3 精密星历文件读取流程图如图 15.2 所示。

(1) 从 IGS 数据中心下载某一天的.sp3 文件。

(2) 根据 sp3 精密星历文件的文件头格式读取文件头数据，获得文件中的卫星数量。

(3) 判断头文件是否结束，若是，则文件头结束；若否，则继续读取文件头数据。

(4) 在 sp3 精密星历文件的数据记录部分，按组记录，单个时刻的所有卫星的精密位置等数据为一组，读取数据记录部分时按组读取，详细的数据格式可参考《北斗卫星导航定位原理与方法》一书。

(5) 每完成一组数据，判断是否读取至文件尾，若是，则结束读文件；若否，则继续按组读取数据。

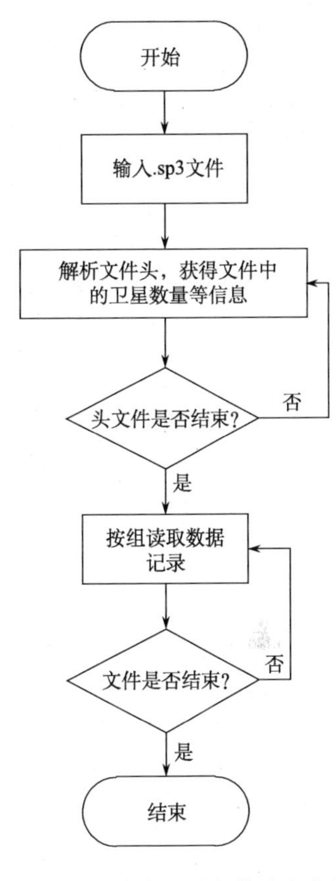

图 15.2　sp3 精密星历文件读取流程图

7. 注意事项

存储的数据都明确规定了数据类型及所占位数，读取时要严格按照位数来读取。

8. 报告要求

从 IGS 下载中心下载 sp3 精密星历文件，并读取其中的有效数据。示例如下。

从 ftp://cddis.gsfc.nasa.gov 网站下载 sp3 精密星历文件，文件头如图 15.3 所示，提取 PG01 号卫星的位置数据，并作变化趋势图。

15.3　钟差文件读取实验

1. 实验目的

(1) 了解 IGS 提供的产品类型。

(2) 认识钟差文件的组成及结构特点。

(3) 掌握钟差文件的数据读取方法。

(4) 能够根据钟差文件获得指定对象 (IGS 站/卫星) 的钟差。

2. 实验任务

获取指定对象 (IGS 站/卫星) 指定时刻/段的钟差数据。

3. 实验设备

北斗/GPS 教学与实验平台。

igs18254.sp3

```
#cP2015  1  1  0  0  0.00000000      96 ORBIT IGb08 HLM  IGS
## 1825 345600.00000000   900.00000000 57023 0.0000000000000
+   32   G01G02G03G04G05G06G07G08G09G10G11G12G13G14G15G16G17
+        G18G19G20G21G22G23G24G25G26G27G28G29G30G31G32  0  0
+          0  0  0  0  0  0  0  0  0  0  0  0  0  0  0  0  0
+          0  0  0  0  0  0  0  0  0  0  0  0  0  0  0  0  0
+          0  0  0  0  0  0  0  0  0  0  0  0  0  0  0  0  0
++         2  2  2  2  2  2  2  2  2  2  2  2  2  2  2  2  2
++         2  2  2  2  2  2  2  2  2  2  2  2  2  2  2  0  0
++         0  0  0  0  0  0  0  0  0  0  0  0  0  0  0  0  0
++         0  0  0  0  0  0  0  0  0  0  0  0  0  0  0  0  0
++         0  0  0  0  0  0  0  0  0  0  0  0  0  0  0  0  0
%c G  cc GPS ccc cccc cccc cccc cccc ccccc ccccc ccccc ccccc
%c cc cc ccc ccc cccc cccc cccc cccc ccccc ccccc ccccc ccccc
%f  1.2500000  1.025000000  0.00000000000  0.000000000000000
%f  0.0000000  0.000000000  0.00000000000  0.000000000000000
%i    0    0    0    0      0      0      0      0         0
%i    0    0    0    0      0      0      0      0         0
/* FINAL ORBIT COMBINATION FROM WEIGHTED AVERAGE OF:
/* cod emr esa gfz grg jpl mit ngs sio
/* REFERENCED TO IGS TIME (IGST) AND TO WEIGHTED MEAN POLE:
/* PCV:IGS08_1822 OL/AL:FES2004  NONE     Y  ORB:CMB CLK:CMB
*  2015  1  1  0  0  0.00000000
PG01 -22815.430735 -13068.825221   4288.645688    -10.624695  8  8  7 138
PG02   8457.422485  19942.497964  16009.766963    539.172903  6  6  8 114
PG03 -13402.185114 -10233.185520  20514.873533    117.170155  7  3  6  94
PG04 -18428.919701 -18448.608606  -6053.156406     -5.011966  9 10 11 128
PG05   3192.143929  25093.844421  -7849.494062   -298.858944  7  8  6 113
PG06  -5934.499717  14288.789753  21578.003386     39.811213  7  7  6 133
PG07 -21688.987920  -3652.871190 -15043.927773    427.429752 13  9  7 120
PG08 -12704.890980 -21329.925441  10451.811840     16.941670  6  9 10 126
```

图 15.3　sp3 精密星历文件头截图

4. 实验准备

掌握钟差文件的获取。

5. 实验原理

钟差文件的命名通用格式：

igswwwwd.clk 或 igswwwwd.clk_30

其中，wwww 表示 GPS 周；d 表示该周内的第几天，从 0 开始。扩展名为 clk 的钟差文件中钟差数据的时间间隔是 5min；扩展名为 clk_30 的钟差文件中的钟差数据的时间间隔是 30s。

以某一天的扩展名为 clk 的钟差文件为例，部分内容及含义如图 15.4 所示。

6. 实验步骤

精密钟差文件的读取也分为文件头和数据记录两部分，流程与精密星历文件的读取流程类似，数据记录部分单颗卫星单个时刻的数据为一组，按组读取数据，详细的数据格式可参考《北斗卫星导航定位原理与方法》一书。

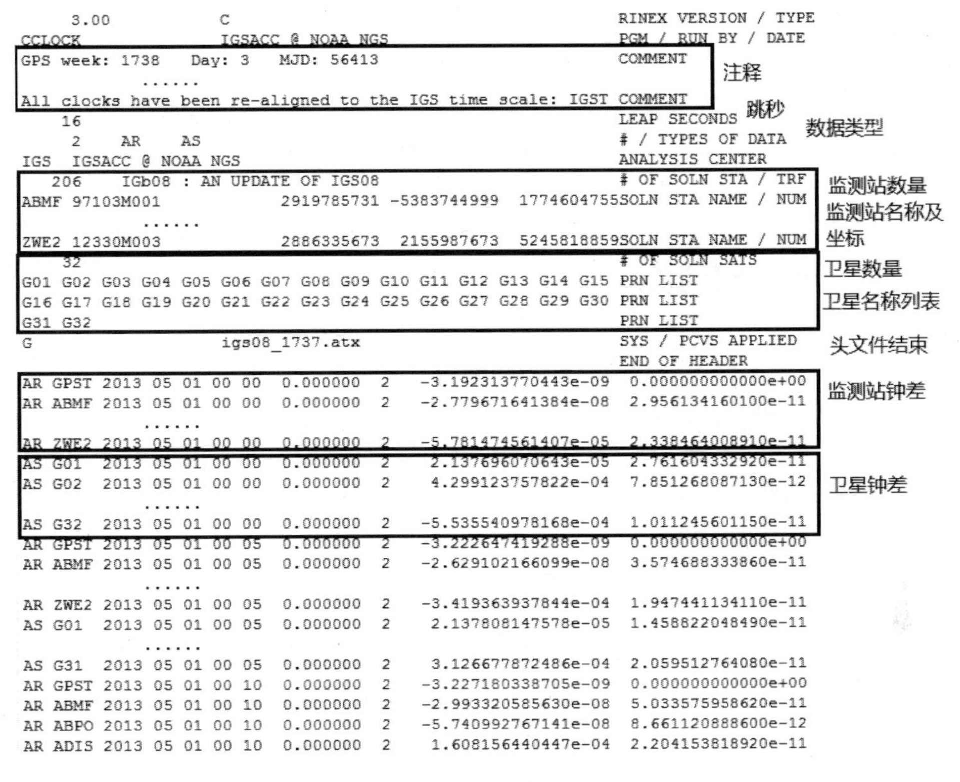

```
     3.00           C                                       RINEX VERSION / TYPE
CCLOCK              IGSACC @ NOAA NGS                       PGM / RUN BY / DATE
GPS week: 1738   Day: 3   MJD: 56413                        COMMENT
          ......
All clocks have been re-aligned to the IGS time scale: IGST COMMENT
    16                                                      LEAP SECONDS
     2    AR    AS                                          # / TYPES OF DATA
IGS  IGSACC @ NOAA NGS                                      ANALYSIS CENTER
   206    IGb08 : AN UPDATE OF IGS08                        # OF SOLN STA / TRF
ABMF 97103M001             2919785731 -5383744999  1774604755SOLN STA NAME / NUM
          ......
ZWE2 12330M003             2886335673  2155987673  5245818859SOLN STA NAME / NUM
    32                                                      # OF SOLN SATS
G01 G02 G03 G04 G05 G06 G07 G08 G09 G10 G11 G12 G13 G14 G15 PRN LIST
G16 G17 G18 G19 G20 G21 G22 G23 G24 G25 G26 G27 G28 G29 G30 PRN LIST
G31 G32                                                     PRN LIST
G                   igs08_1737.atx                          SYS / PCVS APPLIED
                                                            END OF HEADER
AR GPST 2013 05 01 00 00  0.000000  2   -3.192313770443e-09  0.000000000000e+00
AR ABMF 2013 05 01 00 00  0.000000  2   -2.779671641384e-08  2.956134160100e-11
          ......
AR ZWE2 2013 05 01 00 00  0.000000  2   -5.781474561407e-05  2.338464008910e-11
AS G01  2013 05 01 00 00  0.000000  2    2.137696070643e-05  2.761604332920e-11
AS G02  2013 05 01 00 00  0.000000  2    4.299123757822e-04  7.851268087130e-12
          ......
AS G32  2013 05 01 00 00  0.000000  2   -5.535540978168e-04  1.011245601150e-11
AR GPST 2013 05 01 00 05  0.000000  2   -3.222647419288e-09  0.000000000000e+00
AR ABMF 2013 05 01 00 05  0.000000  2   -2.629102166099e-08  3.574688333860e-11
          ......
AR ZWE2 2013 05 01 00 05  0.000000  2   -3.419363937844e-04  1.947441134110e-11
AS G01  2013 05 01 00 05  0.000000  2    2.137808147578e-05  1.458822048490e-11
          ......
AS G31  2013 05 01 00 05  0.000000  2    3.126677872486e-04  2.059512764080e-11
AR GPST 2013 05 01 00 10  0.000000  2   -3.227180338705e-09  0.000000000000e+00
AR ABMF 2013 05 01 00 10  0.000000  2   -2.993320585630e-08  5.033575958620e-11
AR ABPO 2013 05 01 00 10  0.000000  2   -5.740992767141e-08  8.661120888600e-12
AR ADIS 2013 05 01 00 10  0.000000  2    1.608156440447e-04  2.204153818920e-11
```


图 15.4　钟差文件截图

7. 注意事项

无。

8. 报告要求

从 IGS 下载中心下载精密钟差文件，并读取某颗卫星在某个时刻的钟差参数。

15.4　传播误差模型校正实验

15.4.1　卫星天线相位中心变化改正实验

1. 实验目的

(1) 了解卫星天线相位中心偏移产生的原因。

(2) 掌握卫星天线相位中心偏移的组成部分及其计算方法。

(3) 能够根据卫星质心坐标、接收机坐标、卫星天线文件等信息计算卫星天线相位中心变化(相位中心偏移的组成部分)。

(4) 了解卫星天线相位变化对精密单点定位的影响。

2. 实验任务

从IGS数据服务中心下载卫星天线(antex)文件，根据地心地固坐标系中卫星位置、用户接收机位置、信号频点等信息计算卫星天线相位中心变化。

3. 实验设备

联网的北斗/GPS教学与实验平台。

4. 实验准备

(1)阅读卫星 antex 文件的格式说明，能够从 antex 文件中获得需要的 PCV(Phase Center Variation)节点改正值。

(2)掌握卫星天底角的计算方法。

(3)掌握线性插值的原理及计算方法。

5. 实验原理

卫星天线相位中心偏移示意图如图15.5所示，天线几何中心，又称为天线参考点，整个天线波束空间远场的实际等相位面用理想等相位球面来拟合，使得拟合残差的平方和最小，则拟合球面的球心即天线的平均相位中心，PCO(Phase Center Offset)表示天线相位中心偏移量，指天线参考点和天线平均相位中心的偏移；PCV表示天线相位中心变化，是指瞬时相位中心和天线平均相位中心的偏差。

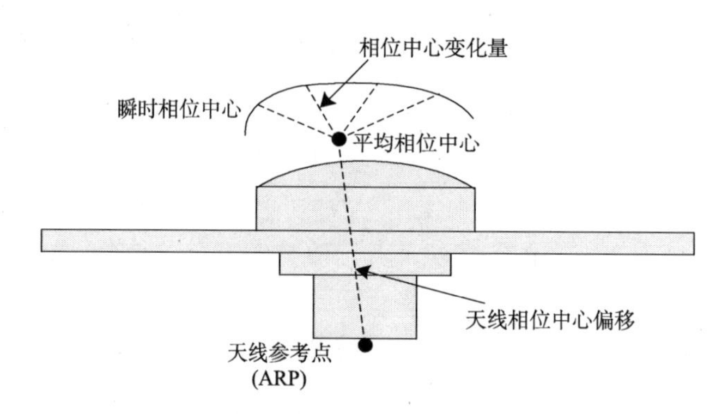

图15.5　卫星天线相位中心偏移示意图

卫星天线相位中心偏移是指卫星天线质量中心和相位中心之间的偏差。IGS等组织提供的精密星历所计算的卫星位置是卫星质心的位置，而接收机观测量参考点为卫星天线相位中心。卫星质心与相位中心不一致引入的误差即卫星天线相位中心偏移，通常分为两部分：①天线参考点与天线平均相位中心的偏差，称为天线相位中心偏移(PCO)；②天线瞬时相位中心与平均相位中心之间的偏差，称为天线相位中心变化(PCV)。

PPP数据处理时，为保持与精密产品的一致性，需要使用相同的卫星端PCO和PCV误差改正值及改正策略。根据《北斗卫星导航定位原理与方法》教材中的PCO计算方法即可计算得到卫星端的 PCO 误差改正值 $\Delta\rho_{PCO}$。卫星 antex 文件中给出了卫星 PCV 节点改正值，其中，天底角和方位角均以 5°为间隔，天底角的范围为 0°～90°、方位角的范围为 0°～360°，PCV 的值采用插值的方式计算得到。采用简化模型，根据天底角计算 PCV 改正值：

$$\mathrm{PCV}=(i+1-\mathrm{ang})\cdot\mathrm{PCV}[i]+(\mathrm{ang}-i)\cdot\mathrm{PCV}[i+1] \tag{15.1}$$

$$\mathrm{ang}=\frac{天底角}{5} \tag{15.2}$$

其中，卫星的天底角可根据地心地固直角坐标系中卫星位置、接收机位置计算得到；PCV[*i*]为从 antex 文件中获得以 5°为间隔的天底角 0～90°范围的 PCV 节点改正值，$i<\mathrm{ang}<i+1$，*i* 为节点改正值编号。

6. 实验步骤

(1) 使用 VS 建立“Win32 控制台应用程序”。

(2) 新建头文件，在头文件中添加节点位置速度结构体、antex 文件单组数据结构体等，或者根据后续步骤需求添加结构体定义。

(3) 首先编写根据卫星位置、用户接收机位置计算卫星相对于用户接收机的高度角，进而计算得到卫星的天底角的功能函数，可在 5.1 节编写的可见性判断实验的基础上进行修改。

(4) 首先，根据实验原理和计算公式，编写根据 antex 文件中读取的 PCV 节点改正值、卫星天底角计算 PCV 的功能函数；然后，在主函数中定义变量并赋值，调用编写的计算 PCV 功能函数实现卫星天线相位中心变化的计算。

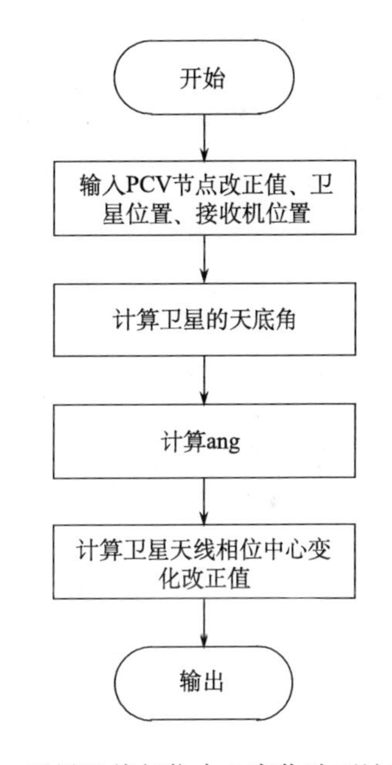

图 15.6　卫星天线相位中心变化改正计算流程图

根据 PCV 节点改正值、卫星位置、接收机位置计算卫星天线相位中心变化改正计算流程图如图 15.6 所示。

(1) 输入卫星位置、接收机位置，以及 PCV 节点改正值(从 antex 文件中获取与卫星位置对应时刻匹配的数据)。

(2) 根据卫星位置、接收机位置计算卫星的高度角，计算方法参考 7.1 节中的相关内容，天底角与高度角互为余角，进而根据高度角获得天底角。

(3) 在简化模型中，给出了以天底角为 5° 间隔的 PCV 改正值，根据式(15.2)计算 ang。

(4) 根据式(15.1)计算卫星天线相位中心变化改正值。

7. 注意事项

(1)计算卫星的相位中心变化 PCV 时需要先从 IGS 数据中心网站下载 antex 文件。

(2)antex 文件中单颗卫星 PCV 节点改正值在不同时间范围内的值不同，需要根据计算时刻提取对应的 PCV 节点改正值。

(3)antex 文件中给出的 PCV 节点改正值以 5°为间隔。

(4)antex 文件中不同频点的 PCV 节点改正值不同，计算时需要根据频点选择对应的 PCV 节点改正值。

8. 报告要求

根据某时刻 WGS84 地心地固直角坐标系中的卫星位置、用户接收机位置，以及卫星 antex 文件中对应卫星有效时间范围内的 PCV 节点改正值计算卫星天线相位中心变化。

2019-03-31 23:59:42.0(UTC)时刻卫星位置及用户位置如表 15.2 所示。

表 15.2 卫星位置及用户位置数据示例一

坐标	*X*	*Y*	*Z*
卫星位置(CGCS2000)	−14454375.4972	−22035158.2617	−3352815.2699
用户位置(CGCS2000)	−4687234.7838	−1236181.2741	−5291439.4351

卫星 antex 文件见附件“igs08_1808.atx”，G01 卫星在有效时间范围内的 PCV 节点改正值如图 15.7 所示。

```
BLOCK IIF           G01                 G063      2011-036A TYPE / SERIAL NO
                                           0      18-JUL-11 METH / BY / # / DATE
     0.0                                                    DAZI
     0.0  17.0   1.0                                        ZEN1 / ZEN2 / DZEN
     2                                                      # OF FREQUENCIES
  2011     7    16     0     0    0.0000000                 VALID FROM
IGS08_1808                                                  SINEX CODE
Z-OFFSET UPDATE IN GPS WEEK 1706: 1650.0 mm --> 1561.3 mm   COMMENT
   G01                                                      START OF FREQUENCY
    394.00      0.00   1561.30                              NORTH / EAST / UP
   NOAZI    6.10    4.40    2.80    1.30   -0.20   -1.40   -2.80   -3.90   -4.40   -4.40   -3.70   -2.30   -0.20    3.00    5.70   12.40   18.20   23.50
   G01                                                      END OF FREQUENCY
   G02                                                      START OF FREQUENCY
    394.00      0.00   1561.30                              NORTH / EAST / UP
   NOAZI    6.10    4.40    2.80    1.30   -0.20   -1.40   -2.80   -3.90   -4.40   -4.40   -3.70   -2.30   -0.20    3.00    5.70   12.40   18.20   23.50
   G02                                                      END OF FREQUENCY
```

图 15.7 igs08_1808.atx 文件截图

计算该时刻的卫星天线相位中心变化。

15.4.2 接收机天线相位中心变化改正实验

1. 实验目的

(1)了解用户天线相位中心偏移产生的原因。

(2)掌握用户天线相位中心偏移的组成及计算方法。

(3)能够根据卫星质心坐标、接收机坐标、接收机天线文件等信息计算用户天线相位中心变化(相位中心偏移的组成部分)。

(4)了解用户天线相位中心变化对精密单点定位的影响。

2. 实验任务

从 IGS 数据服务中心下载用户天线(antex)文件，根据地心地固直角坐标系中卫星位置、用户接收机位置、信号频点等信息计算用户天线相位中心变化。

3. 实验设备

联网的北斗/GPS 教学与实验平台。

4. 实验准备

(1)阅读用户 antex 文件的格式说明，能够从 antex 文件中获得需要的 PCV 节点改正值。

(2)掌握卫星高度角的计算方法。

(3)掌握线性插值的原理及计算方法。

5. 实验原理

使用卫星导航接收机测量时，测量的是天线相位中心的位置，而天线高则一般量取至天线参考点(ARP)的位置，这两个点位一般并不重合，这种偏差称为接收机天线相位中心偏移，且不同频点的天线相位中心偏移也不一致。在 PPP 数据处理中，必须予以考虑。接收机端天线相位中心偏移分为 PCO 和 PCV 改正两部分，如图 15.8 所示。

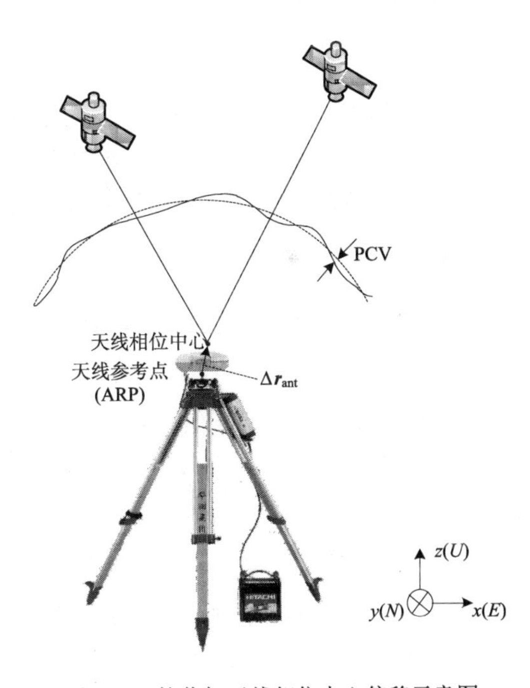

图 15.8　接收机天线相位中心偏移示意图

接收机天线 PCV 改正值需根据 IGS 数据服务中心提供的不同类型接收机天线 PCV 节点改正值文件计算得到，采用简化模型时，给出了高度角以 5°为间隔，0°～90°范围的 PCV 节点改正值，计算方法及流程同 15.4.1 节卫星天线相位中心变化改正实验。

6. 注意事项

(1)antex 文件中不同天线类型的 PCV 节点改正值不同。

(2)antex 文件中给出的 PCV 节点改正值以 5°为间隔。

(3)antex 文件中不同频点的 PCV 节点改正值不同。

7. 报告要求

根据某时刻 WGS84 地心地固直角坐标系中的卫星位置、用户接收机位置，以及用户文件中对应天线类型的 PCV 节点改正值计算用户天线相位中心变化。

2019.3.31 23:59:42.0(UTC)时刻卫星位置及用户位置如表 15.2 所示。

卫星 antex 文件见附件“PHAS_COD.I08”，MW TRANSM I 类型天线的 PCV 节点改正值如图 15.9 所示。

```
ANTENNA TYPE         DUMMY                FROM   TO      TYP  D(Z) D(A) M(Z) SINEX      METHOD               DATE
******************** ******************** ****** ******  ***  ***  ***  ***  ********** ******************** **********
MW TRANSM I       001                          0 999999    1     1  360   17 IGS08_1869                      25-MAR-11

    A\Z    0     1      2      3      4     5     6     7     8     9     10     11     12     13     14     15     16     17
L1   0  -1.00  -2.60  -1.20  -0.90  0.50  1.40  2.00  2.00  1.70  0.50  -0.10  -0.60  -0.70  -0.60  -0.30  -0.30  -0.30  -0.30
L2   0  -1.00  -2.60  -1.20  -0.90  0.50  1.40  2.00  2.00  1.70  0.50  -0.10  -0.60  -0.70  -0.60  -0.30  -0.30  -0.30  -0.30
```

图 15.9　MW TRANSM I 类型天线的 PCV 节点改正值

计算该类型的用户天线相位中心变化。

15.4.3　相位缠绕改正实验

1. 实验目的

(1) 了解相位缠绕产生的原因及对精密单点定位的影响。

(2) 掌握相位缠绕改正量的计算方法。

(3) 能够根据卫星坐标、接收机坐标等信息计算相位缠绕改正量。

2. 实验任务

根据卫星、用户接收机在地心地固直角坐标系中的位置，以及星固坐标系、测站坐标系的坐标轴指向计算相位缠绕改正误差。

3. 实验设备

北斗/GPS 教学与实验平台。

4. 实验准备

(1) 能够根据行星历表计算太阳位置。

(2) 能够根据用户的大地坐标计算大地坐标系与站心坐标系的转换矩阵。

(3) 掌握矩阵相乘方法。

(4) 掌握向量叉积的计算方法。

5. 实验原理

相位缠绕误差是由于卫星天线和接收机天线之间的相对旋转而产生相位超前或延迟，进而导致观测值变化。对于接收机天线来讲，如果是静态观测，天线不发生旋转。

但是对于卫星天线，为了保持其太阳帆板指向太阳，卫星天线相应地会发生缓慢的旋转，而且站星之间的几何关系也不断变化。

高精度相对定位中，对于几百公里以内的基线，双差后，相位缠绕对定位结果的影响通常可忽略不计。但是对于固定卫星轨道和卫星钟的非差相位精密单点定位，相位缠绕不能消除，其影响可带来分米级的定位误差，须加以改正。相位缠绕的改正公式如下：

$$\Delta\varphi = \mathrm{sign}(\zeta) \cdot \arccos\left(\boldsymbol{D}' \cdot \boldsymbol{D} / |\boldsymbol{D}'||\boldsymbol{D}|\right) \tag{15.3}$$

其中，$\zeta = \boldsymbol{k} \cdot (\boldsymbol{D}' \times \boldsymbol{D})$，$\boldsymbol{k}$ 是卫星到接收机的单位向量，$\boldsymbol{D}'$、$\boldsymbol{D}$ 分别为卫星和接收机天线的有效偶极矢量，且分别对应于星固坐标系和测站坐标系，可由下式计算得到：

$$\boldsymbol{D}' = \boldsymbol{x}' - \boldsymbol{k}(\boldsymbol{k} \cdot \boldsymbol{x}') - \boldsymbol{k} \times \boldsymbol{y}' \tag{15.4}$$

$$\boldsymbol{D} = \boldsymbol{x} - \boldsymbol{k}(\boldsymbol{k} \cdot \boldsymbol{x}) - \boldsymbol{k} \times \boldsymbol{y} \tag{15.5}$$

其中，$\boldsymbol{x}'$、$\boldsymbol{y}'$ 为星固坐标系下坐标轴的指向；$\boldsymbol{x}$、$\boldsymbol{y}$ 为测站坐标系下坐标轴的指向。

$\mathrm{sign}(\zeta)$ 的取值如下：

$$\mathrm{sign}(\zeta) = \begin{cases} 1, & \zeta > 0 \\ -1, & \zeta < 0 \end{cases} \tag{15.6}$$

6. 实验步骤

根据某时刻地心地固直角坐标系中的卫星位置、用户接收机位置，以及星固坐标系下坐标轴指向、测站坐标系下的坐标轴指向计算相位缠绕改正的流程图如图 15.10 所示。

(1) 准备数据，包括地心地固直角坐标系中的卫星位置、接收机位置，星固坐标系下的坐标轴指向矢量，测站坐标系下的坐标轴指向矢量。

(2) 根据卫星位置、接收机位置计算卫星到接收机的单位向量。

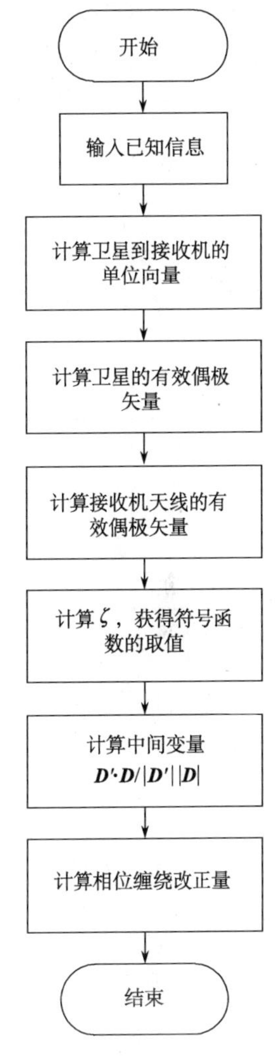

图 15.10　相位缠绕改正计算流程图

(3) 根据式(15.4)计算卫星的有效偶极矢量。

(4) 根据式(15.5)计算接收机天线的有效偶极矢量。

(5) 根据卫星的有效偶极矢量、接收机天线的有效偶极矢量计算，以及式(15.6)获得符号函数的取值。

(6) 计算卫星的有效偶极矢量、接收机天线的有效偶极矢量中间变量。

(7) 根据式(15.3)计算接收机的相位缠绕改正量。

7. 注意事项

(1) 计算地心地固直角坐标系与星固坐标系的转换矩阵时需要用到太阳位置（地心地

固直角坐标系中)，本实验代码工程给出了根据行星历表计算太阳位置(地心惯性坐标系)的方法，使用时需进行坐标转换。

(2)相位缠绕以周(2π)为单位。

8. 报告要求

根据某时刻地心地固直角坐标系中的卫星位置、用户接收机位置，以及星固坐标系下坐标轴指向、测站坐标系下的坐标轴指向计算相位缠绕改正。

2019-03-31 23:59:42.0(UTC)时刻卫星位置、用户位置及坐标轴指向如表 15.3 所示。

表 15.3　卫星位置及用户位置数据示例二

坐标		X	Y	Z
卫星位置(CGCS2000)		–14454375.4972	–22035158.2617	–3352815.2699
用户位置(CGCS2000)		–4687234.7838	–1236181.2741	–5291439.4351
星固坐标系坐标轴指向	x'	0.83537351456930720	–0.52157671980747045	–0.17351892263094210
	y'	–0.078100438058968547	0.19984521304102215	–0.97670989162575061
测站坐标系坐标轴指向	x	–0.96693739411954838	–0.18854761936685674	–0.17170285694882356
	y	–0.25501387384473273	0.71491696114163628	0.65104659035948476

15.4.4　固体潮改正实验

1. 实验目的

(1)了解固体潮产生的原因及对精密单点定位的影响。

(2)掌握固体潮改正的计算方法。

(3)能够根据用户接收机位置，日、月位置等信息计算固体潮改正量。

2. 实验任务

根据用户接收机位置，某时刻的日、月位置，格林尼治恒星时角及其他常量参数计算该时刻的固体潮改正。

3. 实验设备

北斗/GPS 教学与实验平台。

4. 实验准备

掌握向量叉积的计算方法。

5. 实验原理

摄动天体(月球、太阳)对弹性地球的引力作用使地球表面产生周期性的涨落，称为固体潮现象。固体潮的影响会导致测站产生位移，在径向可达 30cm，水平方向可达到 5cm。固体潮包括与纬度有关的长期偏移项和主要由日周期、半日周期组成的周期项。通过 24h 的静态观测可以平均掉大部分的周期影响，但是长期项部分不能完全消除，对径向造成的影响可达 12cm。对于短基线(<100km)相对定位的情况，两个测站之间的固体潮影响几乎一致，可通过差分消除，但是对于精密单点定位来说，不能用差分的方法消除固体潮影响，必须利用模型改正。固体潮对测站的影响可用下面的公式表达：

$$\Delta \boldsymbol{r}=\sum_{j=2}^{3}\frac{\mathrm{GM}_j}{\mathrm{GM}}\cdot\frac{r^4}{R_j^3}\left\{3l_2\left(\boldsymbol{R}_j\cdot\boldsymbol{r}\right)\boldsymbol{R}_j+\left[3\left(\frac{h_2}{2}-l_2\right)\left(\boldsymbol{R}_j\cdot\boldsymbol{r}\right)^2-\frac{h_2}{2}\right]\boldsymbol{r}\right\}+\left[-0.025\sin B\cos B\sin\left(\theta_g+L\right)\right]\boldsymbol{r} \tag{15.7}$$

其中， GM 为地心引力常数； GM_j 分别为月球($j=2$)、太阳($j=3$)的引力常数； r 为测站接收机至地心的距离； R_j 分别为月球($j=2$)、太阳($j=3$)至地心的距离； $\boldsymbol{r}$ 、 $\boldsymbol{R}_j$ 分别为测站接收机、月球、太阳到地心的单位矢量； l_2 、 h_2 为二阶 Love 数和 Shida 数($l_2=0.609$ 、 $h_2=0.0852$)； B 、 L 分别为测站的纬度、经度； θ_g 为格林尼治恒星时。

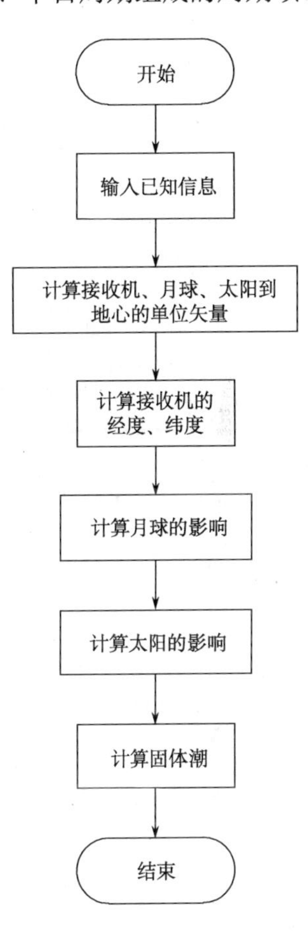

图 15.11　固体潮改正计算流程图

6. 实验步骤

根据接收机位置，日、月位置，格林尼治恒星时计算某时刻的固体潮改正计算流程图如图 15.11 所示。

(1) 获取地心地固直角坐标中的接收机位置、月球位置、太阳位置，格林尼治恒星时。

(2) 根据接收机、月球、太阳的位置分别计算它们到地心的单位矢量。

(3) 根据接收机的地心地固直角坐标计算其大地经纬高坐标，计算方法参见 3.1.1 节。

(4) 计算月球对弹性地球的引力作用使地球表面产生的周期性的涨落，即计算式(15.7)右边第一项中 j 为 2 时的值。

(5) 计算太阳、月球对弹性地球的引力作用使地球表面产生的周期性涨落，即 j 为 3 时计算式(15.7)等号右边第一项。

(6) 根据式(15.7)计算固体潮对接收机位置的改正项。

7. 注意事项

(1)地心引力常数为$3.986004418\times10^{14}\mathrm{m}^3/\mathrm{s}^2$。
(2)日心引力常数为$1.327124\times10^{20}\mathrm{m}^3/\mathrm{s}^2$。
(3)月心引力常数为$4.902801\times10^{12}\mathrm{m}^3/\mathrm{s}^2$。

8. 报告要求

根据某时刻的接收机位置，日、月位置，格林尼治恒星时计算固体潮改正。
2019-03-31 23:59:42.0(UTC)时刻用户坐标、太阳坐标、月球坐标如表 15.4 所示。

表 15.4　坐标数据示例

坐标	*X*	*Y*	*Z*
用户坐标(CGCS2000)	−4687234.7838	−1236181.2741	−5291439.4351
太阳坐标(CGCS2000)	−149002449006.7193	−2880776512.9942	11325212571.4704
月球坐标(CGCS2000)	−284338046.2552	265990433.6416	−113551402.7026

格林尼治恒星时角：3.2958717988945461rad。
根据上述参数计算给定时刻的固体潮改正。

15.5　PPP 解算实验

1. 实验目的

(1)了解精密单点定位(PPP)的优点和解算条件。
(2)掌握精密单点定位需要考虑的误差及误差解算模型。
(3)能够根据精密星历、钟差文件等进行精密单点定位解算。

2. 实验任务

根据精密星历文件、精密钟差文件、观测值文件等实现精密单点定位解算。

3. 实验设备

北斗/GPS 教学与实验平台。

4. 实验准备

(1)掌握精密星历文件、精密钟差文件的获取方法。
(2)掌握精密单点定位考虑的传播误差模型及其计算方法。
(3)能够根据精密星历文件计算指定时刻的卫星位置。
(4)能够根据精密钟差文件计算指定时刻的卫星钟差。

5. 实验原理

精密单点定位是一种利用单台导航接收机、精密星历和卫星钟差、基于载波相位观测值进行定位的高精度定位方法，精度可达厘米级甚至毫米级。

精密单点定位中，其观测量主要有伪距和载波相位两种。对于接收机 r 观测到的卫星 s，其伪距 P 和载波相位 Φ 观测值(单位为 m，φ 为对应以周为单位的相位观测值)的观测方程如下：

$$
\begin{aligned}
&P_{r,j}^{s}=\rho_{r}^{s}+c\left(\delta t_{r}-\delta t^{s}\right)+T_{r}^{s}+I_{r,j}^{s}+b_{r,j}-b_{j}^{s}+e_{r,j}^{s}\\
&\Phi_{r,j}^{s}\equiv\lambda_{j}\varphi_{r,j}^{s}=\rho_{r}^{s}+c\left(\delta t_{r}-\delta t^{s}\right)+T_{r}^{s}-I_{r,j}^{s}+\lambda_{j}\left(N_{r,j}^{s}+B_{r,j}-B_{j}^{s}\right)+\varepsilon_{r,j}^{s}
\end{aligned}
\tag{15.8}
$$

其中，下标 j 代表信号频率；ρ 是卫星与测站间几何距离；c 为真空中的光速；δt_r 和 δt^s 分别为接收机和卫星钟误差；T_r^s 表示倾斜路径上的对流层延迟；$I_{r,j}^s$ 表示频点 f_j 倾斜路径上的电离层延迟；$N_{r,j}^s$ 为整周模糊度；$B_{r,j}$、B_j^s 分别为接收机端和卫星端频点 f_j 上的相位硬件延迟；λ_j 为频点为 f_j 的载波波长；$b_{r,j}$ 为接收机天线与信号相关器之间频点 f_j 上的伪距硬件延迟；b_j^s 为卫星端信号发射器至卫星天线之间频点 f_j 上的伪距硬件延迟；$e_{r,j}^s$ 表示伪距测量误差；$\varepsilon_{r,j}^s$ 表示载波相位测量误差。此外，GNSS 观测值还受到其他误差项，如天线相位中心偏移和变化、相位缠绕、相对论效应、潮汐改正等的影响。

无电离层组合模型是精密单点定位中最为常用的函数模型，通过形成无电离层组合观测值，消除了伪距和载波测量中一阶电离层延迟。其组合观测值的观测方程如下：

$$
\begin{aligned}
&P_{r,\mathrm{IF}}^{s}=\rho_{r}^{s}+c\left(\delta t_{r}-\delta t^{s}\right)+T_{r}^{s}+b_{r,\mathrm{IF}}-b_{\mathrm{IF}}^{s}+e_{r,\mathrm{IF}}^{s}\\
&\Phi_{r,\mathrm{IF}}^{s}=\rho_{r}^{s}+c\left(\delta t_{r}-\delta t^{s}\right)+T_{r}^{s}+\lambda_{\mathrm{IF}}\cdot\left(N_{r,\mathrm{IF}}^{s}+B_{r,\mathrm{IF}}-B_{\mathrm{IF}}^{s}\right)+\varepsilon_{r,\mathrm{IF}}^{s}
\end{aligned}
\tag{15.9}
$$

其中

$$
\begin{aligned}
&b_{r,\mathrm{IF}}=\left(f_1^2 b_{r,1}-f_2^2 b_{r,2}\right)/\left(f_1^2-f_2^2\right)\\
&b_{\mathrm{IF}}^{s}=\left(f_1^2 b_1^s-f_2^2 b_2^s\right)/\left(f_1^2-f_2^2\right)\\
&N_{r,\mathrm{IF}}^{s}=c\left(f_1^2 N_{r,1}^s-f_2^2 N_{r,2}^s\right)/\left(f_1^2-f_2^2\right)/\lambda_{\mathrm{IF}}\\
&B_{r,\mathrm{IF}}=c\left(f_2 f_1^2 B_{r,1}-f_1 f_2^2 B_{r,2}\right)/f_1 f_2\left(f_1^2-f_2^2\right)/\lambda_{\mathrm{IF}}\\
&B_{\mathrm{IF}}^{s}=c\left(f_2 f_1^2 B_1^s-f_1 f_2^2 B_2^s\right)/f_1 f_2\left(f_1^2-f_2^2\right)/\lambda_{\mathrm{IF}}
\end{aligned}
\tag{15.10}
$$

依据 IGS 处理规范，各分析中心使用无电离层组合观测值估计精密卫星钟差改正数，其实际改正数 $c\cdot\delta t^s$ 吸收了卫星端无电离层组合伪距硬件延迟 b_{IF}^s。而在用户端由于上式中伪距观测值提供接收机钟差绝对基准，因此实际估计的接收机钟差吸收了接收机端无电离层组合伪距硬件延迟 $b_{r,\mathrm{IF}}$。此外，由于相位延迟与模糊度参数线性相关，且通常假定其具有极高的时间稳定性，因此在模糊度浮点解 PPP 数据处理中，相位延迟将被模糊度参数吸收。

改正精密卫星钟差及对流层干延迟分量后，省略下标 IF，无电离层组合观测值的观测方程可改写成如下形式：

$$
\begin{aligned}
p_r^s &= \rho_r^s + c\overline{\delta t}_r + m \cdot d_{\text{trop}} + e_r^s \\
L_r^s &= \rho_r^s + c\overline{\delta t}_r + m \cdot d_{\text{trop}} + \lambda\, \overline{N}_r^s + \varepsilon_{r,\text{IF}}^s
\end{aligned} \tag{15.11}
$$

其中，m 为对流层延迟映射函数；d_{trop} 为对流层天顶延迟(m)；$c\overline{\delta t}_r$，$\overline{N}_r^s$ 分别为重参数化接收机钟差和模糊度参数，满足以下关系：

$$
\begin{aligned}
c\overline{\delta t}_r &= c\delta t_r + b_{r,\text{IF}} \\
\overline{N}_r^s &= N_{r,\text{IF}}^s + B_{r,\text{IF}} - B_{\text{IF}}^s
\end{aligned} \tag{15.12}
$$

该模型通过双频线性组合消除了电离层延迟一阶项的影响。由于 PPP 一般采用精密星历与精密卫星钟差产品，上述模型已经消除了卫星轨道误差、卫星钟误差。对流层延迟分为干分量和湿分量两部分分别处理。其中，天顶对流层干延迟可用 Saastamoinen 模型进行改正，天顶湿延迟(zenith wet delay, ZWD)分量则需要附加参数进行估计，同时需要使用投影函数将天顶对流层延迟投影至斜路径方向。单系统接收机钟差通常当作白噪声逐历元估计，在多系统组合 PPP 模型中，则可将某一系统接收机钟差当作白噪声估计，将其他系统相对于该系统接收机钟差的系统差当作随机游走参数进行估计。由于 $B_{r,\text{IF}}$ 和 B_{IF}^s 与模糊度参数线性相关，且通常较稳定，因此在浮点解 PPP 中 $B_{r,\text{IF}}$ 和 B_{IF}^s 会被模糊度参数吸收，而模糊度当作浮点参数进行估计。对于模糊度固定 PPP 解，无电离层组合模糊度通常分解为宽巷和窄巷模糊度依次尝试固定。

当接收机采集一颗卫星的观测值时，无电离层组合观测值的观测方程的未知参数则有 6 个，$X=[x,y,z,t_r,T_z,N\ ]$，分别对应于接收机的三个坐标、接收机钟差、对流层延迟和组合整周模糊度。在 $X_0=[x_0,y_0,z_0,t_{r0},T_{z0},N_{\text{IF}}]$ 处线性化，可得

$$
\begin{aligned}
p_r^s &= p_r^s\,|_{X=X_0} + \varepsilon_P \\
L_r^s &= L_r^s\,|_{X=X_0} + \varepsilon_L
\end{aligned} \tag{15.13}
$$

其中

$$
\begin{aligned}
\rho^s &= \sqrt{(X^s-x_0)^2+(Y^s-y_0)^2+(Z^s-z_0)^2} \\
p_r^s\,|_{X=X_0} &= \rho^s + c\delta_{r0} + \text{trop}_0 + \frac{x_0-X^s}{\rho_0}d_x + \frac{y_0-Y^s}{\rho_0}d_y + \frac{z_0-Z^s}{\rho_0}d_z + d_{(c\delta_r)} + m\Delta\text{trop} \\
L_r^s\,|_{X=X_0} &= \rho^s + c\delta_{r0} + \text{trop}_0 + \lambda_1 N_{\text{IF}0} + \frac{x_0-X^s}{\rho_0}d_x + \frac{y_0-Y^s}{\rho_0}d_y + \frac{z_0-Z^s}{\rho_0} \\
&\quad d_z + d_{(c\delta_r)} + m\Delta\text{trop} + \lambda_1\Delta N
\end{aligned} \tag{15.14}
$$

将线性化后的方程写成矩阵的形式有

$$
\boldsymbol{L} = \boldsymbol{A}\cdot\delta\boldsymbol{X} + \boldsymbol{v} \tag{15.15}
$$

其中

$$
\begin{aligned}
&\boldsymbol{L}=[p_r^s-p_r^s\big|_{x=x_0}\quad L_r^s-L_r^s\big|_{x=x_0}]^{\mathrm{T}}\\
&\boldsymbol{A}=\begin{bmatrix}\dfrac{x_0-X^s}{\rho^s} & \dfrac{y_0-Y^s}{\rho^s} & \dfrac{z_0-Z^s}{\rho^s} & 1 & m & 0\\ \dfrac{x_0-X^s}{\rho^s} & \dfrac{y_0-Y^s}{\rho^s} & \dfrac{z_0-Z^s}{\rho^s} & 1 & m & \lambda\end{bmatrix}\\
&\delta\boldsymbol{X}=\begin{bmatrix}\Delta x & \Delta y & \Delta z & \Delta\delta_r & \Delta T_z & \Delta N\end{bmatrix}^{\mathrm{T}}\\
&\boldsymbol{v}=\begin{bmatrix}\varepsilon_P & \varepsilon_L\end{bmatrix}^{\mathrm{T}}
\end{aligned}
\tag{15.16}
$$

如果某一历元同时观测到 n 颗卫星，则需要求解的未知参数有 $n+5$ 个。将所有卫星的伪距和载波相位观测值组合并进行线性化，写成矩阵的形式，则有

$$
\underset{2n\times1}{\boldsymbol{L}}=\underset{2n\times(n+5)}{\boldsymbol{A}}\cdot\underset{(5+n)\times1}{\delta\boldsymbol{X}}+\underset{2n\times1}{\boldsymbol{v}}
\tag{15.17}
$$

其中

$$
\begin{aligned}
&\boldsymbol{L}=[p_r^1-p_r^1\big|_{x=x_0}\quad L_r^1-L_r^1\big|_{x=x_0}\quad\cdots\quad p_r^n-p_r^n\big|_{x=x_0}\quad L_r^n-L_r^n\big|_{x=x_0}]^{\mathrm{T}}\\
&\boldsymbol{A}=\begin{bmatrix}\dfrac{x_0-X^1}{\rho^1} & \dfrac{y_0-Y^1}{\rho^1} & \dfrac{z_0-Z^1}{\rho^1} & 1 & m^1 & 0 & 0 & \cdots & 0\\ \dfrac{x_0-X^1}{\rho^1} & \dfrac{y_0-Y^1}{\rho^1} & \dfrac{z_0-Z^1}{\rho^1} & 1 & m^1 & \lambda & 0 & \cdots & 0\\ \vdots & \vdots & \vdots & \vdots & \vdots & \vdots & \vdots & & \vdots\\ \dfrac{x_0-X^n}{\rho^n} & \dfrac{y_0-Y^n}{\rho^n} & \dfrac{z_0-Z^n}{\rho^n} & 1 & m^n & 0 & 0 & \cdots & 0\\ \dfrac{x_0-X^n}{\rho^n} & \dfrac{y_0-Y^n}{\rho^n} & \dfrac{z_0-Z^n}{\rho^n} & 1 & m^n & 0 & 0 & \cdots & \lambda\end{bmatrix}\\
&\delta\boldsymbol{X}=\begin{bmatrix}\Delta x & \Delta y & \Delta z & \Delta\delta_r & \Delta T_z & \Delta N^1 & \Delta N^2 & \cdots & \Delta N^n\end{bmatrix}^{\mathrm{T}}\\
&\boldsymbol{v}=\begin{bmatrix}\varepsilon_p^1 & \varepsilon_L^1 & \dots & \varepsilon_p^n & \varepsilon_L^n\end{bmatrix}^{\mathrm{T}}
\end{aligned}
\tag{15.18}
$$

PPP 的参数估计方法目前主要有最小二乘法和卡尔曼滤波估计两种。为了解决高阶矩阵求逆困难的问题、节省计算机资源、提高运算效率，一般不直接采用最小二乘的方法，通常采用将待估参数进行分类的递归最小二乘或序贯最小二乘估计方法。卡尔曼滤波是最优估计理论中的一种最小方差估计，它采用递推算法由参数的先验信息(包括估值及其方差、协方差)和新的测量数据进行状态参数的更新，一般只需存储前一历元的状态参数的估值及其方差、协方差信息，无须同时存储所有历史观测信息，具有较高的计算效率。

6. 实验步骤

本实验可通过以下两种方式进行。

(1) 借助 RTKLib 提供的开源代码(为便于开展实验，将其封装为动态库，作为实验

资源提供)，编写调用代码实现根据精密星历文件、精密钟差文件、观测值文件等进行精密单点定位解算的功能。

① 使用 VS 建立“Win32 控制台应用程序”，并在头文件中定义相关结构体；

② 根据动态库中提供的接口说明，在 main 函数中定义变量并赋值，定位模式设置为静态精密单点定位，调用接口函数，利用精密星历、钟差和观测数据进行接收机位置的高精度解算，获得精密单点定位结果文件。

(2) 根据实验原理自主编写算法，实现根据精密星历、精密钟差、观测数据等进行精密单点定位的功能。

根据实验原理编写精密单点定位功能函数，具体流程如图 15.12 所示。

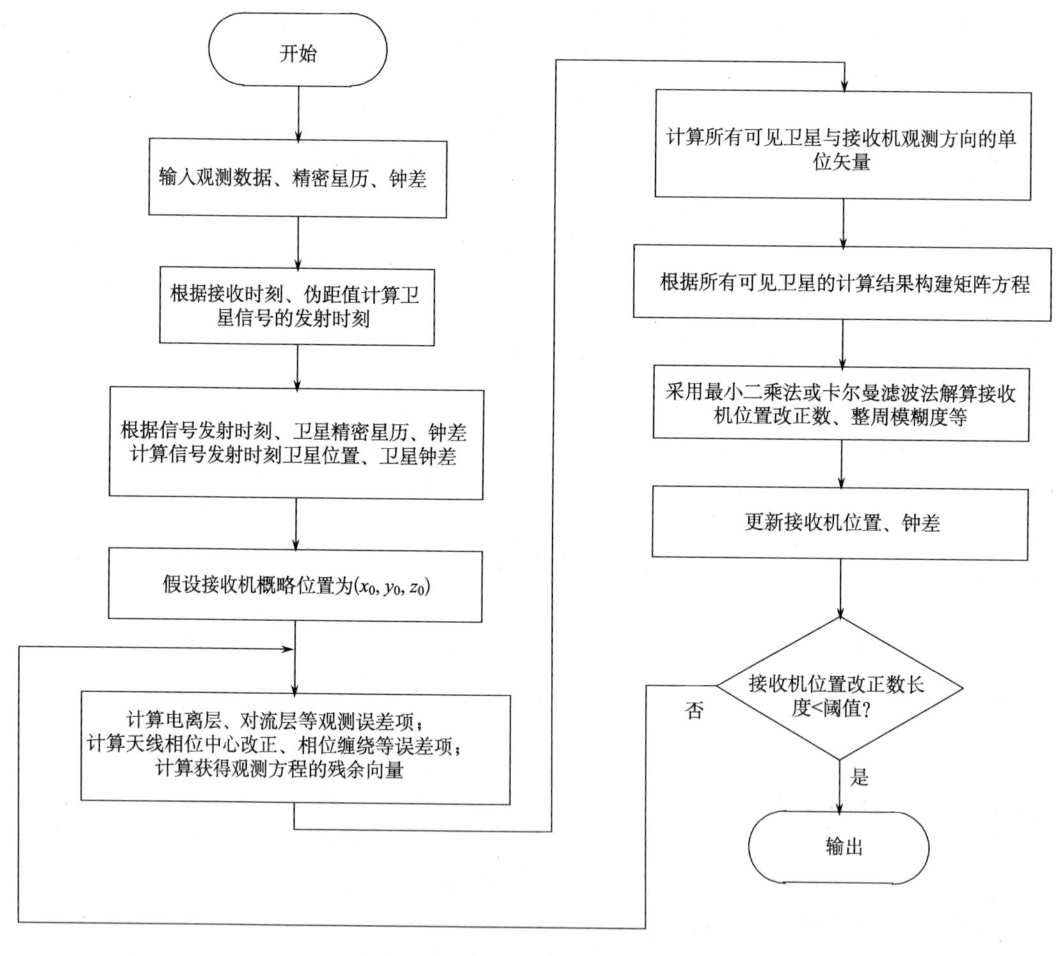

图 15.12 精密单点定位解算流程

(1) 输入接收机接收到的观测数据、精密星历、钟差。

(2) 根据信号接收时刻、伪距值计算卫星信号的发射时刻。

(3) 根据信号的发射时刻、精密星历、钟差，采用插值算法计算该时刻的卫星位置、卫星钟差。

(4) 初始化接收机位置，设置概略位置(可默认为(0,0,0))。

(5) 根据接收机位置、卫星位置等计算电离层、对流层等观测误差项，以及卫星天线相位中心变化、相位缠绕、固体潮改正等精密单点定位需要考虑的误差项，获得观测方程的残余向量。

(6) 计算卫星与接收机观测方向的单位矢量。

(7) 针对每颗可见卫星，进行步骤(2)～步骤(6)的操作，构建矩阵方程。

(8) 采用最小二乘法或者卡尔曼滤波法解算矩阵方程，获得接收机的位置改正数、整周模糊度等。

(9) 更新接收位置、钟差。

(10) 判断接收机位置改正数的长度是否小于设定阈值，若是，则输出接收机位置、钟差；若否，则返回至步骤(5)继续执行。

7. 注意事项

精密单点定位需要获得精密星历和精密钟差文件，属于事后数据处理。

8. 报告要求

根据某个接收机的观测数据及下载的精密星历、钟差文件等进行精密单点定位解算(以附件形式给出相关数据)，并进行以下分析。

(1) 获得精密单点定位结果文件，分析定位结果的精确度。

(2) 比较采用精密星历文件、广播星历文件进行定位的位置误差。

第 16 章

后处理基线解算实验

采用卫星导航定位技术建立测量控制网，可确定测量控制网中各点在指定坐标系下的坐标。利用测量控制网中点与点、基线向量与基线向量以及点与基线向量间的关系，通过参数估计可以消除测量控制网在几何上的不一致，获得更为精确可靠的测量结果。通过本章实验，使用户对基线向量有一个基本了解，能够通过网平差解算获得用户的精确位置。

16.1 单基线解算实验

1. 实验目的

(1) 了解基线向量的定义及特点。
(2) 掌握单基线向量的估值、验后方差-协方差阵的计算方法。

2. 实验任务

能够根据多组单基线向量估值，计算验后方差-协方差。

3. 实验设备

联网的北斗/GPS 教学与实验平台。

4. 实验准备

无。

5. 实验原理

GNSS 基线向量是利用 2 台或者 2 台以上 GNSS 接收机采集的同步观测数据形成的差分观测值，通过参数估计的方法计算出的两两接收机之间的三维坐标差，基线向量是既具有长度特性又具有方向特性的矢量。

理论上，只要 2 台接收机之间进行了同步观测，就可以利用它们采集到的同步观测数据确定出它们之间的基线向量。若在某一时段有 n 台接收机进行了同步观测，则一共可以确定出 $\frac{n(n-1)}{2}$ 条基线向量。

单基线解算模式是指对基线逐条进行解算，即在解算时，一次仅同时提取 2 台 GNSS 接收机的同步观测数据来解算它们之间的基线向量；若在该时段中有多台接收机进行了同步观测而需要求解多条基线时，对这些基线逐条独立求解。由于这种基线解算模式是以基线为单位进行解算的，因而也被称为基线模式。

在每一个单基线解中，仅包含一条基线向量的估值，可表示为

$$\boldsymbol{b}_i = \begin{bmatrix} \Delta X_i & \Delta Y_i & \Delta Z_i \end{bmatrix}^{\mathrm{T}} \tag{16.1}$$

一条单基线解基线向量估值的验后方差-协方差阵具有如下形式：

$$\boldsymbol{d}_{b_i} = \begin{bmatrix} \sigma_{\Delta X_i}^2 & \sigma_{\Delta X_i \Delta Y_i} & \sigma_{\Delta X_i \Delta Z_i} \\ \sigma_{\Delta Y_i \Delta X_i} & \sigma_{\Delta Y_i}^2 & \sigma_{\Delta Y_i \Delta Z_i} \\ \sigma_{\Delta Z_i \Delta X_i} & \sigma_{\Delta Z_i \Delta Y_i} & \sigma_{\Delta Z_i}^2 \end{bmatrix} \tag{16.2}$$

其中，$\sigma_{\Delta X_i}^2$、$\sigma_{\Delta Y_i}^2$、$\sigma_{\Delta Z_i}^2$ 分别为基线向量 $\boldsymbol{i}$ 各分量的方差；$\sigma_{\Delta X_i \Delta Y_i}$、$\sigma_{\Delta X_i \Delta Z_i}$、$\sigma_{\Delta Y_i \Delta Z_i}$、$\sigma_{\Delta Y_i \Delta X_i}$、$\sigma_{\Delta Z_i \Delta X_i}$、$\sigma_{\Delta Z_i \Delta Y_i}$ 分别为基线向量 $\boldsymbol{i}$ 各分量间的协方差，且有 $\sigma_{\Delta X_i \Delta Y_i} = \sigma_{\Delta Y_i \Delta X_i}$、$\sigma_{\Delta X_i \Delta Z_i} = \sigma_{\Delta Z_i \Delta X_i}$、$\sigma_{\Delta Y_i \Delta Z_i} = \sigma_{\Delta Z_i \Delta Y_i}$。

单基线解模式的优点是：模型简单，一次求解的参数较少，计算量小。该模式也存在一些问题：解算结果无法反映同步观测基线间的统计相关性，无法充分利用观测数据之间的关联性。

6. 实验步骤

基线解算实验通过第三方软件工具(如 GAMIT/GLOBK、BERNESE 等)实现，该实验主要引导学生对基线向量有一个初步的认识，具体基线解算操作在 16.2 节“多基线解算实验”中进行介绍。

7. 注意事项

无。

8. 报告要求

无。

16.2　多基线解算实验

1. 实验目的

(1) 了解多基线解算的原理及作用。

(2) 能够根据观测数据、精密星历、辅助文件等输入文件，使用软件进行被测站点与参考站间的多基线解算。

2. 实验任务

根据精密星历文件、广播星历文件、观测数据文件及配置文件，采用已有的领域软件进行基线解算。

3. 实验设备

联网的北斗/GPS 教学与实验平台设备。

4. 实验准备

(1) 掌握各类文件的下载地址。
(2) 在实验设备中安装 GAMIT/GLOBK 软件。
(3) 掌握根据 GAMIT/GLOBK 软件进行多基线解算的操作步骤。

5. 实验原理

在多基线解模式中，基线逐时段进行解算，即在进行基线解算时，一次提取一个观测时段中所有进行同步观测的 n 台 GNSS 接收机所采集的同步观测数据，在一个单一解算过程中，共同求解出所有 $n-1$ 条相互函数独立的基线。在每一个完整的多基线解中，包含了所解算出的 $n-1$ 条基线向量的结果。

在采用多基线解模式进行基线解算时，究竟解算哪 $n-1$ 条基线，有不同的选择方法，常见的方法有射线法和导线法，如图 16.1 所示。射线法是从 n 个点中选择一个基准点，解算的基线为该基准点至剩余 $n-1$ 个点的基线向量。导线法是对 n 个点进行排序，所解算的基线为该序列相邻两点间的基线向量。虽然理论上两种方法等价，但由于基线计算模型的不完善，不同选择方法所得到的基线解算结果并不完全相同。因此，基本原则是选择数据质量好的点作为基准点，以及选择距离较短的基线进行解算。

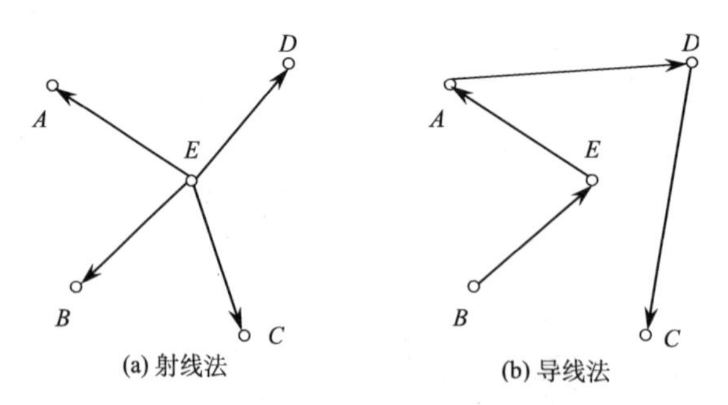

图 16.1　多基线解模式中选择被解算基线的方法

由于多基线解模式是以时段为单位进行基线解算的，因此也称为时段模式(session mode)。

在一个基线向量的多基线解中，含有 m_i-1 条函数独立的基线向量，具有如下形式：

$$\boldsymbol{B}_i=\left[\boldsymbol{b}_{i,1}\quad \boldsymbol{b}_{i,2}\quad \cdots \quad \boldsymbol{b}_{i,m_i-1}\right]^{\mathrm{T}} \tag{16.3}$$

其中，m_i 为进行同步观测的接收机数量；$\boldsymbol{b}_{i,k}$ 为第 k 条基线向量，具有如下形式：

$$\boldsymbol{b}_{i,k} = \begin{bmatrix} \Delta X_{i,k} & \Delta Y_{i,k} & \Delta Z_{i,k} \end{bmatrix}^{\mathrm{T}} \tag{16.4}$$

其验后方差-协方差阵具有如下形式：

$$\boldsymbol{D}_{\boldsymbol{B}_i} = \begin{bmatrix} \boldsymbol{d}_{b_{i,1},b_{i,1}} & \boldsymbol{d}_{b_{i,1},b_{i,2}} & \cdots & \boldsymbol{d}_{b_{i,1},b_{i,m-1}} \\ \boldsymbol{d}_{b_{i,2},b_{i,1}} & \boldsymbol{d}_{b_{i,2},b_{i,2}} & \cdots & \boldsymbol{d}_{b_{i,2},b_{i,m-1}} \\ \vdots & \vdots & & \vdots \\ \boldsymbol{d}_{b_{i,m-1},b_{i,1}} & \boldsymbol{d}_{b_{i,m-1},b_{i,2}} & \cdots & \boldsymbol{d}_{b_{i,m-1},b_{i,m-1}} \end{bmatrix} \tag{16.5}$$

其中，$\boldsymbol{d}_{b_{i,k},b_{i,l}}$ 为基线向量 k 、l 间的协方差子阵，具有如下形式：

$$\boldsymbol{d}_{b_{i,k},b_{i,l}} = \begin{bmatrix} \sigma_{\Delta X_{i,k}\Delta X_{i,l}} & \sigma_{\Delta X_{i,k}\Delta Y_{i,l}} & \sigma_{\Delta X_{i,k}\Delta Z_{i,l}} \\ \sigma_{\Delta Y_{i,k}\Delta X_{i,l}} & \sigma_{\Delta Y_{i,k}\Delta Y_{i,l}} & \sigma_{\Delta Z_{i,k}\Delta Y_{i,l}} \\ \sigma_{\Delta Z_{i,k}\Delta X_{i,l}} & \sigma_{\Delta Y_{i,k}\Delta Z_{i,l}} & \sigma_{\Delta Z_{i,k}\Delta Z_{i,l}} \end{bmatrix} \tag{16.6}$$

与单基线解模式相比，多基线解模式的优点是数学模型严密，并能在结果中反映出同步观测基线之间的统计相关性。但是，其数学模型和解算过程都比较复杂，并且计算量也较大。该模式通常用于有高质量要求的应用。

6. 实验步骤

本实验采用美国麻省理工学院(MIT)和美国加利福尼亚大学 SCRIPPS 海洋研究所(SIO)研制的 GAMIT/GLOBK 软件实现网平差解算。主要的实验步骤如下。

1) 建立文件夹

在 root/gg/example 路径下根据被解算数据的年份、年积日建立文件夹，并在该文件夹下新建 igs、brdc、rinex 三个文件夹。

2) 数据准备

从网上下载精密星历文件、广播星历文件、观测数据文件及配置文件(台站信息文件、先验坐标文件、参数控制文件等)，并放置在对应文件夹下。

3) 数据处理

在终端命令窗口根据需求键入相关指令，实现基线解算。涉及的输入指令及其作用如下。

(1) cd /root/gg/example/XXXX_YY：操作在 root/gg/example/ XX 路径中进行。

(2) sh_setup –yr XXXX：在 XXXX_YY 文件夹下添加 tables 文件夹，建立链接。

(3) sh_upd_stnfo -l sd：将 sittbl.文件中设置的 IGS 站点名更新生成 station.info.new。

(4) sh_upd_stnfo -files rinex/*.13o：将 rinex 文件夹下需要被计算的.o 文件载入 station.info。

(5) sh_gamit -expt scal -d 2013 251 -pres ELEV -orbit IGSF -copt x k p -dopts c ao：GAMIT 模块进行基线解算，得到基线解算结果。

7. 注意事项

将在 rinex 文件夹下需要计算的.o 文件载入 station.info 后，需要对 station.info 文件进行检查，确认加载的被测站点接收机类型和天线类型及型号能够被 GAMIT 识别。

8. 报告要求

根据输入的精密星历文件、广播星历文件、观测数据文件及配置文件(台站信息文件、先验坐标文件、参数控制文件等)，采用 GAMIT/GLOBK 软件进行多基线解算，得到被测站点与参考站之间的基线距离。

16.3 网平差解算实验

1. 实验目的

(1) 了解网平差的作用和分类。
(2) 掌握网平差的基本流程。
(3) 能够根据观测数据、精密星历、辅助文件等输入文件使用软件进行网平差解算。

2. 实验任务

根据精密星历文件、广播星历文件、观测数据文件及配置文件并采用已有的领域软件进行网平差解算。

3. 实验设备

联网的北斗/GPS 教学与实验平台。

4. 实验准备

(1) 掌握各类文件的下载地址。
(2) 在实验设备中安装 GAMIT/GLOBK 软件。
(3) 掌握网平差解算软件的操作步骤。

5. 实验原理

在 GNSS 网的数据处理过程中，基线解算所得到的基线向量仅能确定 GNSS 网的几何形状，无法提供最终确定网中点绝对坐标所必需的绝对位置基准，在 GNSS 网平差中，通过起算点坐标可以达到引入绝对基准的目的。此外，进行网平差还可以达到以下目的。
(1) 消除由观测量和已知条件中存在的误差所引起的 GNSS 网在几何上的不一致。
(2) 改善 GNSS 网的质量，评定 GNSS 网精度。
(3) 确定 GNSS 网中点在指定参考系下的坐标以及其他所需参数的估值。
根据进行网平差时采用的观测量和已知条件的类型与数量，可将网平差分为无约束平差(最小约束平差或自由网平差)、约束平差和联合平差三种类型。这三种网平差除了都能消除观测值和已知条件所引起的 GNSS 网在几何上的不一致性，还具有不同的功能。无约束平差能够用来评定 GNSS 网的内符合精度和粗差探测，而约束平差和联合平差则能够确定点在指定参考系下的坐标。

1）无约束平差

无约束平差采用的观测量完全为 GNSS 基线向量，通常在与基线向量相同的地心地固直角坐标系进行。在进行平差的过程中，最小约束平差除了引入一个提供外置基准信息的起算点坐标外，不再引入其他的外部起算数据，而自由网平差则不引入任何外部起算数据。最小约束平差和自由网平差统称为无约束平差。由于没有引入会使 GNSS 网的尺度和方位发生变化的起算数据，GNSS 网的几何形状完全取决于 GNSS 基线向量，因此其平差结果质量的优劣，都是观测值质量的真实反映，通常用 GNSS 网无约束平差得到的精度指标来衡量 GNSS 网的内符合精度。

（1）平差流程。无约束平差的流程如图 16.2 所示。

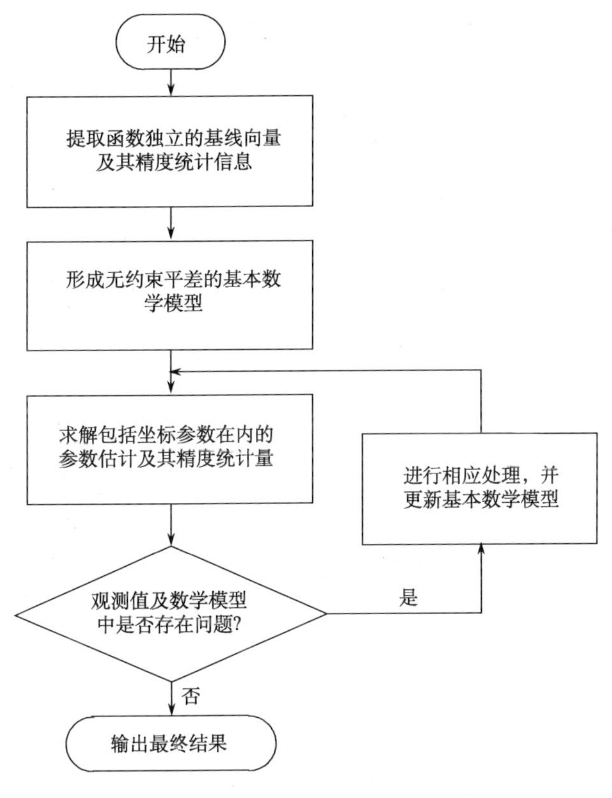

图 16.2　GNSS 网无约束平差的流程

①选取作为网平差时刻的观测值的基线向量。

②利用所选取的基线向量的估值，形成平差的函数模型，其中，观测值为基线向量，待定参数主要为 GNSS 网中点的坐标；同时，利用基线解算时随基线向量估值一同输出基线向量的方差-协方差阵，形成平差的随机模型。最终形成平差完整的数学模型。

③对所形成的数学模型进行求解，得出待定参数的估值和观测值等的平差值、观测

值的改正数以及相应的精度统计信息。

④根据平差结果来确定观测值中是否存在粗差，数学模型是否有需要改进的部分，若存在问题，则采用相应的方法进行处理(如对于粗差基线，既可以通过将其剔除，也可以通过调整观测值权阵的方式来处理)，并重新进行求解。

⑤若在观测值和数学模型中未发现问题，则输出最终结果。

(2)数学模型。

①误差模型。

在空间直角坐标系下，GNSS基线向量观测值与基线两端点之间的数学关系为

$$\begin{bmatrix}\Delta X_{ij}\\ \Delta Y_{ij}\\ \Delta Z_{ij}\end{bmatrix}=\begin{bmatrix}X_j\\ Y_j\\ Z_j\end{bmatrix}-\begin{bmatrix}X_i\\ Y_i\\ Z_i\end{bmatrix} \tag{16.7}$$

其中，$\begin{bmatrix}X_i & Y_i & Z_i\end{bmatrix}^{\mathrm{T}}$和$\begin{bmatrix}X_j & Y_j & Z_j\end{bmatrix}^{\mathrm{T}}$分别为$i$、$j$两点在地心地固直角坐标系下的空间直角坐标；$\begin{bmatrix}\Delta X_{ij} & \Delta Y_{ij} & \Delta Z_{ij}\end{bmatrix}^{\mathrm{T}}$为$i$点至$j$点的基线向量。因此，容易得到基线向量的观测方程：

$$\begin{bmatrix}\Delta X_{ij}\\ \Delta Y_{ij}\\ \Delta Z_{ij}\end{bmatrix}+\begin{bmatrix}v_{\Delta X_{ij}}\\ v_{\Delta Y_{ij}}\\ v_{\Delta Z_{ij}}\end{bmatrix}=\begin{bmatrix}\hat{X}_j\\ \hat{Y}_j\\ \hat{Z}_j\end{bmatrix}-\begin{bmatrix}\hat{X}_i\\ \hat{Y}_i\\ \hat{Z}_i\end{bmatrix} \tag{16.8}$$

若令$\boldsymbol{b}_{ij}=\begin{bmatrix}\Delta X_{ij} & \Delta Y_{ij} & \Delta Z_{ij}\end{bmatrix}^{\mathrm{T}}$为基线向量观测值，$\boldsymbol{v}_{ij}=\begin{bmatrix}v_{\Delta X_{ij}} & v_{\Delta Y_{ij}} & v_{\Delta Z_{ij}}\end{bmatrix}^{\mathrm{T}}$为基线向量观测值的改正数，$\hat{\boldsymbol{X}}_i=\begin{bmatrix}\hat{X}_i & \hat{Y}_i & \hat{Z}_i\end{bmatrix}^{\mathrm{T}}$为$i$点坐标向量的估值，$\hat{\boldsymbol{X}}_j=\begin{bmatrix}\hat{X}_j & \hat{Y}_j & \hat{Z}_j\end{bmatrix}^{\mathrm{T}}$为$j$点坐标向量的估值，则可将在地心地固直角坐标系下的观测方程表示为

$$\boldsymbol{b}_{ij}+\boldsymbol{v}_{ij}=\hat{\boldsymbol{X}}_j-\hat{\boldsymbol{X}}_i \tag{16.9}$$

GNSS网三维无约束平差所采用的观测值均为基线向量，即GNSS基线的起点到终点的坐标差，因此，对于每一条基线向量都可以列出如下一组误差方程：

$$\begin{bmatrix}v_{\Delta X}\\ v_{\Delta Y}\\ v_{\Delta Z}\end{bmatrix}=\begin{bmatrix}-1 & 0 & 0\\ 0 & -1 & 0\\ 0 & 0 & -1\end{bmatrix}\begin{bmatrix}\mathrm{d}X_i\\ \mathrm{d}Y_i\\ \mathrm{d}Z_i\end{bmatrix}+\begin{bmatrix}1 & 0 & 0\\ 0 & 1 & 0\\ 0 & 0 & 1\end{bmatrix}\begin{bmatrix}\mathrm{d}X_j\\ \mathrm{d}Y_j\\ \mathrm{d}Z_j\end{bmatrix}-\begin{bmatrix}\Delta X_{ij} & - & X_i^0 & + & X_j^0\\ \Delta Y_{ij} & - & Y_i^0 & + & Y_j^0\\ \Delta Z_{ij} & - & Z_i^0 & + & Z_j^0\end{bmatrix} \tag{16.10}$$

若在GNSS网共有n个点，通过观测共得到m条独立基线向量，可将总的误差方程写为如下形式(假定第m_1条基线的两个端点分别为第n_1点(起点)和第n_2点(终点))：

$$\boldsymbol{V}=\boldsymbol{B}\hat{\boldsymbol{X}}-\boldsymbol{L} \tag{16.11}$$

② 起算基准。

平差进行过程中需要引入位置基准，引入位置基准的方法一般有如下两种。

第一种是以GNSS网中一个点的地心坐标作为起算的位置基准，即可有一个基准方程：

$$\hat{\boldsymbol{x}}=\boldsymbol{0},\quad 即\begin{bmatrix}\hat{x}_k & \hat{y}_k & \hat{z}_k\end{bmatrix}^{\mathrm{T}}=\begin{bmatrix}0 & 0 & 0\end{bmatrix}^{\mathrm{T}} \tag{16.12}$$

也可将上面的基准方程写为$\boldsymbol{G}\hat{\boldsymbol{X}}=0$，其中，

$$\underset{3\times 3n}{\boldsymbol{G}}=\underbrace{\begin{bmatrix}\underset{3\times3}{\boldsymbol{0}} & \cdots & \underbrace{\underset{3\times3}{\boldsymbol{I}}}_{第k个子阵} & \cdots & \underset{3\times3}{\boldsymbol{0}}\end{bmatrix}}_{由n个3\times3的子阵组成，除了第k个子阵外，其余均为零矩阵} \tag{16.13}$$

第二种是采用秩亏自由网基准，引入基准方程$\boldsymbol{G}\hat{\boldsymbol{X}}=0$，其中

$$\underset{3\times 3n}{\boldsymbol{G}}=\underbrace{\begin{bmatrix}\underset{3\times3}{\boldsymbol{I}} & \underset{3\times3}{\boldsymbol{I}} & \underset{3\times3}{\boldsymbol{I}} & \cdots & \underset{3\times3}{\boldsymbol{I}}\end{bmatrix}}_{由n个3\times3的单位阵组成} \tag{16.14}$$

③ 观测值权阵。

在三维无约束平差中，基线向量观测值权阵通常由基线解算时得出各基线向量的方差-协方差阵来确定。

④ 方程的解。

根据上面的误差方程、观测值权阵和基准方程，按照最小二乘原理进行平差解算，得到平差结果：

$$\hat{\boldsymbol{X}}=\left(\boldsymbol{N}_{bb}+\boldsymbol{N}_{gg}\right)^{-1}\boldsymbol{W} \tag{16.15}$$

其中，$\boldsymbol{N}_{bb}=\boldsymbol{B}^{\mathrm{T}}\boldsymbol{P}\boldsymbol{B}$，$\boldsymbol{N}_{gg}=\boldsymbol{G}\boldsymbol{G}^{\mathrm{T}}$，$\boldsymbol{W}=\boldsymbol{B}^{\mathrm{T}}\boldsymbol{P}\boldsymbol{L}$。

待定点坐标参数估值：

$$\hat{\boldsymbol{X}}=\boldsymbol{X}^0+\hat{\boldsymbol{x}} \tag{16.16}$$

观测值的单位权中误差：

$$\hat{\sigma}_0=\sqrt{\frac{\boldsymbol{V}^{\mathrm{T}}\boldsymbol{P}\boldsymbol{V}}{3n-3m+3}} \tag{16.17}$$

其中，n 为组成 GNSS 网的基线数；m 为总点数。

2) 约束平差

约束平差所采用的观测量同样为 GNSS 基线向量，但是在平差过程中引入使 GNSS 网的尺度和方位发生变化的外部起算数据。只要在网平差中引入了边长、方向或两个及以上的起算点坐标，就有可能造成 GNSS 网的尺度和方位发生变化。

3) 联合平差

在进行网平差时，若所采用的观测值除了 GNSS 基线向量外，还包括边长、角度、方向、高差等地面常规观测量，这种平差称为联合平差。联合平差的作用与约束平差大体相同，不过在大地测量应用中通常采用约束平差，在工程应用中通常采用联合平差。

6. 实验步骤

本实验采用美国麻省理工学院(MIT)和美国加利福尼亚大学 SCRIPPS 海洋研究所(SIO)研制的 GAMIT/GLOBK 软件实现网平差解算。

在“多基线解算实验”的基础上开展本实验，完成多基线解算后，在终端命令窗口键入以下指令，进行网平差计算，得到被测站点的坐标信息。

1.sh_glred -d 2013251 -exptscal -opt H G E >&! sh_glred.log：GLOBK 模块进行网平差解算。

7. 注意事项

将在 rinex 文件夹下需要被计算的.o 文件载入 station.info 后，需要对 station.info 文件进行检查，确认加载的被测站点接收机类型和天线类型及型号能够被 GAMIT 识别。

8. 报告要求

根据输入的精密星历文件、广播星历文件、观测数据文件及配置文件(台站信息文件、先验坐标文件、参数控制文件等)并采用 GAMIT/GLOBK 软件进行网平差解算，得到被测站点的坐标信息。

第四部分　卫星导航应用实验

目前，卫星导航定位最大的用户群体是智能手机、平板电脑、车载移动设备等智能终端用户。这些智能终端都集成了卫星导航定位芯片，从而使智能终端结合基于位置服务的各类应用软件(手机 APP)，提供更多便捷的服务。该部分在前述实验的基础上结合具体的应用软件开展实验，使用户能够更深入地掌握、应用卫星导航系统。

第 17 章

基于安卓系统的导航定位应用实验

从 Android 7.0 开始，开发者可以通过 Android 系统 API 获取智能移动终端的原始观测数据。本章通过基于安卓系统的导航定位终端 APP 的开发实验，使读者能够搭建安卓 APP 开发环境，通过开发基于位置信息的应用程序，实现卫星导航与移动互联网、智能移动终端的融合应用。

17.1 安卓导航定位 APP 开发环境搭建实验

1. 实验目的

(1) 了解安卓操作系统的功能。
(2) 了解安卓导航定位应用程序的开发平台。
(3) 能够搭建 Android Studio 开发环境。

2. 实验任务

能够从网上下载搭建 Android Studio 开发环境所需的安装包，能够配置环境变量并配置 Android Studio。

3. 实验设备

联网的北斗/GPS 教学与实验平台，具备访问互联网的条件。

4. 实验准备

无。

5. 实验原理

Android，中文通常称为安卓操作系统，是由 Google（谷歌）公司开发的一款基于 Linux 内核的操作系统，现主要用于智能手机、智能平板电脑、智能手表、智能车载导航仪等移动智能设备上。当前主要以 Android Studio 与 Eclipse 作为其应用程序的开发平台。

1) Android Studio

Android Studio 是谷歌于 2013 年推出的一个 Android 集成开发工具，在 IDEA 的基础上，Android Studio 提供：

(1)基于 Gradle 的构建支持。

(2)Android 专属的重构和快速修复。

(3)提示工具以捕获性能、可用性、版本兼容性等问题。

(4)支持 ProGuard 和应用签名。

(5)基于模板的向导来生成常用的 Android 应用设计和组件。

(6)功能强大的布局编辑器，可以拖拉 UI 控件并进行效果预览。

Android Studio 在 Android 程序方面表现出了强大、便捷的特性，深受 Android 开发人员的推崇，在几年内迅速普及。

2) Eclipse

Eclipse 是一款基于 Java 的开源可扩展开发平台。其最初是由 IBM 公司研发的为替代 Visual Age for Java 的新一代集成开发环境，于 2001 年献给开源社区。

Eclipse 本身只是一个架构和一组服务，通过各类插件和组件构建开发环境。强大的插件支持能力赋予了它其他 IDE 难以具有的灵活性和可扩展性，为开发人员提供了极大的便利。Eclipse 强大的可扩展性使其用途不仅限于开发 Java 语言的程序，已经有相关插件对 C/C++、PHP、安卓的编程开发提供了支持，众多软件开发厂商都将 Eclipse 作为基本框架开发自己的 IDE。近年来，大量的 Android 应用程序都开发自 Eclipse 平台。

6. 实验步骤

使用 Android 平台很容易开发基于位置服务的应用程序，在这之前需要搭建一套合适的 Android 开发环境，目前进行 Android 开发最常用的 Android 开发环境就是 Android Studio。搭建 Android Studio 开发环境主要包括以下几个步骤。

(1)下载 jdk 和 Android Studio。

(2)安装 jdk。

(3)配置环境变量。

(4)安装 Android Studio。

(5)配置 Android Studio。

Android Studio 开发环境详细搭建方法在各类专业 Android 开发书籍及知名网站博客论坛均有参考。

7. 注意事项

无。

8. 报告要求

无。

17.2　智能移动终端定位 APP 开发实验

1. 实验目的

(1) 掌握 android.location 应用程序接口的使用方法。
(2) 能够手动启动或关闭 GNSS 定位结果输出。
(3) 能够实时打印 GNSS 定位结果。
(4) 把实时获取的定位结果展示在百度地图中。

2. 实验任务

在 17.1 节搭建的 Android Studio 开发环境中编写应用程序 APP，实现基于智能移动终端的定位服务。

3. 实验设备

北斗/GPS 教学与实验平台，具备访问互联网的条件。

4. 实验准备

完成 Android Studio 开发环境的搭建。

5. 实验原理

在一般的 Android 手机里，获得卫星导航定位数据的过程如图 17.1 所示。Android 系统通过与嵌在其设备硬件上的定位芯片进行串口通信，从而获得定位的信息，再经过系统底层向系统上层逐步上报到 Android 应用层的应用程序。也就是说，Android 系统所有的位置信息都来源于这个定位芯片。

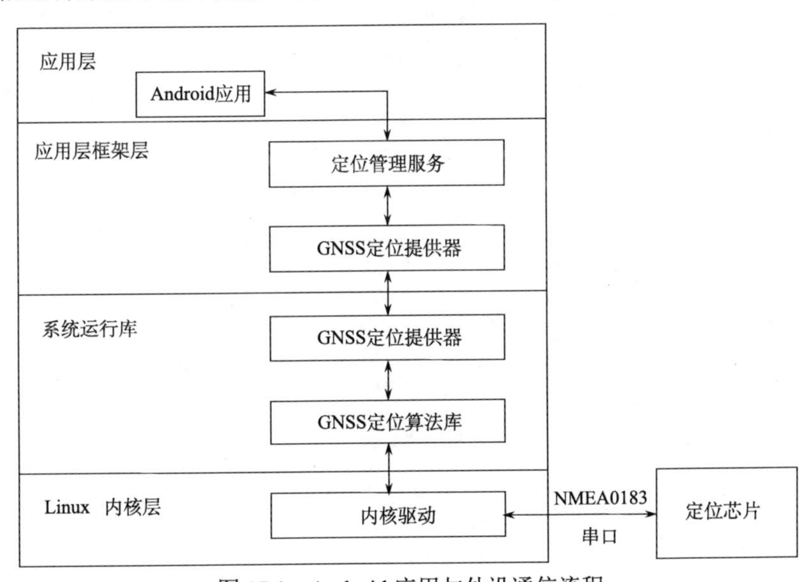

图 17.1　Android 应用与外设通信流程

近年来，几乎所有的 Android 设备上所嵌入的定位芯片采用的都是 NMEA0183 通信协议。通过查阅 NMEA0183 通信协议内容，我们发现：在该数据协议下，接收机直接将各定位系统单独解算出来的接收机经纬度信息交付给 Android 系统。从 Android 7.0 开始，开发者可以通过 Android 系统 API 获取以下 GNSS 原始数据。

(1) GNSS 时钟，包含接收机时间及钟差(用于伪距计算)。

(2) GNSS 导航电文，包括所有星座的导航电文字节数据及电文状态。

(3) GNSS 测量，包括接收到的卫星时间、载波相位。

目前，国内手机导航用户广泛应用的电子地图有高德地图和百度地图。使用百度地图提供的定位 SDK 时，需要先去百度官网申请一个百度地图 API Key，从官网下载并安装 SDK，具体操作可参考官网的操作指南。配置好参数后通过编程获取定位结果，编程实验包括以下四个步骤。

(1) 初始化 LocationClient 类，注意 LocationClient 类必须在主线程中声明。

(2) 配置定位 SDK 参数，通过参数配置，可选择定位模式(高精度定位模式，低功耗定位模式和仅用设备定位模式)、设定经纬度返回类型(GCJ02——国家测绘地理信息局坐标，BD09——百度墨卡托坐标，BD09II——百度经纬度坐标)等。

(3) 实现 BDAbstractLocationListener 接口，用于定位监听。

(4) 获取定位结果，只要发起定位，就能从上一步监听接口中获取定位的经纬度信息。

6. 实验步骤

1) 创建 GnssTest 工程

建立一个新的 Android Studio 项目，项目命名为 GnssTest，修改 Company domain 为 nhw.com，如图 17.2 所示。

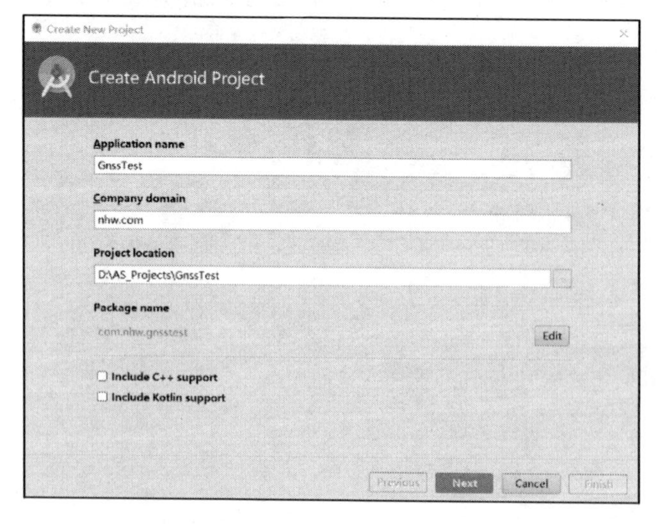

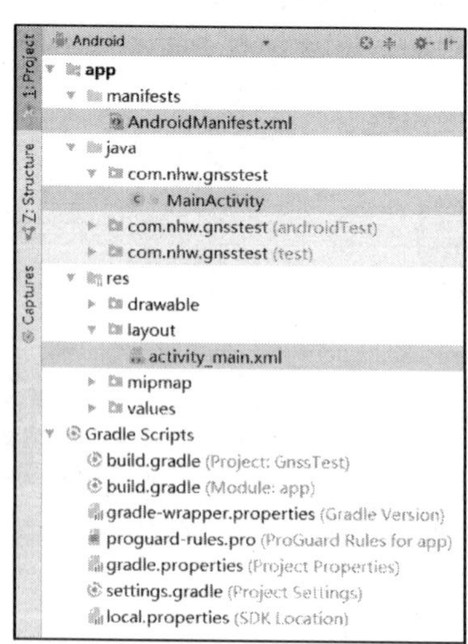

图 17.2 创建 GnssTest 工程

2) AndroidManifest 配置定位许可

要使用 android.location 获取 GNSS 定位结果，需要先在 AndroidManifest 文件中配置 android 定位许可，如图 17.3 所示。

```
<?xml version="1.0" encoding="utf-8"?>
<manifest xmlns:android="http://schemas.android.com/apk/res/android"
    package="com.nhw.gnsstest">

    <uses-permission android:name="android.permission.ACCESS_NETWORK_STATE"/>
    <uses-permission android:name="android.permission.ACCESS_FINE_LOCATION"/>
    <uses-permission android:name="android.permission.INTERNET"/>
    <uses-permission android:name="android.permission.WRITE_EXTERNAL_STORAGE"/>
    <uses-permission android:name="android.permission.ACCESS_LOCATION_EXTRA_COMMANDS"/>
    <uses-permission android:name="com.google.android.providers.gsf.permission.READ_GSERVICES"/>
    <uses-permission android:name="com.google.android.providers.gsf.permission.WRITE_GSERVICES"/>
```

图 17.3 配置定位许可

3) GnssTest 工程配置百度地图 SDK

在 GnssTest 工程中配置百度地图 API，需要先从百度地图开放平台下载百度地图 Android 地图 SDK。下载 SDK 后，需要把 SDK 文件夹 libs 路径下的所有文件复制到 GnssTest 工程 app/libs 目录下，并在 app 目录下的 build.gradle 文件中的 Android 块中配置 sourceSets 标签，如果没有使用该标签则新增，详细配置代码如下：

```
sourceSets {
        main {
            jniLibs.srcDir 'libs'
        }
    }
```

配置完成后，工程结构如图 17.4 所示。

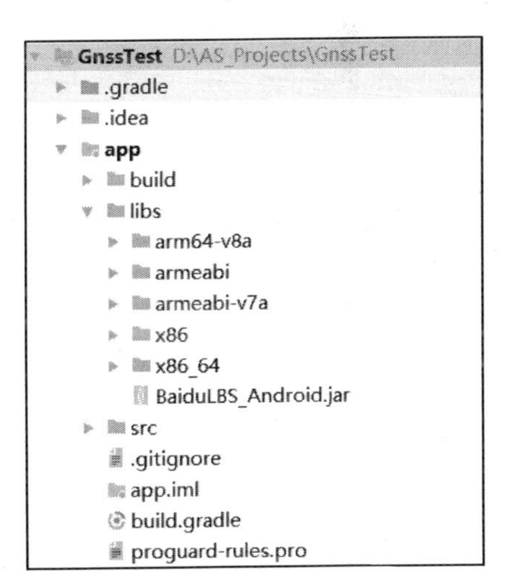

图 17.4 配置百度地图 SDK

完成以上步骤后在 build.gradle 文件的 dependencies 块中添加百度地图 SDK，配置代码为“implementation files（‘libs/BaiduLBS_Android. jar’）”，完成百度地图 SDK 配置后，还需要申请百度地图 API Key，具体申请方法见百度地图官方网站。

4) 编码实现

实例开发的编码主要有 activity_main.xml、fragment_logger.xml、fragment_map_ position.xml 三个布局文件，及 MainActivity、LoggerFragment、MapPositionFragment、GnssListener 四个源码文件，以及一个数据监听接口文件。

activity_main.xml 是主界面布局文件，有实时定位和地图定位两个选项卡，MainActivity 实现定位数据获取与服务。

fragment_logger.xml 是定位数据输出布局文件，LoggerFragment 对应后台代码，实现定位数据实时打印到界面。

fragment_map_position.xml 是地图布局文件，MapPositionFragment 对应后台代码，实时把位置数据显示到地图上，并绘制轨迹图。

7. 注意事项

无。

8. 报告要求

GnssTest 工程运行效果图如图 17.5 所示。

图 17.5　GnssTest 工程运行效果图

参 考 文 献

黄文德, 康娟, 张利云, 等, 2019. 北斗卫星导航定位原理与方法[M]. 北京：科学出版社.

刘基余, 2003. GPS 卫星导航定位原理与方法[M]. 北京：科学出版社.

谭述森, 2007. 卫星导航定位工程[M]. 北京：国防工业出版社.

谢钢, 2011. GPS 原理与接收机设计[M]. 北京：电子工业出版社.

许其凤, 2001. 空间大地测量学——卫星导航与精密定位[M]. 北京：解放军出版社.

杨俊, 黄文德, 陈建云, 等, 2016a. BDSim 在卫星导航中的应用[M]. 北京：科学出版社.

杨俊, 黄文德, 陈建云, 等, 2016b. 卫星导航系统建模与仿真[M]. 北京：科学出版社.

张守信, 1996. GPS 卫星测定定位理论与应用[M]. 长沙：国防科技大学出版社.

周忠谟, 易杰军, 周琪, 2004. GPS 卫星测量原理与应用[M]. 北京：测绘出版社.

BAO J, TSUI Y, 2005. Fundamentals of global positioning system receivers—a software approach[M]. New Jersey：John Wiley & Sons, Inc.

KAPLAN E D, HEGARTY C J, 2006. Understanding GPS principles and applications [M]. London: Artech House Press.

MISRA P, ENGE P, 2006. Global positioning system, signals, measurements and performance [M]. New York: Ganga-Jamuna Press.

PARKINSON B W, SPILKER J J JR, ALEXRAD P, et al. , 1996. Global positioning system: theory and applications (Volume I)[M]. Washington D. C.: American Institute of Aeronautics and Astronautics Inc.

PARKINSON B W, SPILKER J J JR, ALEXRAD P, et al. , 2002. Global positioning system: theory and applications (Volume II) [M]. Washington D. C. : American Institute of Aeronautics and Astronautics, Inc.

WELLENHOF B H, LICHTENEGGER H, WASLE E, 2008. GNSS – GPS, GLONASS, Galileo, and more [M]. NewYork: Springer.